本书出版得到国家自然科学基金（41201582）

北京市自然科学基金（9152011）

北京市社科基金（15JGB083）

北京市社科联项目（2014SKL011）

中国人民大学明德青年学者计划（13XNJ016）的资助

此外还得到了"中央在京高校重大成果转化项目：京津冀协同一体化发展研究"的支持

中国二氧化碳排放特征与减排战略研究：

基于产业结构视角

Emission Characteristics and Abatement Strategy of
China's CO$_2$: an Industry Structure Perspective

魏 楚◎著

人民出版社

目　录

一　理论与实践篇

二 排放特征篇

四 战略对策篇

一 理论与实践篇

第一章 气候变化的影响及我国的应对举措

气候变化问题是国际社会普遍关心的重大全球性问题，近年来引发了越来越多的关注与探讨。气候变化所指的是在气候系统内，包括温度、降水及气流等方面在一段时间内所发生的持续明显的变化，其时间跨度基本在十年以上。近百年来，尤其是在最近的三十多年间，地球经历了以逐步变暖为基本特征的气候变化。全球变暖虽然是气候变化中温度持续上升现象的表述，其概念范畴要小于气候变化，但就因果关系来看，正是全球气候变暖引发了一系列其他气候变化的现象，而这些气候变化的结果，对绝大多数地区而言均是不利的。

第一节 气候变化的影响与温室气体排放状况

一、气候变化对全球的影响

2007 年，政府间气候变化专门委员会（Intergovernmental Panel on Climate Change，IPCC）发布的第四次评估报告称，过去的 100 年（1906—2005）间，地表平均温度上升了 0.74℃，20 世纪可能是过去 1000 年中最暖的 100 年，20 世纪后半叶可能是过去 1300 年中最暖的 50 年（Solomon，2007）。引起气候变化的原因有自然的因素，也有人为的因素。但根据 IPCC 的研究报告，工业革命以来的人类活动，尤其是发达国家在工业化过程中大量消耗化石能源所排放的温室气体，是造成全球气候变化的最主要原因。

全球变暖现象具有复杂性、长期性和不确定性等特点，具体表现为起因广泛，影响深远，短期内无法避免，无法量化变化规模与程度，为人类减缓气候变化活动带来阻碍。如不采取必要措施，预计到 21 世纪末，地表温度可能升高 1.1℃—6.4℃，冰川消融速度加速，海平面上升 0.2—0.6 米，生态系统发生明显变化，岛国和沿海地区将遭受严重的自然灾害，IPCC 的报告进一步以更多、更强的最新证据表明，全球气候系统的变暖已经是不争的事实，其原因很大可能就是工业革命以来的人类活动，是这些活动使得大气中 CO_2 浓度、CH_4 浓度等明显增加，远远超过工业化以前几千年的浓度水平。

随着国际社会对人为来源温室气体排放量的增长及其对全球变暖贡献的日益关注，在 1990 年发布的 IPCC 第一次评估报告的推动下，1992 年的联合国环境与发展大会上通过了以气候变化和温室气体减排合作为主要内容的《联合国气候变化框架公约》（UNFCCC）。为了明确各国减排义务，1997 年的《联合国气候变化框架公约》第三次缔约方大会通过了以量化减排为核心的《京都议定书》。

以全球气候变暖为主要特征的气候变化已经演变成为一个典型的全球性环境问题，为物理和社会经济层面带来双重效应，对全球自然生态系统、水资源和海岸带及农牧业产生一系列显著影响，并对人类社会的生存和发展带来了严重挑战。根据我国科学家预测，未来我国年平均降水量将呈增加趋势，境内的极端天气与气候事件发生的频率可能性增大，干旱区范围可能扩大，荒漠化程度可能性加重，沿海海平面将继续上升，青藏高原和天山冰川将加速退缩（国家发展和改革委员会，2007）。

首先，气候变化将破坏地球生态系统。温度的持续升高将对自然生态系统产生巨大影响，破坏生态系统的自我稳定状态，使适宜动植物生存的生态环境恶化，造成生物多样性锐减。同时，水资源问题突出，一些由冰川积雪融水补给的河流，受气温上升的影响，河流径流量增大，春季洪峰提前到来。预计未来的二三十年间，喜马拉雅山地区的冰川融化加速，使洪水和泥石流发生的概率增加，对水资源造成严重影响，江河径流量将逐步减少，为将来的水资源短缺埋下诱因。

其次，气候变化将抬高海平面。气候变暖使得海平面逐步上升。由于海水会吸收气候系统 80% 以上的新增热量，海水水温的增加会导致海水的膨胀。再者，气温升高会加速冰川消融，这两方面的因素为抬高海平面提供了动力。1978 年以来，北极海冰的范围平均每 10 年减少 2.7%，而夏季减少达 7.4% 之多。海平面上升会加剧洪水、海水侵蚀等灾害，危及岛屿城市的基础建设，威胁沿海地区经济发展，甚至会淹没地势较低的沿海城市。受海平面上升影响最大的地区为印度次大陆以及东南亚，其中就包括中国的上海和长三角洲地区。

再次，气候变化会使得极端天气增加。气候变化加剧引发干旱、洪涝等自然灾害发生，增加了极端天气出现的概率。美国学者研究发现，低强度的飓风在过去的三四十年间的发生频率变化并不大，但高强度飓风的发生频率却上升了一倍。仅在 2005 年全球就发生了两次严重的气象灾难，一个是美国的"卡特里娜"飓风，另一个是发生在中国的台风"麦莎"。而非洲大部分地区和亚洲大陆地区，将遭受到更多的干旱、洪涝天气。此外，在全球整体变暖的过程中，一些地区还出现了气候异常寒冷的反常天气。

最后，气候变化将对人类生存造成很大的影响。气候异常增加了生产活动中的不稳定性因素，引发投资成本上升等问题；作物播种时间及种植结构的变动，会对农业生产造成减产的影响。到 2050 年，东亚和东南亚地区的农作物增产预计可达 20%，而中亚和南亚将减产 30%。海岸地区成为洪涝灾害、极端天气的高发地区，对人类生活和生存活动带来危险。而在英国，一旦全球平均气温上升 3℃—4℃，每年仅因洪水造成的损失将由 GDP 的 0.1% 增加到 GDP 的 0.2%—0.4%。

二、全球温室气体的构成

气候变暖现象的发生，暂且不论自然因素，人类活动中的化石燃料燃烧是其绝对的诱发因素，而燃料燃烧后排放的能够引起气候变暖的气体统称为温室气体。19 世纪 20 年代，法国科学家发现了自然界的温室效应，即夜间大气层中有一些气体能够将红外线吸收并反射回地面，减缓夜间地球表面温度的下降速度，温室效应有效地减少了地球的昼夜温差，使得地球更加适宜生命体的生存和发展。但工业革命以来，越来越多化石能源的燃烧，使得大气中温室气体的浓度不断增加，自然的地球温室效应的平衡被打破，全球气候发生过暖化现象。

温室气体有许多种，其中气候变化国际公约中所指的主要是 CO_2、CH_4、N_2O、PFC、HFC、SF_6 六种气体，主要产生于能源活动、工业生产过程、农业活动、土地利用变化和林业及城市废弃物处理五种主要途径。其中，能源活动中的矿物燃料燃烧所排放的 CO_2 和 N_2O，煤炭开采和采矿后活动的 CH_4 排放，石油和天然气系统的 CH_4 逃逸排放和生物质燃料的 CH_4 排放，以及工业生产过程中的水泥、石灰、钢铁、电石生产过程中的 CO_2 排放，己二酸生产过程中的 N_2O 排放是温室气体排放的最主要来源。从温室气体的角度看，CO_2 浓度的增加主要是由化石能源的使用及土地利用变化所引起的，而 CH_4 和 N_2O 浓度的增加主要是由农业引起的。

表 1 - 1 显示了 2011 年世界主要地区的温室气体排放比例，可以看出，在世界范围内，CO_2 占据温室气体排放比例的 74%，其次为 CH_4 与 N_2O 气体。就具体的国家地区来看，比较特殊的是日本和巴西。日本的 CO_2 排放占温室气体排放总量的 93%，远高于世界平均水平；而巴西的 CO_2 排放占比相对而言较少，仅占该国温室气体排放的 39%，倒是占比位列第二的 CH_4 比重较其他国家都要高，达到 35%，在减少温室气体排放的过程中需引起额外的重视。中国的温室气体排放类型与美国、欧盟和南非类似，其中 CO_2 占比为 86%，其他依次为 CH_4 和 N_2O 以及含氟气体。

据有关资料显示，全球 CO_2 浓度从工业革命前的 280ppm（$1ppm = 10^{-6}$）上升到 2005 年的 379ppm，CH_4 浓度从工业革命前的 715ppb（$1ppb = 10^{-9}$）增加到了 2005 年的 1774ppb，N_2O 浓度则从工业革命前的 270ppb 增加到了 2005 年的 319ppb。《斯特恩报告》中提到，即使每年的

表 1-1 世界主要地区温室气体排放比例（2011 年）

经济体		CO_2	CH_4	N_2O	$PFC+HFC+SF_6$
世界		74%	17%	8%	2%
发达经济体	美国	81%	10%	5%	3%
	欧盟	81%	9%	8%	2%
	日本	93%	2%	2%	4%
金砖国家	巴西	39%	35%	24%	1%
	俄罗斯	72%	21%	5%	1%
	印度	75%	20%	4%	2%
	中国	86%	9%	4%	2%
	南非	82%	12%	4%	2%

注：欧盟包括 28 个成员国，后面如无特殊备注，均是同样定义。
数据来源：世界资源研究所，CAIT 2.0。

排放速度保持不变，到 2050 年，大气中温室气体的浓度会比工业革命前增加一倍，达到 550ppm 的 CO_2 当量；但是随着各个国家投资建设高碳型基础设施，不断增加对能源和交通的需求，温室气体的排放速度将无法保持不变，而是继续增加，预计到 2035 年可能会达到 550ppmCO_2 当量的水平；按照这个发展与气体排放水平来推断，全球平均温度上升超过 2℃ 的概率至少为 75%，还可能将高达 99%。

综上来看，CO_2 作为温室气体中的最主要代表，它的排放数量应该并已经成为各国政府、相关学者及社会公众重点关注的对象与定期公示的指标之一。鉴于清除大气中 CO_2 所需的时间尺度，过去和未来的人为排放 CO_2 将使地球变暖和海平面上升延续达千年以上（秦大河，2008）。因此，需以 CO_2 的排放量为首要控制标的，进行强而有力减排政策的制定与减排措施的实施。如不尽快采取必要的防治手段与减排措施，持续性的气候变暖将对社会生产与人类生活造成难以估量的损失。

三、世界主要国家碳排放情况

根据世界资源研究所的测算，从 1850 年工业革命开始到 2011 年，当前大气中的温室气体大部分是由发达国家所排放。表1-2给出了世界主要国家温室气体排放的对比。美国和欧盟分别在1850—2011年的累计排放量中排名第一和第二。回顾以美国和欧盟为代表的西方发达国家的发展历史，可以清晰地看到在工业革命开始的初期，发达国家利用其先发优势，率先步入城市化和现代化的高速发展时期，实现了国内基础设施的建设、社会财富的集聚和社会经济的高度现代化，进而跨入后工业化时代，但同时也消耗了大量的化石能源，排放了大量的温室气体。

根据表1-2所示，中国在1850—2011年间累积CO_2排放量排名第三，约为全球累计排放量的10.8%，远远小于美国和欧盟的27.7%和25%。我国的现代化建设始于20世纪80年代末，鉴于我国依然处于社会经济高速发展的阶段，因此能源消耗和温室气体的排放速率递增，2011年中国温室气体排放总量已高达90公吨，成为全球排放总量最大国，占世界排放总量的28%，中国的人均排放量也达到6.7公吨/人，已超过了世界平均水平（4.6公吨/人），预计在2012—2020年间，我国温室气体排放将以3%的高速增长，在以减缓气候变化、控制温室气体排放的时代责任的要求下，我国在减少温室气体排放的任务上依然繁重。

表1-2　世界主要国家温室气体排放对比

	1850—2011 年累计			2011 年				
	排放量（百万公吨）	排序	比重	排放量（百万公吨）	排序	比重	人均排放（公吨/人）	人均排放排序
中国	140860.3	3	10.8%	9035.0	1	28.0%	6.7	48
美国	361300.0	1	27.7%	5333.1	2	16.5%	17.1	11
欧盟	325545.1	2	25.0%	3667.4	3	11.4%	7.3	39
日本	49858.1	8	3.8%	1211.6	7	3.8%	9.5	25
印度	35581.3	9	2.7%	1860.9	5	5.8%	1.5	114
世界	1304687.3		100.0%	32273.7		100.0%	4.6	

数据来源：世界资源研究所，CAIT 2.0。

由于化石能源燃烧是温室气体产生的主要来源，能源消耗部门便是各个国家与地区碳排放的集中源头。因此，深入能源消耗部门层面来考察温室气体的排放情况，是较为直观且有效的手段，能够便于明确高能耗和高排放部门的集聚方向，有利于在控制温室气体排放过程中把握重点，有的放矢。表 1-3 显示了 2011 年世界主要国家不同部门排放 CO_2 的水平及其占比，特别将能源部门内部，包括电力热力部门、制造与建筑业及交通部门在内的主要部门的碳排放情况做了详细的分解。

表 1-3 世界主要国家温室气体分部门排放对比（2011 年）

排放部门	中国		美国		欧盟		日本		印度	
	百万吨 CO_2 当量	%	百万吨 CO_2 当量	%	百万吨 CO_2 当量	%	百万吨 CO_2 当量	%	百万吨 CO_2 当量	%
能源部门	8392.0	81.4	5670.8	90.3	3688.2	81.2	1196.8	99.6	1913.3	80.7
#电力热力部门	4266.0	41.4	2478.0	39.4	1494.3	32.9	561.2	46.7	963.5	40.6
#制造与建筑业	2487.5	24.1	597.9	9.5	550.6	12.1	244.8	20.4	471.6	19.9
#交通部门	623.3	6.0	1638.1	26.1	897.3	19.7	219.7	18.3	169.9	7.2
#其他燃料燃烧	710.3	6.9	627.2	10.0	676.4	14.9	168.4	14.0	269.5	11.4
#逃逸排放	304.8	3.0	329.6	5.2	69.5	1.5	2.7	0.2	38.8	1.6
工业生产过程	1255.7	12.2	243.9	3.9	214.1	4.7	79.2	6.6	161.2	6.8
农业部门	708.2	6.9	472.3	7.5	494.4	10.9	26.8	2.2	353.0	14.9
废弃物	196.7	1.9	163.1	2.6	141.2	3.1	4.6	0.4	58.7	2.5
土地利用变化与林业	-292.3	-2.8	-415.1	-6.6	-277.8	-6.1	-137.1	-11.4	-128.1	-5.4
船用燃料	47.6	0.5	148.2	2.4	284.5	6.3	31.4	2.6	12.6	0.5
总计	10307.9	100	6283.2	100	4544.7	100	1201.7	100	2370.6	100

数据来源：世界资源研究所，CAIT 2.0。

从总量上看，2011 年中国温室气体排放远高于其他主要经济体，分别是美国、欧盟、日本及印度当年碳排放量的 1.7 倍、2.5 倍、7.5 倍和 4.9 倍。从温室气体排放的部门结构来看，各国由于化石能源燃烧所致的温室气体排放是主要来源，其占比基本在 80% 以上。其中，中国 81.4% 的温室气体是能源燃烧所致，日本的比重最高，达到了 99.6%；此外，美国 90.3% 的温室气体来源于能源利用，欧盟和印度的这一比例分别为 81.2% 和 80.7%。在其他部门排放源中，中国、日本的工业生产过程也对温室气体排放贡献较大，美国、欧盟和印度的农业部门则是第二大温室气体排放源。土地利用变更和林业往往能减缓温室气体排放，如在日本，其减缓贡献达到了 11.4%，美国和欧盟也都在 6% 以上，印度的林业碳汇也贡献了 5.4%，相较而言，我国的土地利用及林业减缓的温室气体比重较小，仅占总排放的 2.8%。

进一步观察各国能源利用部门的内部构成，也可以看出各国的差异性。我国在能源燃烧利用中，主要的排放源来自于电力、热力转化部门，其贡献了全国温室气体排放的 41.4%，制造业、建筑业则贡献了全国温室气体排放的 24.1%，交通、其他燃料燃烧和逃逸排放的比重则较低；其他主要国家的最大排放用能部门与我国类似，也是电力、热力转化部门排放贡献最大，但是制造业、建筑业，以及交通部门的排放构成有较大差异。如美国和欧盟等国，其交通部门贡献超过了制造业、建筑业的排放贡献，日本、印度等国尽管制造业、建筑业排放贡献位居用能部门第二位，但交通排放和其他燃料排放的贡献也不可忽视。

四、世界主要国家能源结构比较

IPCC 在报告中指出，化石能源燃烧是导致温室气体中 CO_2 排放的主要原因，而大部分非化石能源都是清洁型的能源类型，清洁能源的使用不产生碳排放。因此，不同地区能源的使用结构将有助于追溯到碳排放产生的源头上去。表 1-4 给出了 2012 年世界主要地区的能源消费结构，将能源种类用是否为化石能源予以区别，并将化石能源进一步细分为原油、天然气和原煤三类。

对比结果显示，中国在能源利用结构上有着较为突出的特点，即中国的能源消费结构以原煤利用为主。由于我国领土内的资源分布具有"富煤少油贫气"的特征，这种自然资源属性下的资源禀赋条件，直接导致了我国能源利用方面强烈依赖煤炭资源的开发与利用，且其程度要比世界其他地区都要高出很多。而我国在非化石能源的使用比重小于 10%，与欧美日等国有着较大的差距。

表 1-4　世界主要地区能源消费结构（2012 年）

经济体	化石能源			非化石能源		
	煤	油	天然气	核能	水电	其他可再生能源
世界	29.9%	33.1%	23.9%	4.5%	6.7%	1.9%
美国	19.8%	37.1%	29.6%	8.3%	2.9%	2.3%
欧盟	17.6%	36.5%	23.9%	11.9%	4.4%	5.7%
日本	26.0%	45.6%	22.0%	0.9%	3.8%	1.7%
巴西	4.9%	45.7%	9.6%	1.3%	34.4%	4.1%
俄罗斯	13.5%	21.2%	54.0%	5.8%	5.4%	0.0%
印度	52.9%	30.5%	8.7%	1.3%	4.6%	1.9%
中国	68.5%	17.7%	4.7%	0.8%	7.1%	1.2%
南非	72.5%	21.7%	2.7%	2.6%	0.4%	0.1%

数据来源：BP 公司《Statistical Review of World Energy 2013》。

印度、南非跟我国的能源结构比较类似，同样是以原煤为主要的能源使用类型，非化石能源的使用比例较小，但其石油和天然气比重较高。对比美国、日本与欧盟的能源结构，可以发现欧美国家的能源结构更为平衡。欧盟的非化石能源利用率较高，已超过原煤利用所占比重。而我国以煤为主的能源使用结构必然要经历变革，逐步淘汰高污染、高排放的污染型化石能源，更多地使用清洁型能源。

能源使用结构的差异有助于了解各地区在温室气体排放中可能处于的角色，特别是非化石能源的使用比重高低，将直接说明该地区在清洁生产及可持续发展上所给予的努力和进展的程度。但考虑到化石能源中，不同能源品种燃烧的碳排放因子存在较大的差异性，所以单纯的化石能源内部的使用结构并不能与 CO_2 排放直接划上关系，还需要进一步关注各种能源品实际排放量数据。

第二节　我国温室气体排放状况与应对举措

一、我国的碳排放状况

从图 1－1 我国的历史 CO_2 排放总量趋势可以看出，随着改革开放的深入，1971—1996 年，我国碳排放呈现出逐年小幅上升的态势，增速较为平稳。其后的 1997—2000 年的亚洲金融危机时间段中，我国的碳排放止步增长，略微下挫，但很快于 2001 年恢复增长势头，并以较之前更快的增长率增加排放，而且还存在着较为明显的继续上扬的趋势。可见，我国的碳排放与国家自身的社会经济发展和全球经济环境密不可分。

（百万吨）

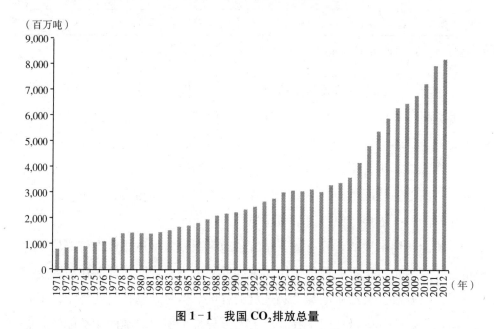

图 1－1　我国 CO_2 排放总量

数据来源：国际能源署 （IEA）：CO_2 Emissions from Fuel Combustion-HIGHLIGHTS （2014 edition）。

中国目前正经历着工业化、城市化快速发展的时期，也即正面临着能源基础设施建设的高峰期，随着人口增长、消费结构升级和城市基础设施的建设，将带来对能源的巨大需求和温室气体排放的不断增长。由于我国人口基数过于庞大，即使是微小的增长率，所产生的绝对增长量都将是巨大的；且中国每年增长1%的城市化率，就意味着上千万的农村人口涌入城市，产生巨大的能源需求；再者，由于中国的人均GDP，尤其是农村地区的人均GDP还处于较低水平，为改善生活水平，必然也会导致温室气体排放的上升。这些需求的拉动造就了现在以及未来较长时间里中国能源和碳排放的快速增长。考虑到中国各区域的发展差异，中西部地区的排放将在更长一段时间内保持增长趋势。国际能源署（IEA）发布的《世界能源展望2007年》指出，2005—2030年在参考情景和可选择政策情景下，中国一次能源需求年均分别增长3.2%和2.5%，与能源相关的CO_2排放将年均分别增长3.3%和2.2%。因此，对整个中国而言，CO_2排放总量在未来较长一段时间内仍将保持继续上升的趋势。

单纯的碳排放总量能够直观地显示我国历史的排放情况，但却不足以准确描述碳减排过程中的关键问题，因为总量指标并没有考虑到经济发展情况和人口数量的影响。采取什么样的碳排放指标，也是国际气候谈判中产生分歧的一大原因之一。而人均碳排放和碳排放强度由于考虑了经济产出和人口因素，而被认为是更合理的碳排放考核指标。图1-2给出了我国1971—2012年间的人均CO_2排放和碳排放强度（单位GDP排放CO_2，以2005年的美元不变价计算）的变动趋势。

根据图1-2的数据显示，我国人均CO_2排放趋势与CO_2排放总量相类似，主要可区分为三个阶段。第一阶段为1971—1996年，处于缓慢平稳增长阶段，第二阶段为1997—2000年，人均排放出现了短暂的下滑，第三阶段为2000年至今，人均CO_2排放出现了高速上升。由此可以推断我国在2000年以后的时期中，社会经济发展与现代化建设处于加速时期，能源资源的需求趋于激增，由此反映出人均碳排放的快速攀升态势。

而我国碳强度的历史走势则大不相同，其在整体上表现为下降的态势。但我国碳强度的下降时段集中于1978—2001年间，表明在这段时间内，我国单位GDP排放CO_2数量在逐渐减少，说明我国生产技术的进步，也说明该时期我国GDP增长速度大于CO_2排放的增长速度。而在2002—

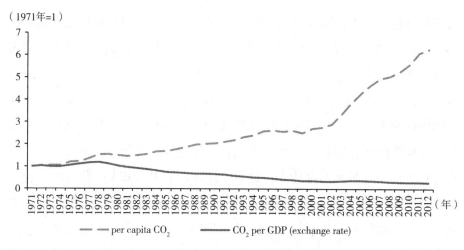

（1971年=1）

图 1－2　我国人均 CO_2 排放和碳强度变动趋势（1971—2010 年）

数据来源：国际能源署（IEA）：CO_2 Emissions from Fuel Combustion-HIGHLIGHTS（2014 edition）。

2012 年间，碳强度的波动开始趋于不明显，缺少继续向下消减的动力。可见，由于早期我国较为落后的生产技术与生产能力能够迅速提升的空间已然不多，而进一步的技术升级则需要更多资金和时间的投入，因此表现出来的是短期内碳强度降低的短期波动与停滞。

尽管中国温室气体排放总量巨大，但人均排放量还是很低，远远低于发达国家的人均排放水平。但长期以来，中国经济的发展方式呈现出粗放式的特点，主要依赖于能源和资源的快速低效率的消耗，单位 GDP 能耗和主要工业产品能源均高于世界其他主要能源消费国的平均水平。而在现阶段全球产业分工体系中，美国、日本、欧洲各国已进入后工业化时代，大力发展知识经济或服务经济，在全球产业价值链中处于领先优势地位，而中国产业仍然处于低端位置，在产业技术含量、附加值和竞争力等方面与发达国家有较大落差。我国减排降耗的艰巨任务仍将在中长期内存在。

二、国际减排压力

建立公平有效的国际气候治理机制已成为当今世界政治的主要议题之一，一场围绕"发展空间"的气候博弈正全面展开。2009 年 9 月，时任国务院总理温家宝在出席联合国气候变化峰会上提出，争取到 2020 年中国单位国内生产总值 CO_2 排放比 2005 年有显著下降（40%—45%）。而此前，美国白宫宣布，美国总统奥巴马将在哥本哈根气候变化大会上承诺 2020 年温室气体排放量在 2005 年的基础上减少 17%。

借鉴发达国家工业化进程的历史经验，以及考虑到中国目前仍处于工业化和城市化进程，伴随着我国工业化进程的推进以及城市化进程的加快，能源需求将随之继续升高，各产业生产活动消耗更多数量的化石能源，将势必导致大气中 CO_2 浓度的不断攀升。如果不采取有效措施，中国未来人均碳排放和碳排放总量将继续增长，从而加剧全球气候变化。

根据欧盟倡导的减排目标（2050 年大气中温室气体浓度稳定在 550 ppm），以及各种分配方案中我国所能获得的最大配额，中长期来看（到 2020 年），我国将面临 47 亿吨的碳排放缺口；长期来看（到 2050 年），即使我国经济速度发展放缓，碳排放需求仍旧高涨，还将面临 417 亿吨的高额碳排放缺口（刘燕华等，2008）。可以预见，我国 CO_2 排放总量和人均排放量继续增加的可能性非常大，而这种结果将十分不利于我国参与到全球碳减排责任分配的国际谈判中去。

尽管在《京都议定书》框架中，中国不必承担强制性减排责任，"巴厘路线图"也没有为发展中国家设定减排指标列入未来两年的谈判议程，但却也并没有免除发展中国家采取减排行动的义务，而且这些行动被要求与发达国家一样做到"可测量、可报告、可核查"。这样的条款无异于是将我国纳入减排框架前的一个伏笔，发达国家企图强加于我国的减排指标可能会忽视我国未来的发展空间与发展需要，是以牺牲我国经济发展为代价的一种不合理的规制。

因此，即使我国的历史 CO_2 累积排放量远不及欧美发达国家的历史累积量，但受限于时下人类对于气候变化认知度的大幅提升，与发达国家现时期减排潜力的耗尽与完成减排任务的艰巨性，以及寄希望通过出售已有的先进减排技术与环保设备，从而获得新的经济增长极，来推动受全球金融危机及欧洲债券危机拖累的实体经济，达到经济复苏增长的意图，发达国家将会越发迫切地施压于我国这个碳减排潜力巨大的市场，而不顾我国现阶段所处的发展环境与他们的历史排放责任。

在国际上，从最近的几次应对气候变化的各种会议上，能够明显地感受到来自西方发达国家的政治压力。他们在政治上不断要求重新建立一个包括中国等温室气体排放大国在内的新排放体系，从长远来看，为树立负责任的大国形象，履行应尽的国际义务，中国必然要面临温室气体排放控制这一压力，同时这也是转变当前不可持续的经济增长模式、缓解能源安全威胁和保障生态环境的内在要求（刘燕华等，2008）。

三、国内减排压力

与此同时，任由工业化和城市化推高我国的 CO_2 排放值，而忽视经济发展之后所导致的气候变化等生态环境问题，显然不符合我国坚持可持续发展的基本要求。实践证明，随着我国经济的高速发展和人口的持续增加，能源的开发利用有较大幅度的增长，从而带来 CO_2 排放的较大增长。其结果将加剧气候变化，对我国生态系统造成短时不甚明显但长期充满破坏性的不良后果，对我国未来经济的稳定与有序发展造成一定阻碍。

首先，气候变化会降低我国开发利用自然资源的效率。我国作为一个农业大国，我国的农业系统将率先受到气候变化的波及，尤其是那些适应性差、调整能力差、生产异常脆弱的地区（王毅荣，2006）。由于气候变暖、变湿等变化的影响，农业生产出现很多的不确定性，例如农产品产量的下降、木材采伐量的减少及水资源的稀缺等。具体表现为作物的播种期提前或作物生长期延长等非正常现象；一些对气候变化比较敏感的植被，其种植结构就需要对气候变化做出相应的调节；局部地区干旱、高温、冻害严重，农作物病虫害出现范围可能扩大，使得农牧业减产而造成直接的经济损失。由于农业发展在很大程度上依赖于当地的气候条件，一个地区的气候条件决定了该地的生态环境，只有当产业结构、作物种类与当地的气候条件有机结合，才能实现自然资源的合理利用和作用的有效发挥，保持生态平衡，进而落实可持续发展的最终目标。

其次，气候变化将导致我国自然生态系统的紊乱。自然景观及原野地带的风貌改变，珍稀物种分布区域缩小，生物多样性减少，病虫害爆发范围扩大，森林火灾发生频率和受灾面积增加，内陆的干旱摧毁草原湿地。《中国应对气候变化的政策与行动》指出，气候变化已经引起了中国水资源分布的变化。近 20 年来，北方黄河、淮河、海河、辽河水资源总量明显减少，内陆湖泊将进一步萎缩，湿地资源减少且功能退化，南方河流水资源总量略有增加。洪涝灾害更加频繁，干旱灾害更加严重，极端气候现象明显增多。如气候持续变暖，可能将增加北方地区干旱化趋势，进一步加剧水资源短缺形势和水资源供需矛盾。

再者，气候变化会破坏我国的人居环境。由于沿海城市所处的自然地理位置，导致其在应对气候变化时的脆弱性。沿海城市将面临着更多的沿海洪灾风险，受到更多的降水和风暴影响以及"热岛效应"产生等不利气候变化因素，而气候变化对于城市的基础设施也会带来一定的损害。气候变暖会加剧城乡基础设施的腐化衰败速度，从而对未来工业制品的制造加工提出更为严苛的要求。在生产技术进步需要大量时间的前提下，这种新要求对现阶段无法马上提供满足技术需求的工业研发部门施加了较大压力。同时，由于城市化速度过快，无论是从城市布局、规划，或是建设方面来看，虽然城市规模在不断扩大，但对气候变化风险和气象灾害风险考虑不足，基础设施（生活用水供应、电力供应、交通运力等）严重不足，从而造成城市现有的减灾能力建设和管理明显滞后，增加城市危机出现的可能性。

最后，气候变化对于公众生活也将带来人身财产的危害。气候变化将使疾病发生与传播的机会变大，公众健康受到影响；增加地质灾害和气象灾害的发生概率，对重大工程的安全造成威胁；影响自然生态公园的自然环境和生物多样性，对人文自然旅游资源产生不利影响。人们可能将享用不到本地生产的新鲜蔬菜，由于城乡基础生活设施的损坏而影响到日常的生活秩序。人们的外出旅行也可能受到影响，极端天气的增加将减少人们出行的机会，而许多旅游胜地可能因为气象灾害而面临风貌退败，或者处于濒临消亡的边缘。

所有这些危害是温室气体排放长期积累的结果，虽然气候变化的负面效果往往需要数十年甚至更长的时间才会显现出来，但未知的物理变化风险和不确定的社会经济后果交织在一起则会加剧危害的程度。特别是现阶段我国正处于经济体制转型和产业结构调整的关键时期，气候环境的变化将对我国的产业发展带来新的问题与挑战。在制定产业发展及结构调整的规划中，及早地将气候环境变化因素加以统筹考虑，可以避免再一次经济结构的大幅度调整与产业布局的重新构架，大大减少未来走弯路的可能性。

四、我国应对气候变化的努力

作为一个负责任的发展中国家，中国高度重视应对气候变化。于1990年成立了应对气候变化相关机构，1998年建立了国家气候变化对策协调小组。自1992年联合国环境与发展大会后，中国政府率先组织制定了《中国21世纪议程——中国21世纪人口、环境与发展白皮书》，从自身国情出发，制定并实施应对气候变化国家方案，采取了一系列应对气候变化的政策和措施。2004年我国发布了《能源中长期发展规划纲要（2004—2020）》（草案）和《节能中长期专项规划》；2005年全国人大审议通过了《中华人民共和国可再生能源法》，同年国务院下发了《关于做好建设节约型社会近期重点工作的通知》《关于加快发展循环经济的若干意见》《关于发布实施〈促进产业结构调整暂行规定〉的决定》和《关于落实科学发展观加强环境保护的决定》；在2006年《国民经济和社会发展第十一个五年规划纲要》中，明确提出了到2010年单位国内生产总值能源消耗、主要污染物排放总量两个指标在2005年基础上分别减少20%和10%的两个约束性目标。在完善管理体制和工作机制方面，为进一步加强对应对气候变化工作的领导，2007年成立国家应对气候变化领导小组，由国务院总理担任组长。直至2008年的机构改革中，国家应对气候变化领导小组的成员单位由原来的18个扩大到20个，负责组织协调全国应对气候变化的各项工作，先后制定了《中国应对气候变化国家方案》、"十一五"节能减排目标、可再生能源中长期规划等一系列的文件和规划。2010 年，在国家应对气候变化领导小组框架内设立协调联络办公室，加强了部门间协调配合，提高了应对气候变化决策的科学性。国务院有关部门相继成立了国家应对气候变化战略研究和国际合作中心、应对气候变化研究中心等工作支持机构，一些高等院校、科研院所成立了气候变化研究机构。中国各省（自治区、直辖市）也都建立了应对气候变化工作领导小组和专门工作机构。

通过大力调整经济结构、提高能源利用效率、发展低碳能源和可再生能源、开展植树造林和生态建设、实施计划生育等政策，我国"十一五"期间，单位 GDP 能耗下降 19.1%，SO_2 排放量减少 14.29%，化学需氧量排放量减少 12.45%，通过节能降耗减少 CO_2 排放 14.6 亿吨，为控制温室气体排放、减缓气候变化影响做出了巨大贡献（新华网，2011）。"十一五"规划中节能减排的相关政策和实施为进一步增强中国应对气候变化的能力提供了有力的前期实践基础和政策保障。此后，2007 年发布了《中国应对气候变化国家方案》，明确了到 2010 年中国应对气候变化的具体目标、基本原则、重点领域，部署了应对气候变化的相关政策措施，还阐明了我国应对气候变化问题的基本立场和不断推进国际合作交流的意愿和需求。2008 年发布了《中国应对气候变化的政策与行动》白皮书中提出我国应对气候变化的战略目标，并较为全面地总结了我国在提高全社会参与、国际合作及体制建设方面所取得的积极成果。在 2009 年哥本哈根气候谈判前，中国公布了到 2020 年单位国内生产总值 CO_2 排放比 2005 年下降 40%—45% 的 CO_2 减排目标，2011 年在《国民经济和社会发展"十二五"规划》中，再次明确设定了 2010—2015 年期间，"非化石能源占一次能源消费比重达到 11.4%，单位国内生产总值能源消耗降低 16%，单位国内生产总值 CO_2 排放降低 17%，化学需氧量、SO_2 排放分别减少8%，氨氮、氮氧化物排放分别减少 10%，森林覆盖率提高到 21.66%"等约束性指标。截至 2013 年，我国国内生产总值 CO_2 排放强度比 2005 年累计下降 28.6%，相当于 CO_2 少排放 25 亿吨。此外，从长期来看，中国在 2030—2040 年碳排放将达到峰值（丁仲礼等，2009；中国科学院可持续发展战略研究组，2009；何建坤等，2008；姜克隽等，2009），且我国已通过《中美气候变化联合声明》承诺尽早达到碳排放峰值，因此在中期内，实施碳排放总量削减势在必行。因此，为应对未来气候变化、控制温室气体排放的紧迫要求，我国已着手开展中国低碳发展战略、适应气候变化总体战略研究，组织编制《国家应对气候变化规划（2011—2020）》，用以指导未来 10 年中国应对气候变化的各项工作。

为了实现"十二五"规划中制定的单位国内生产总值 CO_2 指标，以及其他相关的节能减排指标，在《国民经济和社会发展"十二五"规划》中明确提出，要"综合运用调整产业结构和能源结构、节约能源和提高能效、增加森林碳汇等多种手段，大幅度降低能源消耗强度和 CO_2 排放强度，有效控制温室气体排放"。2011 年国务院印发的《"十二五"节能减排综合性工作方案》中，明确强调了要"坚持优化产业结构、推动技术进步、强化工程措施、加强管理引导相结合，大幅度提高能源利用效率，显著减少污染物排放"的总体要求。在随后的国务院 2011 年第 41 号文件《"十二五"控制温室气体排放工作方案》中，对我国控制温室气体排放确定了十分具体的目标和手段，其中提出了到 2015 年，全国单位国内生产总值 CO_2 比 2010 年下降 17% 的主要目标，服务业增加值和战略性新兴产业增加值占国内生产总值比例提高到 47% 和 8% 左右，形成 3 亿吨标准煤的节能能力，新增森林面积 1250 万公顷，森林蓄积量增加 6 亿立方米等一系列硬性指标。2014 年我国出台了《2014—2015 年节能减排低碳发展行动方案》，明确提出了单位国内生产总值 CO_2 在 2014 年、2015 年的年度目标；2014 年 9 月印发了《国家应对气候变化规划（2014—2020)》，明确了 2020 年以前中国应对气候变化工作的基本思路和部署。2014 年 11 月 12 日，中美两国共同签署了《中美气候变化联合声明》，宣布加强清洁能源和环保领域合作。联合声明提出，美国计划于 2025 年实现在 2005 年基础上减排 26%—28% 的全经济范围减排目标，并将努力减排 28%。中国计划 2030 年左右 CO_2 排放达到峰值且将努力早日达峰，并计划到 2030 年非化石能源占一次能源消费比重提高到 20% 左右。双方均计划继续努力并随时间而提高力度。我国应对气候变化的政策已由最初的节能减排政策，上升到国家战略的高度上来，其主要政策集中于积极推进经济产业的结构调整、优化能源结构、鼓励节能与提高能效、追加科技研发投入等方面。

2011 年发布的《中国应对气候变化的政策与行动》白皮书中也重申优化产业结构是我国"十一五"期间减缓气候变化的重要举措，并提出"十二五"期间要继续通过政策调整和体制创新，推动产业优化升级，抑制高耗能、高排放行业过快增长，加大淘汰落后产能力度，大力发展现代服务业，积极培育战略性新兴产业，加快低碳技术研发和产品推广，逐步形成以低碳为特征的能源、工业、交通、建筑体系。学术界也认为调整产业结构是减缓温室气体、应对气候变化的主要手段，并提出了调整产业结构的一些对策建议，包括发展知识密集型和技术密集型的低碳产业、发展现代服务业、发展壮大循环经济等（冯飞，2011；刘燕华等，2008；国务院发展研究中心应对气候变化课题组，2009；王岳平，2009；鲍健强等，2008），但是这类研究往往以定性分析为主，对于产业结构调整的效应、重点关注行业等问题缺乏较为深入的定量分析。

我国在气候变化领域的国际合作也日益加深，于 2010 年 3 月，颁布《应对气候变化领域对外合作管理暂行办法》，进一步规范和促进应对气候变化国际合作。本着"互利共赢、务实有效"的原则，我国积极推动和投入到应对气候变化的各项国际合作当中，无论是多边合作，或是双边合作，都尽心竭力地促成推进各边的交流与互信：我国是亚太清洁发展和气候伙伴计划的正式成员，是八国集团和五个主要发展中国家气候变化对话以及主要经济体能源安全和气候变化会议的参与者；同时还与欧盟、印度、巴西、南非、日本、美国、加拿大、英国、澳大利亚等国家和地区建立了气候变化对话与合作机制，通过各种国际合作来履行应对全球气候变化的义务与责任。2007 年的印尼巴厘岛联合国气候变化谈判会议上，中国提出三项建议，包括最晚于 2009 年年底谈判确定发达国家 2012 年以后的减排指标，切实将《公约》和《议定书》中向发展中国家提供资金和技术转让的规定落到实处等，得到了与会各方的认可，并最终被采纳到该路线图中，为巴厘路线图的形成做出了实质性贡献。2009 年的哥本哈根会议谈判中，中国政府公布了《落实巴厘路线图——中国政府关于哥本哈根气候变化会议的立场》的气候宣言，提出了中国关于哥本哈根会议的原则、目标，就进一步加强《公约》全面、有效和持续实施，以及发达国家在《议定书》第二承诺期进一步量化减排指标等方面阐明了立场，为打破谈判僵局、推动各方达成共识发挥了关键性的作用。2010 年，中国在参与墨西哥坎昆会议的谈判与磋商中，坚持维护谈判进程的公开透明、广泛参与和协商一致，对多个谈判议题提出富有建设性的方案，特别是在关于全球长期目标、《京都议定书》第二承诺期、发展中国家减缓行动的"国际磋商与分析"以及发达国家减排承诺等分歧较大的问题的谈判中，积极与各方沟通协调，坦诚、深入地交换看法，增进相互理解，凝聚政治推动力，为坎昆会议取得务实成果、谈判重回正轨做出了重要的贡献。

此外，我国还积极参与《京都议定书》中提出的针对发展中国家的清洁发展机制（CDM）的项目合作。CDM 仍然是目前唯一有效的、从发达国家向发展中国家转移减排资金和减排技术的渠道。为落实清洁发展机制项目在中国有序开展，我国在 2005 年制定和颁布实施了《清洁发展机制项目运行管理办法》。为提高清洁发展机制项目开发和审定核查效率，2010 年又对该管理办法进行了修订。根据《中国应对气候变化的政策与行动（2011）》白皮书中的统计，截至 2011 年 7 月，中国已经批准了 3154 个清洁发展机制项目，主要集中在新能源和可再生能源、节能和提高能效、甲烷回收利用等方面。其中，已有 1560 个项目在联合国清洁发展机制执行理事会成功注册，占全世界注册项目总数的 45.67%，已注册项目预计经核证的减排量（CER）年签发量约 3.28 亿吨 CO_2 当量，占全世界总量的 63.84%。

　　我国在气候变化的科技研究能力建设方面也有所建树。组织编制了第一次、第二次《气候变化国家评估报告》，为增强气候变化领域的基础研究提供切实的数据和报告基础。同时开展多个与气候变化相关的科研课题，如研究气候变化与环境质量的相关关系、温室气体与污染物协同控制、气候变化与林业的响应对策等方向，对我国如何制定减缓气候变化应对方案及气候环境协同管理等方面提供强有力的理论支持。我国积极建立未来气候变化趋势的数据集，并定期发布亚洲地区气候变化的预估数据。在气候友好技术研发，国家高技术研究发展计划（"863"计划）和科技支撑计划中，能源清洁高效利用技术、重点行业工业节能技术与装备开发、建筑节能关键技术与材料开发、重点行业清洁生产关键技术与装备开发和低碳经济产业发展模式及关键技术集成应用等节能技术是计划中的重点支柱项目，通过科研力量与科研资金的投入，现已经取得了一批具有自主知识产权的发明专利和重大成果。通过"863"计划和科技支撑计划，设立了主要农林生态系统固碳减排技术研究与示范、林业生态建设关键技术研究与示范、农业重大气候灾害监测预警与调控技术研究等项目。2010年，国家工程研究（技术）中心、国家工程实验室分别达到288个和91个。此外，我国积极推动可再生能源和新能源开发利用技术、智能电网关键技术等领域的技术研发，为技术研发项目提供所需的各项支持，并获取了不少优秀成果。2009年，我国政府从"4万亿"经济刺激计划中拿出了较大的份额用于低碳项目的投资，其中的2100亿元直接用于环保和降低温室气体排放的项目之上。

　　在未来的"十二五"期间，我国将吸收"十一五"及之前在节能减排方面的优秀经验，《中国应对气候变化的政策与行动（2011）》中提出我国将着重从以下几方面继续大力推进应对气候变化的相关工作：一是加强法制建设和战略规划，结合现阶段的发展情况制定相应的减排目标与减排路径，并辅以相关的法律条文为保障；二是加快经济结构调整，抑制高耗能、高排放产业的过快壮大，引进新型高技术产业，推动现代服务业的发展，实现产业结构的优化升级；三是优化能源结构和发展清洁能源，加大对新能源技术的研发投入力度，促进以风能、太阳能为主的可再生新能源的开发和利用，并加大清洁煤技术的应用和生产；四是继续实施节能重点工程，重点推进工业、建筑、交通等重点领域和重点行业的节能，提高能源的利用效率；五是大力发展循环经济，实现资源的再次充分利用，达到少排放的经济发展模式；六是扎实推进低碳试点，建立以低碳为特征的产业体系和消费模式，积极开展低碳产业园区、低碳社区和低碳商业的试点工作；七是逐步建立碳排放交易市场，通过规范自愿减排交易和排放权交易试点，充分发挥市场机制在优化资源配置上的基础性作用，以最小成本实现温室气体排放的控制目标。此外，还有增加碳汇、提高适应气候变化能力、继续深入开展国际合作等措施。

正是由于我国充分认识到应对气候变化的重要性，因此不断通过各种途径和方法积极将应对气候变化的承诺付诸行动，不仅包括出台一系列的法律、规范性文件与工作方案，更在经济生活中的方方面面实施相关的标准和管制、财政税收和产业政策等有力工具，为我国发展清洁能源、降低 CO_2 排放数量奠定坚实的现实基础。

第三节　我国产业结构变化的主要特征

改革开放以来，我国的产业结构发生了很大变化。图 1-3 描述了在 1978—2013 年间我国各产业所占国民经济比重的变化趋势。可以发现，第一产业在 GDP 中的比重呈现持续下降的态势，到 2013 年降至 10% 左右；第二产业的比重经历了不断波动的过程，在 1990 年之前其比重持续下降，之后开始保持平稳上升态势，在 1998—2002 年间亚洲金融风暴和 2006 年之后有所回调，但长期稳定保持在 40%—50% 之间；第三产业比重则处于不断上升的过程之中，2013 年，第三产业比重首次超过第二产业比重，达到了 46.1%。三产业之间的比例关系有了明显的改善，产业结构正向合理化方向变化。

根据国务院发展研究中心的预测，到 2020 年，第一、二、三产业的

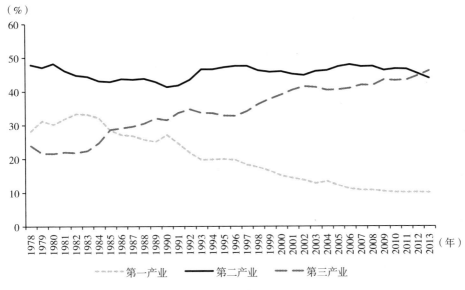

（%）

图 1-3　我国第一、二、三产业变化趋势（1978—2013 年）

比重为 6%、45%、49%。可见，未来我国产业结构变动将延续之前的演变趋势：第一产业比重继续下降，第三产业比重趋于增长，重工业化的产业结构将趋于改善。

图 1-4 显示了 1978 年到 2013 年，农业、林业、牧业和渔业在第一产业内部的结构变化趋势。我国第一产业中各部门的总体变动趋势是：农业比重下降，1978 年占第一产业比重 80% 下降到 2013 年的 55%；林业比重相对稳定，一直保持在 3%—5% 之间；牧业和渔业所占第一产业比重略有上升，分别从 1978 年的 15% 和 1.6% 上升至 2013 年的 30% 和 10%。

在我国工业化过程中，第二产业的增长对整个经济增长起着主要的支撑作用，而第二产业中的工业取得了较大发展，工业对国民经济的贡献率和拉动率在三次产业中均居首位。按照轻重工业比例关系的变化，可将工业结构的演变过程大致分为四个阶段（马晓河、赵淑芳，2008）：第一阶段是 1978 年至 20 世纪 80 年代前中期，这一时期采取扶持轻工业、调整和改造重工业战略，解决轻、重工业结构失衡问题；第二阶段是 20 世纪 80 年代中后期至 20 世纪 90 年代初，轻、重工业基本保持平衡的态势；

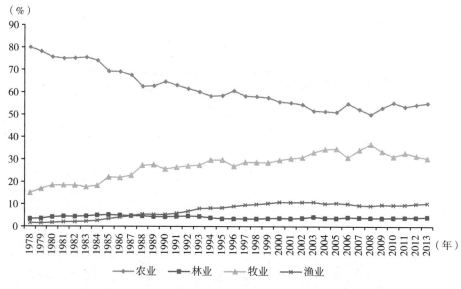

图1-4 我国第一产业内部结构变化趋势（1978—2013年）

第三阶段是1992—1998年，我国轻重工业在工业总产值中的比重总体保持稳定，但工业结构出现较明显的重工业化趋势；第四阶段是从1999年开始，重工业呈现快速增长势头，2010年轻工业所占工业经济比重已从1994年的42.2%下滑至28.6%，而重工业占整个工业经济产出的71.4%，轻、重工业的比例差距明显拉大，重工业化趋势日益显著，工业增长再次形成以重工业为主导的格局。图1-5描述了1994年以来轻、重工业结构变化的趋势。

我国第三产业在国民经济中的比重逐年提升，其内部结构也发生了巨大变化。改革开放初期，我国的第三产业主要集中在商业、饮食、居民服务、交通运输、邮电等传统产业领域。经过二十多年的发展，在传统服务业持续发展的同时，旅游、信息、咨询、科技服务、社区服务、金融保险、房地产、教育、文化等新兴行业也得到了较快发展。

图1-6显示了1978年以来，我国第三产业中不同部门产出增加值构成的变化趋势。可以看出，批发和零售业在1990年之前波动较大，在此之后缓慢下降，直到2006年之后才开始有所回升，其所占第三产业增加

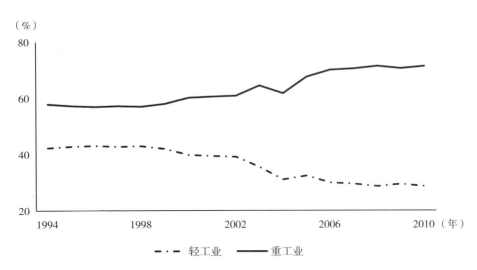

图1-5 我国工业内部轻工业、重工业结构变化趋势（1994—2010年）

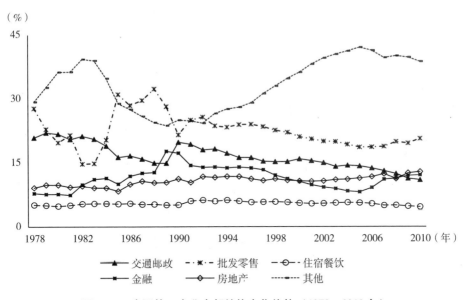

图1-6 我国第三产业内部结构变化趋势（1978—2010年）

值比重从1978年的27.8%下降到2010年的20.7%，但仍然是目前占比重最大的部门；传统的交通运输、仓储和邮政业比重大幅下降，从1978年的20.9%下滑至2010年的不足11%；房地产业发展不断加快，所占比重有所上升；金融业在2005年之前经历了长期的下滑，此后开始加速增长；

住宿餐饮业则保持较为稳定，所占比重一直在 4%—6% 之间；此外，归入其他服务业的"社会服务业""科学研究和综合技术服务业""教育和文化艺术及广播电影电视业""卫生体育和社会福利"等新兴服务行业占第三产业比重明显上升，尤其是 20 世纪 90 年代初开始，其比重由 1990 年的 25% 上升到 2010 年的 38.7%，上升了近 14 个百分点。

从国际经验和产业结构升级理论来看，在经济水平发展到一定程度以后，第二产业的主导地位应逐渐向第三产业过渡。同世界其他相似发展阶段的国家相比，我国第二产业比重相对过高，第二产业尤其是工业对经济仍然至关重要，在工业结构方面，轻、重工业比例失调，重工业化趋势并未出现转变，将继续呈现上升态势；而同期第三产业的发展却相对缓慢，陷入滞后状态。这一现象的背后原因主要是由于相当长一段时期内，我国政府的考核机制是以 GDP 为导向，鼓励企业出口工业品，同时地方政府在现有的财政分权制度安排下，偏好于发展投资大、见效快、能在短期内拉动 GDP 迅速上升的工业和建筑业（周业安，2003；周黎安，2004）。大量涌入工业的投资造成过快的资本深化，使得资本边际报酬、就业吸纳能力加速下降，出现了资本挤出劳动效应（刘伟、张辉，2008）。综合来看，我国产业结构主要存在以下问题：

首先，我国农业基础薄弱，内部结构有待优化。改革开放以来，我国农村经济取得了长足发展，农业产业结构经过不断调整形成了较好的格局。但是，目前的农业结构一方面受自然资源约束，在总量上难以满足快速增长的工业化进程的需要，另一方面受技术进步滞后的影响，农产品品种不优、质量不高，难以满足消费者对优质农产品日益增加的需求。此外，农业基础设施落后，公共服务严重不足也阻碍了农业向纵深发展，诸如水利灌溉设施、农产品深加工产业链、农产品保鲜、贮运、销售体系等滞后于经济社会的发展需要。

其次，我国工业大而不强，数量扩张明显，增长质量不高。我国工业增加值占国内生产总值的比重，已超出发达国家工业化时期的最高值。一方面，我国产业研发投入不足，企业自主技术创新的能力欠缺，加上我国促进自主创新的体制尚不完善，导致企业缺乏持续的技术创新能力，并进而降低了企业的核心竞争力（江小涓，2005）；另一方面，我国虽然已经融入世界贸易体系中，但仍然处于全球价值链低端，主要依靠低廉的劳动力价格来获得"国际工厂"称号，在微笑曲线中主要从事加工组装等环节，在上游的技术研发、原材料和下游的品牌、服务网络等高附加值环节尚未形成比较优势，因此产业升级面临重重困难（马晓河、赵淑芳，2008）；此外，我国产业发展模式尚未根本改变，高投入、高消耗、高排放、低收益的三高一低模式仍大量存在，在换取了低附加值的出口订单同时，消耗了大量能源资源，导致地区环境污染问题日益突出。根据相关研究，2004 年我国净出口品所产生的 CO_2 占我国当年温室气体排放总量的 23%，而 2006 年内涵能源净出口占我国一次能源消费的 25.7%，这也加剧了气候变化（金乐琴、刘瑞，2009；陈迎等，2008）。

最后，我国服务业发展滞后，总量规模偏小且内部结构不合理。按照世界银行数据，近年来，中等收入国家服务业比重为 53%，高收入国家服务业比重为 72.5%，低收入国家服务业比重为 46.1%，而我国 2010 年第三产业增加值在 GDP 中所占比重仅为 43.1%，服务业发展明显滞后。从内部结构看，发达国家主要以信息、咨询、科技、金融等新兴产业为主，而我国第三产业则主要依赖于餐饮、交通运输等传统服务业，新兴服务业发展虽然较快，但所占比重仍然偏低。此外，我国服务业的产品创新能力不足，同国外服务业相比，其服务品质和技术水平较低，在组织规模、管理水平与营销技术上存在较大差距，难以适应激烈的国际竞争需要（周叔莲，1998；江小涓，2005；马晓河、赵淑芳，2008）。

第四节 本书的研究内容、方法与创新

本书将基于产业结构视角来考察我国 CO_2 排放的特征以及减排潜力与减排成本。具体而言，本书将回答以下两个问题：

首先，CO_2 排放的影响因素有哪些？其中产业结构扮演何种角色？

其次，我国 CO_2 排放的重点部门与行业、减排潜力和成本如何？产业结构对其有何种影响？

为此，本书将分为四个环节来进行研究：

第一环节是理论与实践总结篇，包括三个章节。其中，第一章对当前温室气体排放的现状和我国面临的挑战进行了回顾；第二章则是基于产业结构视角，对产业结构影响 CO_2 排放的机理、传导效应等进行了理论文献梳理，并对相应的分析模型进行了系统性概括；第三章则是对当前国内外应对气候变化的实践经验进行总结。

第二环节是 CO_2 排放特征篇，包括四个章节。其中，第四章在省际层面上，对我国地区 CO_2 排放进行估算和预测，并运用计量模型识别出人均 CO_2 排放的影响因素，并定量考察了人均 CO_2 排放与产业结构之间的关联；第五、六章在行业层面上，分别对我国六大生产性行业和 33 个工业部门的 CO_2 排放进行核算和分解，并对产业结构的影响进行了更为细致的深入分析和比较；第七章以浙江省工业为研究对象，考察和对比了浙江与其他发达省份工业 CO_2 排放的差异性，并考察了产业结构、技术等驱动因素的影响程度。

第三环节是对 CO_2 减排分析篇，包括四个章节。第八章首先对污染物处置的理论模型和实证应用进行了文献回顾，从而为其后的 CO_2 边际减排成本分析奠定理论基础；第九章基于参数化模型，对我国各省的 CO_2 边际减排成本进行了估计，该信息可以用于排放权初始价格设定，或者作为碳税基准；第十章则采用非参数化模型，对我国各省的 CO_2 减排潜力、边际减排成本进行了评价，并考察了不同决策偏好下的地区 CO_2 排放配额分配方案；第十一章以我国地级市为研究对象，对城市 CO_2 排放及边际减排成本进行了参数化建模和定量估计，并进一步分析了产业结构等因素对边际减排成本的影响。

第四环节是对策篇，包括一个章节。第十二章对本书理论和实证部分进行系统性总结，识别出我国控制和减缓 CO_2 排放的重要领域和环节，并进而提出我国通过产业结构调整来控制和减缓 CO_2 排放的战略思路、战略构想和相应的保障措施。

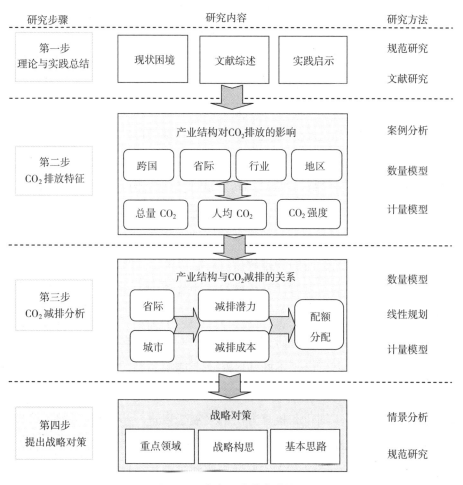

图 1-7 本书研究技术路线图

本书的整体研究路线及相应的研究方法如图 1-7 所示。遵循"从现实中来，到现实中去"的基本原则，首先对全球温室气体排放状况进行深入剖析，并由此提出相应的科学问题，接着进行深入的文献研究，通过理论分析确定研究方法，其后的实证研究分别从分地区、分行业等不同层面，利用分解模型、计量模型等定量分析工具，针对人均碳排放以及碳排放强度等指标进行定量分析；其次综合运用数量模型、计量分析、线性规划和情景分析等方法，对省际和城市的 CO_2 减排潜力和减排成本进行定量评价，并考察产业结构对 CO_2 减排的影响，还进一步研究了地区温室气体减排的分解问题；最后基于产业结构视角，识别出控制和减缓 CO_2 排放关键领域和环节，并提出战略构思和对策建议。

本书的创新主要有三点：一是通过理论模型明确了产业结构对温室气体排放的作用机制；二是通过大量的定量分析，识别出我国不同产业/地区温室气体排放的重点领域和关键驱动因素，并考察了产业结构对温室气体排放的具体方向和大小；三是基于公平和效率维度，对我国温室气体减排潜力和分解目标进行了评价和模拟。此外，基于上述理论和实证研究的结论，提出了"加""减""提""转"四个产业结构调整战略。

本书也存在诸多不足之处，首先，受限于数据可得性，对于产业类别的选择较粗，没有进一步将产业类别细分到四位数层面进行较为微观的分析；其次，在对不同部门的碳排放量进行核算时，主要基于终端化石能源燃烧来计算碳排放量，没有涉及生产过程中释放的温室气体，同时由于缺乏更细致的数据，没有考虑特殊部门（如林业）的固碳效应；此外，关于温室气体排放核算，现有研究大多基于 IPCC 的排放核算清单给出的系数进行计算，实际上，由于不同地区和产业能源品品质差异，加上燃烧过程氧化程度不一，会使得计算出来的数据与实际排放量有所差别，这些只能通过数据的进一步细化和核算方法的发展予以进一步完善；最后，产业结构调整牵一发而动全身，某一部门结构的变化会传导至其他相关部门，并进一步影响到整个国民经济的发展，要深入分析不同产业结构调整政策对宏观经济或部门经济的影响，需要基于投入产出表进行一般可计算均衡分析（CGE），限于时间和精力，本书对此方向涉及较少，这也是未来有待进一步深入研究之处。

第二章 产业结构与气候变化的内在关联

气候变化受到诸多因素影响，包括自然状况、人类生产活动等，国际机构已经对此进行了大量的科学论证和研究，譬如 IPCC 出版的《气候变化第四次评价报告》（AR4）（Metz et al., 2007）、世界银行出版的《世界发展报告》（WorldBank, 2010）等，这些研究主要讨论气候变化的原因，人类活动对气候变化的影响，以及人类社会如何适应和减缓气候变化等问题。目前科学界基本达成共识，即气候变化，或者说全球温室气体排放的显著增加，可以归因于人类工业化以来对化石能源的大量消费。因此，在其后的研究中，学术界主要将重点放在"温室气体分配框架的构建""温室气体排放的影响因素"以及"采取何种措施来减缓和适应气候变化"等问题，却较少去考察人类最频繁的产业活动、产业结构与能源消耗及碳排放之间的关系。各种实践经验表明，气候变化与产业结构之间存在着密切的联系。

第一节 产业发展与气候变化的关系研究

碳排放从来源角度上看，主要产生于生产领域与消费领域这两个方面。西方发达国家的碳排放多产生于消费领域，企业与居民的碳排放之比接近 3：7；而发展中国家则主要产生于生产环节，与发达国家情况刚好相反，即企业与居民的碳排放之比约为 7：3。发达国家与发展中国家在碳排放来源上存在的较大差异表明，像我国这样的发展中国家，在未来相当长的一段时期里，控制碳排放的主要压力存在于生产领域。因此，国家产业的发展模式及产业结构状况将成为未来应对气候变化行动中的重要内容之一，将面临相应的调整与监管。

一、产业活动与碳排放

关于产业的分类，较常见的是按照第一产业、第二产业、第三产业的划分方法。由于生产活动的特殊性，各个产业表现出不尽相同的碳排放特点。首先讨论第一产业中占最大份额的现代农业发展与碳排放特征。从整体上看，现代农业属于高碳型农业，其生产过程中伴随着化石能源的大量消耗。农业生产活动中与化石燃料消耗有关的具体环节有：化肥农药施用、农业机械使用、农产品加工储存与运输等。其中，作为现代农业中的重要环节，化肥、农药的使用在生产过程中被大量应用，却潜藏着能耗高、污染大的不利因素。因为我国在生产合成氨（制成尿素）时主要利用煤炭来供能，据测算，每吨氨约要排放 3.4 吨 CO_2，而这仅仅是化肥在生产过程中所释放的 CO_2（漆雁斌、陈卫洪，2010）。此外，化肥、农药的施用不当还会破坏土壤的天然有机构成，加速农田土壤中有机碳的矿化速度，从而向大气排放更多 CO_2 和 CH_4 等气体，为空气中温室气体浓度的增加、气候变化的加速带来更多的压力。

第二产业中所涵盖的工业和建筑业是碳排放的最大来源。传统工业的发展总是与化石燃料的需求供给所密切相关的。相对于发达国家已经迈入后工业化发展阶段，开始将重工业化、高耗能型企业向外转移，产业结构不断趋向清洁高端化，我国仍旧处于城市化、现代化的进程之中。作为支持国家经济发展的工业产业正经历着高速发展的态势，对能源供应产生很大的需求。尤其像火电、冶金、有色金属、化工、石化、汽车、船舶与机械制造等重化工业，属于典型的高能耗、高污染产业，其产业的发展将带来巨额的碳排放。除此以外，建筑业的能耗也非常大。不仅建筑业建造所用的水泥和钢材的能耗很高，而且建筑本身的能耗也很高。据联合国政府气候变化专门委员会统计，每建成单位平方米的房屋面积，约释放出 0.8 吨 CO_2，建筑能耗占到总能耗的 20.7%。

第三产业中所指的现代服务业，涵盖了金融保险、新闻媒体、广告咨询、旅游通信等行业，基本上都是能耗低、污染小、低碳排放，甚至零碳排放的清洁产业，但交通运输业例外。交通运输业之所以高耗能、高排放，是由于汽车燃料大量使用的结果，特别是石油、煤油、柴油在交通运输中的广泛应用。汽车平均每燃烧 1 升汽油，要释放出 2.2 公斤 CO_2，而公共汽车每百公里的人均能耗是小汽车的 8.4%，电车是小汽车的 3.4%—4%，地铁是小汽车的 5%。由此可以推断，目前中国上千万辆私人汽车构成了交通运输业中的能耗大户，而未来不断增长的私车拥有数量，将继续推高交通运输领域内的碳排放水平。

随着以碳排放约束为主要特征的低碳经济发展的逐步推广，在传统产业的基础上衍生了"低碳产业"这一新兴的产业种类。低碳产业将所有低碳、零碳型产业归为一体，囊括了现代服务业、知识密集型和技术密集型的工、农产业。类似传统三大产业的分类，低碳产业也可以细分为低碳农业、低碳工业和低碳服务业。低碳农业主要包括种植业中的有机农业、生态农业、高效农业和林业；低碳工业主要包括生物医药、新材料、微电子技术、航空技术及海洋技术领域的高新技术产业，以及新能源、可再生能源的生产与供应业（太阳能、风能、水能、生物质能、沼气、核能等众多低碳能源或无碳能源）；低碳服务业是除交通运输业外的其他传统第三产业。可见，在传统产业向低碳产业转型的过程中，第二产业中的高能耗、高排放型产业的新型化、清洁化是其中的关键与重点。

二、产业结构与气候变化

在分别阐述三次产业各自内部的碳排放领域和特征后，需要综合考虑三次产业间的不同组合比例关系所带来的最终排放效果。产业结构变化会通过改变温室气体排放数量而影响气候变化，其影响机理可以用"结构红利假说"理论解释（Denison et al.，1967；Maddison，1987）：各行业（部门）生产率水平和增长速度存在系统差别，如果将 CO_2 看作一种投入要素，那么，各部门的单位 CO_2 排放量所带来的产出——也即是 CO_2 生产率（或者 CO_2 排放强度的倒数）也不相同，当要素从低生产率或者生产率增长较低的部门向高生产率或者生产率增长较高的部门转移时，就会促进由各部门组成的经济体的总的 CO_2 生产率的提高，而总生产率增长率超过各部门生产率增长率加权和的余额，就是结构变化对生产率增长的贡献。譬如，服务业往往相对于工业具有更高的 CO_2 生产率水平（单位产出排放更少的 CO_2），因此，当保持其他条件不变时，服务业比重的上升、工业比重的下降将导致整个宏观 CO_2 生产率的增进，也即是减少了同等产出条件下的温室气体数量。碳生产率这一指标反映了为获取一定的产量所要付出的环境（碳排放）成本，为衡量不同行业的碳排放强度提供了技术指标。

在应对气候变化问题时，人类社会主要围绕减缓和适应这两个方面展开。减缓是人类通过改变自身不合理的生产生活方式，增加碳汇，减少温室气体排放和减缓气候变化的速度与范围；适应是人类社会对已经发生的或者预期将要发生的气候变化因素采取应对性措施与行为调整，用以化解可能存在的气候风险，从而保持人类社会的稳定可持续的延续与发展。在适应气候变化的过程中，人类的生产生活及消费方式将发生改变，通过直接和间接的影响，使经济发展中的产业结构发生一系列的变化。最直接的，如气温的升高将导致农业种植结构的变化，同时改变农业生产布局，而以农产品为原料的工业部门和服务性部门也将间接受到影响；气候变化还将导致水资源和生态系统发生改变，而原先依赖于这些资源/生态系统的产业部门也将在生产形态、地理布局上发生变化。除了改变现有产业外，为减缓气候变化的影响，会衍生和发展出新兴部门，譬如抗旱性农作物、节水型工业等。产业结构的被动性变化即是适应气候变化的一种直观体现，但只有当经济社会中产业结构变化的主动性充分发挥出来时，即减缓气候变化的行为动力被有效激发，才能为达到更好的适应能力奠定基础。

之所以具有较强主动性的产业结构调整能产生应对气候变化行动中的递进作用，在于不同产业单位产值的能耗不同，因而，不同产业的发展比例关系将直接影响到对能源的总需求，进而对 CO_2 排放产生间接影响。高能耗产业的快速发展必然导致对能源供给的强烈需求，而第三产业在国民经济中比重的扩大会带来能源消耗的降低，从而使碳排放增速趋缓，长期甚至可以减少碳的排放。因此，在以碳排放约束为表征的生态环境与人文社会的双重压力下，利用产业结构调整这一关键途径来实现预期的气候目标具有正向的刺激作用。通过控制重化工业的过度发展，提升第三产业的有序扩展，促使经济发展模式由工业化向信息化的经济结构转型，对能源需求和碳排放的双降产生有效的推进。

但是，无论是国家或是地区，其产业结构均是由其现阶段经济发展进程所决定的，产业结构必然是与经济发展现状相适应的，是存在因果关系的一个发展过程。当第一产业的发展不能起到保障粮食安全的作用时，该地区第二产业的发展基础就无法得到保证；而当第二产业的发展规模偏小，人均收入水平偏低的情况下，该地区第三产业的发展也就无从落脚。因此，在考虑碳减排的总体方针下，不能仅从降低能耗、减少排放的角度出发，而忽视经济发展过程中的客观规律，脱离现实的发展需要，妄图偏离客观发展轨迹获得越级发展是不可取的，有可能导致经济结构的变相与扭曲，进而损害实体经济长期的可持续发展。因此，在考虑产业结构调整方案时需谨慎布局，在发展能耗低、能效高的产业的同时，规范和引导高能耗、高污染行业的有序发展，淘汰落后市场需求的落后产能是减少能源消耗和 CO_2 排放的有效方法。

三、产业结构与能源利用

由于能源消耗与碳排放有着非常直接的关系，因此，在讨论产业结构与碳排放的关系时，可同步考察产业结构调整与能源利用之间所可能存在的关系，可以为研究产业结构调整促进碳减排提供更为具体的途径与渠道。由于不同的能源使用结构与能源使用效率会带来相异的碳排放水平，因此，研究产业结构与能源结构和能源效率之间的联系，有助于明确产业结构与能源利用之间的关系，为增加解决气候变化问题提供更广阔的思路与方法。

不同类型产业在生产过程中的 CO_2 排放不同，主要取决于不同产业生产活动的特殊性及其对各类能源的不同需求。例如，某些产业倾向于消耗煤炭资源，而另外一些产业却较少地消耗煤炭资源，或者倾向于使用其他类型的能源。由于在同等单位的能源消耗下，多消耗煤炭或偏向消耗煤炭的产业会产生更多的 CO_2，所以前者被称之为高碳产业，后者为低碳产业[①]，因此，产业结构的变化会直接影响对能源的需求以及改变能源消费结构。通过增加第三产业的结构比例、降低第一产业的结构比例以及优化第二产业内部结构，特别是优化工业部门高耗能产业的布局，实现产业结构优化，可以有效地推动我国能源消费均衡发展，摆脱煤炭消费比例独大的局面，形成多元化的能源消费结构体系（彭水军、包群，2006b）。可用模型证明，产业结构的调整能够实现能源结构优化，从而降低碳排放总量（李玉文等，2005），模型假定如下。

假设高碳产业和低碳产业的能源消费结构是固定的，即各种能源之间的消费比例是固定的。假定高碳产业的高碳能源消费量为 c_1，低碳能源消费量为 d_1，其能源结构为 c_1/d_1。低碳产业的高碳能源消耗量为 a_1，低碳能源消费量为 b_1，其能源结构为 a_1/b_1。则 $c_1/d_1 > a_1/b_1$。则总的能源消费结构为 x_1/y_1，其中 $x_1 = a_1 + c_1$，$y_1 = b_1 + d_1$。

如图 2-1 所示，横轴表示高碳能源消费量，纵轴表示低碳能源消费量。当扩大低碳产业的规模，使高碳能源消费量从 a_1 变为 a_2，低碳能源消费量从 b_1 变为 b_2；同时缩小高碳产业的规模，使其高碳能源消费量从 c_1 变为 c_2，低碳能源消费量从 d_1 变为 d_2。则总的高碳能源消费量从 x_1 变为 x_2，低碳能源消费量从 y_1 变为 y_2，能源结构从 x_1/y_1 变为 x_2/y_2。从图 2-1 中可以看出 $x_2/y_2 < x_1/y_1$，即产业结构调整后，高碳能源消费比重降低了，低碳能源的消费比重提高了，能源结构得到了优化。

也可以用简单的数学公式进行推导。假设高碳产业的能源消费量减少

[①]　如果与发达国家的产业的能源结构相比，我国的产业基本属于高碳产业，但是将比较范围缩小在国内，可以将我国产业分为高碳产业和低碳产业。

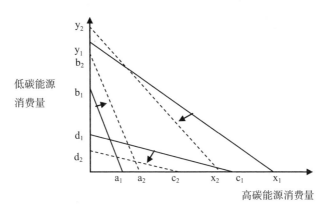

图 2-1 产业结构调整与能源结构优化

了 k 倍，即 $c_2 = kc_1$，$d_2 = kd_1$。低碳产业的能源消费量增加了 g 倍，即 $b_2 = gb_1$，$a_2 = ga_1$。则变动后的能源消费结构为 $(ga_1 + kc_1)/(gb_1 + kd_1)$，则：

$$\frac{ga_1 + kc_1}{gb_1 + kd_1} - \frac{a_1 + c_1}{b_1 + d_1} = \frac{(g-k) \times (a_1 \times d_1 - b_1 \times c_1)}{(g \times b_1 + k \times d_1) \times (b_1 + d_1)} \quad (2-1)$$

由于高碳产业的高碳能源与低碳能源消费量之比要高于低碳产业的两者之比，因此 $a_1/b_1 < c_1/d_1$，即 $a_1 x d_1 < c_1 x d_1$，又因为 $g > 1$，$k < 1$，则 $g - k > 0$，所以：

$$\frac{ga_1 + kc_1}{gb_1 + kd_1} < \frac{a_1 + c_1}{b_1 + d_1} \quad (2-2)$$

即产业结构调整之后的能源消费结构中的高碳能源比重下降了，低碳能源比重上升了，实现了能源结构的优化。

提高能源利用效率，能有效缓解能源供需紧张的局面，是未来经济可持续发展的重要保障。相类似的，产业结构变动对能源效率也会产生一定影响。能源效率的表述指标有许多，为便于解释，这里以能源强度指标来表示能源效率。产业结构变动会对能源强度产生影响，主要是由于各类产业的能源强度不同，当能源强度高的产业在国民经济中占有较大比重且增速较快时，能源强度就会因此增加（史丹，2002）。同样可以用简单的数学公式来解释产业结构调整对能源效率的作用机理。

为简单起见，假设国民经济由高碳产业和低碳产业两个产业所构成，各个产业的能源消费强度保持不变，则能源强度可以表示为：

$$I = \sum I_i S_i = I_1 S_1 + I_2 S_2 \qquad (2-3)$$

其中 I 为能源消费强度，I_i 为产业能源消费强度，S_i 为产业经济比重，下标 1 表示低碳产业，下标 2 表示高碳产业。假设 Δt 表示产业经济比重的变动量，以此来表征产业结构调整。则产业结构变动后的全国能源消费强度为：

$$I_\Delta = I_1(S_1 + \Delta t) + I_2(S_2 - \Delta t) = I_1 S_1 + I_2 S_2 + \Delta t (I_1 - I_2) \qquad (2-4)$$

由于 $I_2 > I_1$，因此 $I_\Delta < I$。即高碳产业的经济比重下降，低碳产业的经济比重上升，使得全国能源强度出现了下降。虽然这里仅仅分析了两个产业的国民经济，但是对于多部门的国民经济，其产业结构的调整对能源强度变动的作用机理从本质上来说是一样的。

可见，产业结构的优化调整对能源结构和能源效率都将产生正向的促进与提升作用，清洁高效型产业占总体比重的扩大将十分有利于改善能源使用的高污染和低效率。因此，在应对气候变化、考虑节能减排问题时，从能源结构和能源效率的角度出发，通过产业结构的升级调整将是解决气候变化问题的有效途径。

第二节　相关模型及实证研究综述

在此前文献中，将产业结构和 CO_2 排放模型化，并对两者之间关系进行定量分析的研究一般可以分为三类：基于环境库兹涅兹曲线的估计、基于 KAYA 等式的因素分解和其他相关研究。以下将分别介绍这三类研究，并在最后对各自优劣和特点进行评述。

一、基于环境库兹涅兹曲线的理论模型及实证研究

第一类方法是基于计量经济分析的环境库兹涅兹曲线（Environmental Kuznets Curve，EKC）估计，具体形状见图 2-2。EKC 最早是由 Grossman 和 Krueger 在 1991 年提出，其基本思想是，随着人均收入的提高，环境质

量开始会变差，但是一旦越过某一个转折点，人均收入的提高转而将推动
环境质量的不断改善。此后，大量文献试图从经验研究的角度检验 EKC
是否存在，并进行相关预测。在方法应用上，采用环境库兹涅兹曲线往往
通过计量回归模型来进行估计，通过设定人均收入水平为被解释变量，设
定污染物及污染物二次项甚至多次项作为解释变量进行模型拟合，并以此
推算拐点出现的时间。最初有关 EKC 的研究主要针对二氧化硫、粉尘、
水污染等环境污染问题，随着人们对气候变化问题的关注，现在已涌现出
大量有关 CO_2 的分析。部分研究在控制住人均收入的情况下，设置产业结
构变量来定量评价产业结构变动与 CO_2 排放量之间的关系。

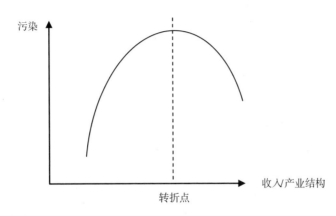

图 2-2　环境库兹涅兹曲线

图 2-2 中纵轴表示污染物数量，横轴则表示人均收入，随着收入的
逐渐增加，污染物数量也在呈现上升趋势。当收入增加到图中虚线位置所
标注的转折点时，此时的污染物数量达到最大值。而后的收入继续增加则
不再引起污染物的递增，反而使之开始呈现出下降的趋势，整条曲线呈现
出一个"倒 U 型"，即中间高、两头低的形状。

Tucker（1995）基于 137 个国家 21 年的面板数据，考察了人均 CO_2 排
放与人均 GDP 之间的关系，发现经济增长的加速可以使 CO_2 排放的速度
放慢，同时发现，能源价格对 CO_2 的排放有显著的影响。Holtz-Eakin and
Selden（1995）基于全球 130 多个国家的面板数据，考察了人均 GDP 和

CO_2排放之间的关系，发现两者之间确实存在"倒 U 型"关系，但是预测结果显示，即使到 2100 年，全球 CO_2 排放量仍然将是不断增长的，作者认为这主要是因为发展中国家将维持较高的经济增长率和人口增长率的缘故。Magnus（2002）在其研究模型中采用了随机趋势项来作为技术进步的指标，包含了结构变化、经济增长、燃料价格变动以及水泥价格等解释变量，运用瑞典 1870 年以来的 CO_2 数据检验了是否存在"倒 U 型"曲线。Friedl and Getzner（2003）研究了小型开放的工业化国家经济发展水平与 CO_2 之间的关系，基于奥地利的数据，发现在 1960—1999 年间三次项的环境库兹涅兹模型拟合程度最好，也即是存在"N 型"曲线关系，同时由于石油价格危机，在 20 世纪 70 年代中期存在结构断点，此外回归结果还表明，进口比重和第三产业比重非常显著，前者证明了存在"污染天堂"的假说，后者表明结构变化对 CO_2 排放有显著影响。Lantz and Feng（2006）研究了加拿大化石能源相关的 CO_2 排放，设定了三个解释变量：人均 GDP、人口规模和技术进步，其数据包含 1970—2000 年间 5 个地区的面板数据，结论表明，人均 GDP 同 CO_2 不相关，但同人口之间存在"倒 U 型"曲线关系，同技术进步之间存在"U 型"曲线关系，因此，技术进步和人口规模是影响加拿大 CO_2 排放的主要因素。

国内有关 EKC 的研究文献相对较多，但更多关注工业废水、二氧化硫、工业粉尘等污染物的影响，对于中国 CO_2 排放是否符合 EKC 的经验性研究近年来才开始不断涌现。杜婷婷等（2007）以环境库兹涅茨曲线及衍生曲线为依据，对中国 CO_2 排放量与人均收入的时间序列数据进行了统计拟合，发现三次曲线方程比传统的二次曲线方程拟合程度更好，也即是我国的 CO_2 排放与人均收入之间呈现"N 型"而非"倒 U 型"的演化特征，意味着我国在同时推进经济发展和环境保护事业上仍处于过渡期，尚无法达到两者协同发展的阶段。林伯强和蒋竺均（2009）基于国家水平的宏观数据，预测了我国 CO_2 排放量，基于 EKC 方法的预测结果显示 2020 年应该出现拐点。陶长琪、宋兴达（2010）利用我国 1971—2008 年的样本数据，采用自回归分布滞后模型（ARDL）对我国的 CO_2 排放、能源消费、人均国民总收入、人均国民总收入的平方和外贸依存度之间的动态关系进行了计量研究，结果表明它们之间存在长期的均衡关系，能源消费对 CO_2 排放同时存在长期和短期的因果关系；ARDL 估计结果表明，人均能源消费量对 CO_2 排放量解释力度最大，其次是人均国民总收入和对外贸易。杜立民（2010）估计了 1995—2007 年间我国省级 CO_2 排放量，并基于环境库兹涅兹曲线模型考察了我国 CO_2 排放的影响因素。研究结果表明，经济发展水平和人均 CO_2 排放量之间则存在"倒 U 型"关系，从而证实了环境库兹涅兹曲线的存在。此外，还发现重工业比重、城市化水平和煤炭消费比重对 CO_2 排放具有显著正的影响，上一期人均 CO_2 排放量的大小对本期的排放量具有显著正的影响。李卫兵、陈思（2011）利用面板数据对全国和东中西部地区的碳排放驱动因素进行了实证考察，他们发现，人口规模、收入水平、第二产业的发展和能源强度都会对碳排放造成影响，而城市化水平、第三产业的发展对碳排放的影响并不显著。此外，中国的碳排放和经济发展水平之间不适用于 EKC 曲线。龙志和、陈青青（2011）测算了我国 1953—2007 年间的 CO_2 排放量，并采用联立方程组模型研究了 CO_2 排放量与人均 GDP 之间的双向因果关系。其结论表明，我国 CO_2 排放量与人均 GDP 间变动关系并不是简单 EKC 模型中的"倒 U 型"，人均 GDP 提高导致 CO_2 排放量上升的同时，能源利用效率的提高、能源消费结构的改善，以及本设备更新速度的加快，都将减少 CO_2 排放。虞义华等（2011）利用我国 29 个省市自治区 1995—2007 年的面板数据，基于环境库兹涅兹理论分析了 CO_2 排放强度同经济发展水平及产业结构之间的关系，通过多项计量检验，选取了可行广义最小二乘法（FGLS）进行估计，其结论表明，碳强度同人均 GDP 之间存在"N 型"关系，第二产业比重同碳强度存在正相关关系，即第二产业比重越高，CO_2 排放强度就越高。此外，他们还对经济发展与碳排放之间关系进行了情景分析，发现如果产业结构不改变且没有实施另外的政策，经济增长速度本身难以引致碳排放强度的大幅下降，2020 年 CO_2 排放强度下降 40%—45%的目标难以实现。

二、基于 KAYA 等式的因素分解模型及实证研究

在理论界和政策分析时，为了在宏观层面上了解温室气体排放与人类经济生活之间的联系，通常采用 Kaya 恒等式来进行分析，其基本表达式如下（Kaya，1989）：

$$C = \frac{C}{E} \times \frac{E}{Y} \times \frac{Y}{P} \times P \qquad (2\text{-}5)$$

其中，C 为各种类型化石能源消费导致的温室气体排放总量（可以表示为 CO_2，或者其他相关的排放物），E 为各种类型化石能源消费总量，Y 为 GDP 总量，P 为人口总数。上式将 CO_2 排放分解为几部分：（C/E）代表能源品排放温室气体的系数，（E/Y）用于衡量能源品的投入—产出效率，也即是能源利用效率，（Y/P）用来测度人均产出水平，P 是用来表示人口变化对温室气体排放的影响。公式（2-5）表明，温室气体排放数量受到能源结构、能源效率、人均收入水平和人口规模的影响。如果可再生清洁能源比重增加、能源效率得到改善，温室气体排放将得到抑制，如果人均收入水平增加、人口规模扩大，则将促使温室气体排放增加。最终的总效应取决于不同变量的变化程度。

如果采用中观视角，考察不同产业部门和行业的状况，则（2-5）式可以进一步扩展为：

$$C = \sum_{i,j} C_{i,j} = \sum_{i,j} Y \times \frac{Y_i}{Y} \times \frac{E_i}{Y_i} \times \frac{E_{i,j}}{E_i} \times \frac{C_{i,j}}{E_{i,j}} \qquad (2\text{-}6)$$

其中，$C_{i,j}$ 表示第 i 个部门在消费第 j 种化石能源所导致的 CO_2 排放；Y 是所有部门的产出总和，Y_i 表示第 i 个部门的产出水平；E_i 表示第 i 个部门消费的化石能源总量，$E_{i,j}$ 是第 i 个部门消费第 j 种能源量。从产业层面分析，则可以考察不同产业部门在经济中的相对比重（Y_i/Y），也即是产业结构对温室气体排放的影响。因此，模型（2-6）建立了一个温室气体排放与产业结构之间的数量分析关系。

采用因素分解的方法主要有两种：一是采用投入产出技术的结构分解

法（Structural Decomposition Analysis，SDA），另一种是基于非加总技术的指数分解分析法（Index Decomposition Analysis，IDA）。SDA 基于投入产出系数和投入产出表的最终需求，其优点在于：可以区别出直接、间接能源需求，并可以区别技术效应和结构效应的范围。IDA 框架则是采用加总的投入产出数据，虽然无法识别出直接/间接能源需求和技术/结构效应，但该方法的优点在于：可以适用于任何层面的加总数据或者时间序列数据。在具体应用上，IDA 方法相对 SDA 更为广泛，包括拉氏（Laspeyres）指数和迪氏（Divisia）指数两种，譬如算术平均迪氏指数（Arithmetic Mean Divisia Index，AMDI）、对数平均迪氏指数（Logarithmic Mean Divisia Index，LMDI）等。拉式因素分解法可以视为一种基于微分的方法，它非常符合因素分解的思维，即假定其他因素不变，求出某一个因素变化时对分解变量的影响，而且计算简单，所以得到了广泛的应用。迪式因素分解法不是直接对各个因素微分，而是对时间微分。传统的拉式因素分解法的主要缺陷是该方法经常留有巨大的不能解释的残差。尽管目前没有研究证明哪种方法是最优的，但是 Ang（2004）在详尽的综述和比较后发现，其他分解法可能导致较大的无法解释的残差，而对数平均迪氏指数则具有路径独立、无残差、可以处理零值、加总一致等特征，因此，迪氏分解法相对其他分解法更优。本研究选择的迪式分解法（LMDI）是一种完全的、无残差的分解方法（Ang et al.，1998），该方法具有时间转置和因子转置的性质，而且在变量的值有较大的波动时还能保持平稳的性质（Ang，2004；Lee and Oh，2006）。

在国外学者的实证应用上，Torvanger（1991）较早采用迪氏指数法对 1973—1987 年间 9 个 OECD 国家制造业部门的 CO_2 排放进行了实证分析，将其分解为燃料碳排放因子、部门生产结构、燃料比重和部门能耗强度四个因素，结果表明，这一时期能耗强度的下降是 CO_2 变动的主要因素。Alcantara 和 Roca（1995）采用拉氏指数分解法对西班牙的化石能源相关的 CO_2 排放进行了分解。在 Ang 和 Pandiyan（1997）的研究中，他们提出了两种基于迪氏指数来分解 CO_2 排放的方法，并将其应用于韩国以及中国大陆、中国台湾地区的时间序列数据，结果表明能耗强度效应是影响 CO_2 强度的最主要因素[①]。Ang 等（1998）此后比较了拉氏分解、平均迪氏指数、算术平均迪氏指数和对数平均迪氏指数四种分解方法，并应用于对新加坡制造业电力需求、中国工业 CO_2 排放和韩国发电部门 CO_2 排放的分解中，发现中国工业部门 1985—1990 年间生产规模的扩张和能耗强度的下降是影响温室气体排放的主要原因。Hatzigeorgious 等（2008）采用算术平均迪氏法和对数平均迪氏法对希腊在 1990—2002 年间的能源相关的 CO_2 排放进行了分解，结果发现收入效应是影响温室气体排放的最重要的正向因素，而能耗强度效应则是控制 CO_2 排放的主要因素。Lu 等（2007）则考察了德国、日本、韩国及中国台湾地区在 1990—2002 年间高速公路上的汽车 CO_2 排放量，并采用迪氏分解法将其分解为燃料排放系数、汽车燃料强度、汽车所有权、人口强度和经济增长五种效应。结论表明，经济的高速增长和汽车所有权是 CO_2 排放量增加的主要因素，人口强度则显著减少了温室气体排放。Sunil（2009）考察了 1990—2005 年间亚太地区和北美地区的 7 个国家的发电部门，并采用对数平均迪氏法对电力部门的 CO_2 排放进行了分解，结论显示，生产规模效应是这一时期 CO_2 排放量增加的最主要原因，发电结构也对 CO_2 排放产生了正向影响，而能耗强度则部分减缓了 CO_2 排放。Ipek Tunc 等（2009）同样采用了对数平均迪氏分解法研究了土耳其在 1970—2006 年间 CO_2 排放的影响因素，结果表明，经济活动是影响 CO_2 排放的主要因素，农业、工业和服务业之间的产业结构调整效应并不显著，而能耗强度效应则能减缓 CO_2 排放。Lee 和 Oh（2006）也基于 Kaya 恒等式，运用对数平均迪式分解法分解研究了亚太经合组织中 15 个国家 1980 年和 1998 年两个时间段上 CO_2 排放量的变动情况，发现人均 GDP 和人口的增长是大多数国家 CO_2 排放增加的主要原因，作者还认为能源效率和清洁能源替代领域是亚太经合组织国家间最有

[①] 文献中也往往将"能耗强度效应"表述为"技术效应"，考虑到微观层面的能耗强度效应比较客观反映出技术水平变化，而宏观加总后的能耗强度效应可能是由于技术变动所致，也可能是由于其他原因所致，因此，为保持一致性，后文统一采用能耗强度效应这一表述方式。

希望合作的领域。

由于中国的 CO_2 排放对全球气候变化的影响巨大，因此，近年来国外学者越来越关注中国的 CO_2 排放走势及其影响因素，其研究范围也涵盖国家层面研究、产业层面/工业部门研究和地区性研究。Wang 等（2005）基于 Kaya 恒等式，采取对数平均迪式分解法分解研究了中国在 1957—2000 年间与能源相关的 CO_2 排放量变动情况，发现人均 GDP 的快速增长是我国 CO_2 排放快速增加的主要原因，而能耗强度的大幅度降低则对 CO_2 的减排做出了重大贡献。Wu 等（2005）采用完全分解方法研究了中国在 1985—1999 年间化石能源相关的 CO_2 排放及影响因素，能耗强度的下降以及工业企业平均劳动生产率增速的放缓可能是这一时期 CO_2 排放保持稳定的原因。Liu 等（2007）同样采用对数平均迪式分解法研究了中国工业部门在 1998—2005 年间 CO_2 排放的影响因素，结果发现化学工业、非金属矿物制品业和黑色金属冶炼业占据了该时期 59% 的排放增量，工业生产规模和能耗强度效应是工业 CO_2 变化的最主要驱动因素，而燃料结构变化和工业内部结构变化的影响则较小。Ma 和 Stern（2008）采用对数平均迪氏分解法研究了中国在 1971—2003 年间 CO_2 变动的原因，他们发现，从生物质能源转化到商用能源所带来的 CO_2 排放增量大致相当于由于人口增加所带来的增量，技术进步效应和规模效应在改革前和改革后有所不同，人口增长对 CO_2 的正效应在逐渐衰减，20 世纪 90 年代后期排放量的下降以及 2000 年之前的回升可能是由于统计数据有误差所致。Zhang 等（2009）对中国 1991—2006 年间的 CO_2 排放进行了分时段分解，其结果显示，经济活动是 CO_2 排放最主要的正向影响因素，而能源效率的不断改善则削减了大量的 CO_2 排放，产业结构调整的效应相对较小。Zha 等（2009）选择了 36 个工业部门作为研究对象，基于 1993—2003 年工业附加值和终端能源消费数据，采用适应性迪氏分解法和对数平均迪氏分解法进行 CO_2 排放的分解，其研究发现，产业结构效应在 1998 年之前逐渐下降，之后保持稳定，能耗强度效应在整个研究期内逐渐衰减，在产业结构效应和能耗强度效应中最大的部门是电气设备制造业和化学原料与产品业，影响最小的部门是天然气生产与供应业、石油加工及炼焦业。Zha 等（2010）研究了 1991—2004 年间中国城市和农村地区的居民消费所导致的 CO_2 排放，并采用对数平均迪氏分解法进行分解，其结论显示，能耗强度效应是使得城市和农村居民 CO_2 排放下降的最主要因素，而收入效应则是其排放增加的最主要因素。在城市地区，人口效应对居民温室气体排放有正向推动作用，且其效应逐渐增强，而在农村地区，人口效应自从 1998 年之后开始下降。Steckel 等（2011）基于拉氏指数分解法对中国的 CO_2 排放进行了分解，发现在 1971—2000 年间，由于经济增长所带来的排放增量可以部分被能耗强度下降效应所抵消，但在 2000—2007 年间发生了较大变化，能源的碳强度出现了增加，从而导致了更快速的排放增速。此外，他们还对中国未来的能耗强度和 CO_2 排放强度趋势进行了模拟，发现中国政府提出的相应减排目标与其研究结论都是较为一致的。Zhang 等（2011）考察了中国 1995—2009 年间的省级 CO_2 排放，并讨论了未来减排的潜在战略，其结果表明，持续增长的 GDP 使得 CO_2 排放量增加，能耗强度的下降则显著减少了排放，经济结构的调整变得高碳化，并由此增加了温室气体排放，能源结构的优化对减缓 CO_2 排放效应较小。Peng 和 Shi（2011）基于 1992—2005 年中国投入产出表，采用结构分解法（SDA）将碳排放增长分解为碳排放强度效应、技术效应、国内需求效应和贸易效应，研究结果显示，碳排放呈现加速增长态势，主要是由于国内最终需求决定，而非贸易，碳排放强度对控制 CO_2 影响很大，且主要得益于能源效率的改善，而非能源品之间的替代，技术进步效应导致了 CO_2 的增加，反映出技术结构朝着高耗能、高排放发展。

在国内学者的相关文献中，林伯强、蒋竺均（2009）基于 Kaya 恒等式，运用对数平均迪式分解法分析研究了我国 1990—2007 年人均 CO_2 排放影响因素的贡献率，发现人均 GDP、能耗强度和碳结构这三个因素对中国人均 CO_2 的排放都具有重要影响，但是人均 GDP 和能耗强度对人均 CO_2 排放的变化影响最大，而碳结构的影响相对较小。魏楚、夏栋（2010）采用对数平均迪氏法对全球 108 个国家 1980—2004 年间的人均

CO_2排放进行了分解，并总结归纳出 7 种不同的排放模式，对中国的研究发现，经济增长效应和能耗强度效应是影响中国人均 CO_2排放的两个主要因素，而能源结构和碳排放系数效应的贡献相对较小。王峰等（2010）同样采用对数平均迪氏分解法将 1995—2007 年间中国 CO_2分解为 11 种效应，其中主要正向驱动因素为人均 GDP、交通工具数量、人口总量、经济结构、家庭平均年收入，负向驱动因素为生产部门能源强度、交通工具平均运输线路长度、居民生活能源强度。其中，人均 GDP 增长是 CO_2排放量增长的最大驱动因素，生产部门能源强度下降是抑制 CO_2排放增长的最重要动力。林伯强、孙传旺（2011）利用 KAYA 等式将 CO_2变动分解为收入、城市化因素、能耗强度、产业结构、能源结构、人口因素 6 种效应，对历史 CO_2排放进行了分解，并对 2020 年 CO_2排放进行了情景预测分析，发现收入效应是导致现阶段碳排放增加的主要因素，城市化因素的作用次之，能源强度因素具有最明显的碳减排作用，而就产业结构因素看，现阶段经济发展（即城市化和工业化进程）不利于中国减排 CO_2。此外，他们结合经济增长和碳排放分析，预测出 2020 年单位 $GDPCO_2$ 排放量较 2005 年可下降 43.15%，这一结论与我国政府提出的目标基本吻合。

三、其他计量及统计性研究

第三类研究则主要基于一些统计或者计量回归方法。譬如 Galeotti 和 Lanza（1999）基于 110 个国家的面板数据，深入研究了人均 CO_2 排放和人均 GDP 之间的关系，并据此进行了预测，他们发现，CO_2和收入水平之间并非常见的线性和对数线性函数关系，而采用 Gamma 函数和 Weibull 函数则能较好地拟合两者之间的关系。Garbaccio 等（1999）建立了一个动态可计算一般均衡模型，考察了碳税对中国 CO_2减排的效果，并针对不同假设进行了情景模拟和分析。Brannlund 和 Ghalwash（2008）采用瑞典家庭水平的截面数据研究了收入和污染之间的关系，研究发现，收入的分配对污染排放有一定影响，在平均收入保持不变的情况下，收入分配越平均，污染物排放也将越高。Auffhammer 和 Carson（2008）则基于非参计量等方法，在模型中加入了资本调整速度、能源消费结构、工业化水平等诸多解释变量，对 CO_2 排放的影响因素进行了定量评价。

在对中国的 CO_2 排放及影响因素的研究中，除了采用环境库兹涅兹模型和因素分解法外，我国学者还采取了其他方法进行相关的研究。如：谭丹等（2008）对 1991—2005 年我国工业分行业 CO_2 排放量进行测算，并利用灰色关联度方法分析了工业行业碳排放量与产业发展之间的关系，结果表明，各行业中，碳排放量最大的是黑色金属冶炼、非金属矿物制造、化学原料、电力等重工业，而诸如皮革业、医药业、塑料制品则排放较小；工业行业产值与碳排放之间存在紧密联系，且工业行业结构的不同对碳排放有很大影响，未来政策设计中，应限制单位 GDP 碳排放量较大，且碳排放减少速度慢的行业，譬如石油加工及炼焦、电力、采掘业等。陈诗一（2009）利用 1980—2006 年中国工业 38 个二位数行业，以资本、劳动、能源和 CO_2 为投入要素，工业总产值为产出，构建分行业 Translog 生产函数，估算出中国工业基于能耗和排放约束的全要素生产率，通过绿色增长核算来分析能源消耗和 CO_2 排放对中国工业增长方式转变和可持续发展的影响。段莹（2010）采用产业结构高度化水平来定量测度产业结构特征，并利用湖北省 1980—2008 年间的数据进行计量分析，发现产业结构变动是 CO_2 排放强度的 Granger 原因。刘再起、陈春（2010）选择了全球 7 个国家 1990—2004 年间的面板数据，采用 SUR 对各国产业结构调整与 CO_2 进行计量回归分析，结果表明，各国第一、二、三产业的影响不一。对中国而言，第三产业的发展会减少 CO_2，因此需要大力发展第三产业，合理选择主导产业，加快产业升级。徐大丰（2010）对上海 2007 年 22 个工业部门和农业、服务业共 24 个行业 CO_2 排放进行了估计，并基于投入产出表计算了各产业的产业影响力系数、碳排放影响力系数，并建议产业结构调整的内容应该是那些产业的影响力系数较小，而碳排放的影响力系数较大的行业，对这些行业进行调整，既有利于碳排放的降低，同时又不会太大影响经济增长和国民经济的稳定。结论显示，燃气生产和供应、建筑、金属冶炼及压延加工；而产业影响力系数高、碳排放影响力系数较小的行业则需要谨慎，包括：纺织业、石油加工与炼焦业。陈卫洪、漆雁斌（2010）研究了农业温室气体排放与产业结构之间的关系，利用1990—2008年间稻谷种植面积、反刍动物数量、生猪数量与农业源甲烷进行回归，结果表明，水稻种植对农业甲烷影响最大，此外，生猪养殖也有显著影响。徐大丰（2011）基于中国2007年27个行业（包含农业和服务业）的CO_2排放量进行估计，并根据投入产出表计算了各产业的影响力系数和各产业的碳排放影响力系数，按照相对值大小划分为4个象限，提出：产业影响力系数较小、碳排放影响力系数较大的行业应该是产业结构调整的重点关注对象，不仅可以有效降低碳排放，同时对关联产业和国民经济的影响较小，主要包括燃气生产和供应、非金属矿物、石油加工炼焦；此外，服务业的碳排放影响系数较小，而产业影响系数较大，因此需要大力发展服务业。陈兆荣（2011）通过采用Moore结构变动指数测度出我国产业结构高级化变动指数，使用Granger因果关系检验、脉冲响应函数及方差分解等方法提出我国产业结构高级化是碳排放量波动的原因，产业结构高级化对碳排放量波动的影响稳定，并有较强的滞后效应，因此，产业结构高级化是我国实现低碳经济的必由之路。

第三节　各种方法评述

上述研究温室气体排放及影响因素的二种方法各有优劣，在实际应用时，往往取决于研究者的研究意图、数据特征等条件。在此主要对EKC模型和因素分解模型的特点及优劣进行述评，两者的相关比较见表2-1所示。

EKC曲线本身是基于经验数据观察后得出的一个假设，因此，其理论常受到质疑和批评。有学者认为，CO_2同其他污染物不一样，并没有产生环境负外部性，因此，CO_2的EKC可能并不存在；还有学者认为此前用于EKC研究的计量分析中存在较多瑕疵，据此预测的拐点和排放量也就值得怀疑（Richmond and Kaufmann，2006；Wagner，2008）。在实证应用

表 2-1　EKC 模型与因素分解模型的比较

	研究对象	方法	应用范围	主要结论	产业结构的影响
EKC 模型	收入水平与 CO_2 排放之间的关系	计量回归	国家/地区层面数据	部分支持"倒 U 型"曲线假说,部分发现"N型"曲线	第三产业比重显著减缓 CO_2 排放;第二产业、重工业比重有显著正影响
KAYA 等式分解	CO_2、人均 CO_2、CO_2 排放强度	因素分解法	国家/地区、产业/部门数据	产出规模一般存在正效应,能耗强度和产业结构存在负效应	产业结构是减缓 CO_2 排放的因素之一,但效应小于能耗强度效应

上,EKC 模型主要选取国家或地区层面的人均收入水平来解释 CO_2 排放,其模型一般包含人均收入水平及其二次项或三次项,在计量回归模型中往往可以增加其他研究者感兴趣的解释变量,譬如产业结构变量、人口密度、城市化比重等,但其结论往往相差较大。有些研究结论支持了传统的环境库兹涅兹"倒 U 型"曲线假说(Holtz-Eakin and Selden,1995;杜立民,2010)。部分结论显示,收入水平与温室气体排放量之间存在着更为复杂的"N 型"曲线关系(Friedl and Getzner,2003;杜婷婷等,2007;虞义华等,2011)。此外,还有一些研究发现人均收入水平与 CO_2 之间并不存在内在关联,也即是并不存在环境库兹涅兹曲线(Lantz and Feng,2006;李卫兵、陈思,2011)。这些结论上的差异主要是由于研究者选择的样本数据、估计方法等并不相同,而且在回归模型中是否控制住其他变量也会对结果产生影响,而大多研究中并没有对模型设定进行识别,而这可能也会产生误差(Auffhammer and Carson,2008)。

由于 EKC 模型采用计量方程进行估计,因此可以增加相应的产业结构变量来对产业结构与 CO_2 的关系进行定量考察,现有的研究结论大多符合预期,譬如第三产业会显著降低 CO_2 排放(Friedl and Getzner,2003),而第二产业的发展和重工业比重的上升会对 CO_2 排放有显著正向影响(李卫兵、陈思,2011;杜立民,2010)。但是采用 EKC 模型分析产业结构有一个潜在的缺陷,即该模型只能用于宏观层面,如第一产业、第二产业、第三产业结构调整的研究，如果需要更细致地考察其他产业子部门，则可能会由于过多设置子部门哑变量而消耗掉模型的自由度，并降低模型的解释力。

基于 KAYA 等式的因素分解法具备数学上的一致性，其最大优点在于简单明了，可以精确计算出不同影响因素的绝对贡献量，但是由于其分解过程具有固定的程式，往往忽略一些重要的影响因素，因此分析能力有限。如果采用不同的分解方法，可能会产生一定的分解残差项，从而影响分解的精度。基于 KAYA 等式的因素分解可以考察 CO_2 排放总量、人均 CO_2 或者 CO_2 排放强度，其数据主要基于国家（地区）或产业（部门）加总数据，影响因素一般包括产出规模效应、产业结构效应、能耗强度效应、能源结构效应等。还有部分研究将 KAYA 等式进行扩展，从而得到更多的分解因素，譬如城市化效应、可再生能源效应等。在分解方法上有较多选择，可以采用结构分解法，或者指数分解法，其中指数分解法又主要包括拉氏指数分解和迪氏指数分解，在分解形式上可以采用加法分解或者乘法分解，但目前来看，以对数平均迪氏分解法为主流，其特征在于该方法无残差，可以保证分解的精度。在研究结论上，大多数研究发现收入效应或者生产规模效应对温室气体排放有显著正向关系，能耗强度效应是减缓 CO_2 的主要因素，而能源结构的影响相对较小（Ang et al.，1998；Wang et al.，2005）。

对产业结构与 CO_2 排放的研究结论则因研究国家而有所区别，在对中国的研究中，大多发现产业结构的变化能够减缓 CO_2 的排放，但相对能耗强度的效应而言，产业结构带来的温室气体减缓效应较小（Liu et al.，2007；Zhang et al.，2009；魏楚、夏栋，2010），甚至在某些时期产业结构出现了"高碳化"趋势，从而使得产业结构的调整反而不利于温室气体减排，并进一步加剧了 CO_2 排放（Zhang et al.，2011；林伯强、孙传旺，2011）。

从两类模型的比较来看，基于 KAYA 等式的因素分解法应用更为广泛，其中尤以对数平均迪氏分解法最流行，这得益于其模型本身已包括了产业结构因素项，可以精确捕捉到产业结构变动所带来的 CO_2 排放变动量。由于本书旨在考察产业结构变化与 CO_2 排放的内在关联，因此，在其后的实证研究将主要采用基于 KAYA 等式的因素分解法。在分解方法上，主要采用对数平均迪氏分解法。

第四节　小　结

理论阐述和已有的大量实证研究证实，产业结构变动是 CO_2 排放变动的关键原因之一，产业结构的变动会通过碳生产率的改变而影响碳排放的总体数量与排放规模。因此，具有较低的碳生产率产业占总体比重增加时，其在能源使用上也更倾向于清洁与高效，能够有效降低碳排放水平，为减缓气候变化提供现实可行的手段与途径。但同时也发现，某些时期出现的"高碳化"产业结构调整没能促进温室气体的减排，或是在产业结构低碳化调整过程中加大了经济无效率，这些问题是产业结构调整中所需要注意和应该避免的问题。因此，在进行产业结构调整应对气候变化问题时，有必要顺应产业发展的基本规律，充分考虑经济增长稳定性的根本要求。即使不同行业的碳生产率存在明显差异，也不意味着碳生产率低的行业都需要成为产业结构调整的对象，需综合考虑各产业的碳排放影响力与产业影响力，才能为降低碳排放、减缓气候变化提供助力。

第三章　国内外应对气候变化的实践启示

　　气候变化问题正逐步演变成为人类社会可持续发展过程中所遇到的又一项严峻考验，不同的气候政策对不同地区不同产业产生结构性影响，并可能带来严重的政治、经济、社会等问题，各国首脑政要、专家学者纷纷侧目关注，并积极投身于应对气候变化的各项研究和政策实践。2009 年，国际能源署公布的世界各个国家化石能源使用所产生的 CO_2 排放数量的统计结果显示，中国的碳排放总量已然超过美国，跃居成为世界第一碳排放国，这个结果警示着我国在今后应对气候变化的国际谈判中将面临更多舆论及制度上的压力，因此，践行低碳发展迫在眉睫。国内外已经有不同国家和地区在尝试探索低碳式发展，因此，及时对国内外发展低碳模式进行总结，可以学习和借鉴其成功经验，并避免走弯路。

第一节　发达国家的低碳发展路径

　　虽然发达国家同样都是在完成各自的工业化发展之后开始了对气候变化的关注与行动，但各国在应对和贯彻气候变化行动中的态度与方法却呈现较大差异（彭水军、张文城，2012）：英国是气候变化的关键领军国之一，是率先倡导低碳经济的国家，出台的减排措施基本上做到全方面覆盖；欧盟则主要通过市场交易的方式来实现温室气体的减排目标；日本将低碳社会作为未来的发展方向和政府的长远目标；而美国的气候变化政策则受其国内利益集团影响的左右。

表 3-1　部分发达国家 2020 年及 2050 年的减排目标

国家地区	2020 年减排目标	折算成 1990 年基年目标	2050 年减排目标
英国	34%，基于 1990 年	-34%	80%
欧盟	20%—30%，基于 1990 年	-20%——30%	80%—90%，基于 1990 年
日本	25%，基于 1990 年	-25%	60%—80%，基于 2005 年
美国	17%，基于 2005 年	-4%	83%，基于 2005 年，相对于 1990 年的 80%

资料来源：王伟光、郑国光主编：《应对气候变化报告（2011）——德班的困境与中国的战略选择》，社会科学文献出版社。

鉴于各自的具体国情，哥本哈根会议后，41 个附件 I 国家提交了 2020 年的中期量化减排目标，英国、欧盟、日本及美国的中长期减排目标如表 3-1 所示。可以发现，在英、欧、日、美的比较中，美国对于实行碳减排的力度最小，而英国则最为忠实地提出了严谨且需努力实现的碳减排目标，欧盟与日本也积极履行职责，提出较为理性的减排目标。基于各国提出的减排目标，必然有其较为可行的实现路径，我国需系统研究这些国家在应对气候变化中的实践经验，才能在制定相关政策时有所参考。

一、英国的率先引领

英国作为率先引导与投身工业革命的西方国家，深刻认识到能源的稀缺性与高排放性，因此，英国很早就开始了在清洁能源领域的各项研究。当气候变化受到越来越多国际关注时，英国率先树立了良好的绿色节能的榜样形象，通过一系列法律措施与财政政策来践行和推动国内温室气体减排的活动，积极有效地促成了产业结构的节能升级与能源使用的低碳排放。与此同时，英国也一直充当着国际应对气候变化问题上的坚定领导者，牵头组织并踊跃参与到各种关于碳排放问题的协商会议与国际谈判中去。

1. 早期认识

2003 年，英国在《我们未来的能源——创建低碳经济》的能源白皮书中，首次提出了建设低碳经济（Low-Carbon Economy，LCE）的概念，低碳经济描述了这样一个经济体系，用更少的资源消耗和更少的环境污染来获得更多的经济产出，其表现为最大限度地减少煤炭、石油等高碳排放能源的消耗，从而达到低能耗和低排放的结果。

英国政府还先后出版各类关于气候变化的研究报告和出版刊物，比较有影响力的有《斯特恩报告：气候变化的经济学》《气候变化：英国规划2006》以及之后的一些年度气候变化报告。英国在应对气候变化及碳减排的行动中出现了许多"世界第一"：英国是世界上第一个征收气候税的国家，同时也是第一个为温室气体减排目标和"碳预算"立法的国家。

2. 税收形态

英国从 2001 年起开始征收气候税，成为第一个推出这一税种的国家。气候税的具体操作如下：除居民用电和交通部门外，每个用能单位（消耗能源产品用于燃料用途的工业、商业和公共部门）每消耗一度电，就必须上缴 15 便士的气候税；如果使用可再生能源等清洁能源，则可获得税收减免。该税种推出后，英国每年可征收约 10 亿英镑的气候税税金，并将税收资金用于减少温室气体排放的投资与研究中去。英国财政部同时还出台了与气候税相匹配的气候税减征制度：根据自愿原则，企业主与财政部签订协议，并核定每年污染物减排目标，如期完成任务，就可减免多达 80% 的气候税。

气候税及其相关配套措施的实施取得了令人十分满意的效果，英国许多企业纷纷与财政部签订协议，尤其是大型企业，很多企业甚至还超额完成减排任务，为整个国家的减排行动带来巨大的正面效应。显然，英国开征的气候税是减少污染、推广可再生能源、保护生态环境的明智之举。

3. 法律形态

2008 年 11 月 26 日，英国议会通过了《气候变化法案》（Climate Change Act），以法律的形式规定了英国政府在降低能源消耗和减少 CO_2 排放等方面的目标和具体工作，使英国成为世界上第一个为减少温室气体排放、应对气候变化而建立了具备法律约束力的国家。《气候变化法案》共有 101 条，由 6 大部分组成，分别就碳排放目标、碳排放预算、气候变化委员会、排放贸易体系、气候变化适应和其他补充条款进行了条文规定。为实现减排目标，《气候变化法案》要求英国政府制定"碳排放预算规划（carbon budget）"，具体是指为保持 CO_2 排放与自然生态容量之间的平衡而确定的相应周期内碳排放量上限，包括能源、交通和住房在内的各经济行业都处于碳排放预算之内。

2008 年 12 月 1 日，根据《气候变化法案》创建的英国气候变化委员会正式成为法定委员会，并提交了其第一份报告：《创建低碳经济——英国温室气体减排路线图》。报告详细阐述了英国 2050 年的温室气体减排目标、方式和路径，提出了一个 2008 年至 2022 年间的三个五年期碳预算框架下的未来减排路线图。

2009 年 4 月，英国财政部宣布从 2009 年起设立"碳排放预算"，将根据"碳预算"安排相关财政预算，使之应用于经济社会的各个方面，充分支持温室气体减排的各项活动。同年 7 月发布《英国低碳转换计划》《英国可再生能源战略》，标志着英国成为世界上第一个在政府预算框架内特别设立碳排放管理规划的国家。

4. 技术形态

此外，英国政府颁布了各个行业领域的配套改革方案，包括英国可再生能源战略、英国低碳工业战略和低碳交通战略等。同时，英国政府还积极支持绿色制造业，研发新的绿色技术，从政策和资金方面向低碳产业倾斜，并在与低碳经济相关的产业上追加了数亿英镑的投资，确保英国在碳捕捉、清洁煤等新技术领域处于领先地位。

英国 2009 年的财政预算中，向低碳经济新增投入约 14 亿英镑资金，其中包括以下几个大方面：5.25 亿英镑用于支持海上风力发电项目；3.75 亿英镑用于企业、公共建筑和家庭提高能源、资源的使用效率；4.05 亿英镑用于风力和海洋能源技术、可再生能源技术等低碳供应链产业的发展；6000 万英镑用于支持碳捕捉项目；7000 万英镑用于支持小规模和社区低碳经济发展。

可见，新能源的研发与投产是英国实现减排任务的核心，而风能利用是英国新能源利用中的一大重点。根据计划，到 2020 年可再生能源在能源供应中要占 15%，其中 30% 的电力来自可再生能源，相应温室气体排放将降低 20%，石油需求降低 7%；在住房方面，英国政府拨款 32 亿英镑用于住房的节能改造，并对那些主动在房屋中安装清洁能源设备的家庭进行补偿；在交通方面，新生产汽车的 CO_2 排放标准要在 2007 年基础上平均降低 40%。

二、欧盟的集体行动

迄今为止，欧盟在应对气候变化问题上的总体态度是比较积极的，与英国相类似，欧盟在国际气候谈判中也处于领导者的角色，是推动气候谈判的主要力量之一。欧盟的工业化发展使之很早就开始涉足节能环保技术领域，并取得许多突出的成果与经验。在环境气候问题上升为国际社会关注的热点议题后，欧盟强烈希望利用其在环境技术领域里的先发优势，通过传授与出售环保产品和技术来充实自身实力，以此掌握全球环境治理问题的主导权。

1. 早期认识

早在 2000 年 6 月，欧盟就启动了欧盟气候变化计划（the European Climate Change Program，ECCP），旨在制定欧盟管辖内减少温室气体排放最为经济有效的政策，该计划由欧盟委员会组织，还发动了各个行业部门、非政府组织、多国专家等相关方面参与进来，涉及能源、交通、科研、农业及《京都议定书》所规定的三个灵活运行机制。

2002年，欧盟15个成员国集体通过限制全球温室气体排放的《京都议定书》，欧盟承诺，相对于1990年，其排放水平在2008—2012年间降低8%。据此，欧盟积极采取了一系列的行动方案和政策措施。为不同成员国制定适合其经济发展状况和碳排放量水平的减排方案，并建立温室气体限排制度；而各成员国内部均制定了高度透明、详实的国家分配方案，并具体到不同行业中的各个企业中去，对企业的减排行为予以各项政策激励，以此来达到减少温室气体排放的最终目标。

2. 交易形态

由欧盟拓展而来的碳排放贸易计划，为目前全球最大的温室气体配额型交易市场。"温室气体排放交易"（green house gas emissions tradings, ETS）这一概念始于1997年的《京都议定书》，是书中提出的为减少温室气体排放的三个机制之一。这一交易机制首先是在温室气体中排放量占第一的CO_2排放上得到了实际应用，而欧盟则成为跨国实践这个机制的先行者。欧盟在推动碳交易市场的建立与运行上积极试错，试图构架一个欧盟排放交易体系，构建一个欧盟范围内的排放权交易市场，以最符合成本有效的方法达到减排目标，充分利用市场机制的优势，并确保市场功能的正常发挥，防止割裂开来的国内排放交易计划所带来的负面影响。

欧盟在其碳交易体系基本建立的基础上，为其成员国制定了统一的ETS机制——欧盟温室气体排放贸易（EU—ETS），并于2005年1月1日正式挂牌运营，当时覆盖了欧盟25个成员国。计划中规定了各国的强制减排目标，并分2005—2007年与2008—2012年这两个阶段进行考核，若不能完成减排任务，第一阶段要上缴每吨$CO_2$40欧元的罚金，而在第二阶段则将面临100欧元的罚金，且罚金不能抵消减排义务。在EU—ETS执行的第二阶段中，允许成员国从发展中国家和经济转轨国家的减排项目中得到的减排额度参与交易，并与日本、美国市场相联系，形成开放性的碳排放贸易市场，进而发展成为目前全球最大的温室气体配额型的交易市场。

3. 税收形态

在税收方面，部分欧盟国家通过实施碳税征收，来控制与减少温室气体的排放。碳税是近年来气候变化影响下的新税收产物，是针对 CO_2 排放所征收的税种，通过对煤炭、石油加工产品（汽油、航空燃油等）、天然气等化石燃料中所含的碳量比例来征税。碳税的征收会提高化石能源产品的市场价格，从而促进企业节约利用资源，提高能源使用效率，从一定程度上增加非化石能源在价格上的竞争优势，促进非化石能源的推广使用。而且与碳排放总量控制和碳排放贸易等减排机制所需求的体制与措施不同，碳税的征收只需在现有的税收体制基础上，额外增加少量的管理成本就可以实现。

20世纪90年代初，北欧地区的芬兰、瑞典、丹麦、荷兰四个国家先后开征碳税，其税率根据 CO_2 排放量或排放当量按比例征收，通过能源的最终使用环节进行征收，即谁排放谁缴税。在税率设定上，2008年，芬兰对每吨 CO_2 排放量征收20欧元，瑞典为107.15欧元，丹麦的标准 CO_2 税率为12.10欧元，但对居民和企业实行不同税率，且居民税率高于企业税率。四国的碳税收入占 GDP 比重约为0.4%—0.7%，碳税占税收的比重在1%左右；在碳税收入的使用上，芬兰的碳税收入被视为一般性财政收入，而丹麦将居民缴纳的碳税全部用于公共天然气和电力供热系统的补贴，将企业缴纳的碳税全部用于消减雇主向劳动力市场的缴款和对节能投资进行补贴。可见，在较早征收碳税的欧洲国家中，碳税的具体实施方案略有出入，而在碳税收入的使用上有待在环保节能方面做出更为专注的投资。

4. 技术形态

在应对气候变化问题上，欧盟还在能源发展与低碳技术方面做了较多的战略部署。2007 年 3 月，欧盟委员会提出了欧盟战略能源技术计划，该计划旨在促进低碳技术研究与开发，以实现欧盟所做的关于气候变化目标的承诺，进而带动欧盟经济发展模式向高效能、低排放的方向转型。该计划指出，到 2020 年，欧盟可再生能源消耗占能源消耗总量比例提高到 20%，煤炭、石油、天然气等一次能源的消耗量减少 20%，提高生物燃料在交通能耗中所占的比例到 10%等几条重要的能源使用结构目标。

2007 年 10 月，欧盟委员会建议欧盟加大对低碳技术的投资支持力度，希望在未来的 10 年内增加 500 亿欧元的资金来研发各类低碳技术。根据该项建议，欧盟在发展低碳技术的相关研究领域内的年投资资金将从当前的 30 亿欧元增加到 80 亿欧元，并联合研究人员和企业商界制定欧盟发展低碳技术路线图，计划在风能、太阳能、生物质能、CO_2 的捕获和储存等具有巨大发展潜力的关键领域大力推进低碳技术的开发与使用。直到 2007 年年底，欧盟委员会通过了欧盟能源技术战略计划，明确提出鼓励研究并积极推广"低碳能源"技术。

根据欧盟在新能源产业、低碳技术产业的发展态势，有关方面预计，到 2020 年，欧盟经济因向低碳经济转型将新增 280 万个工作岗位，虽然低碳经济的转型也将使现有的一些工作岗位丧失，但净增工作岗位有望达到 40 万个。

三、日本的低碳社会

日本在签署了《京都议定书》后，在气候变化问题上一直不及英国及欧盟等国的高调宣扬，但近几年开始表现积极。日本的温室气体排放量在发达国家中排名比较靠前，主要是由于能源消费的快速增长所致，特别是日本已经是世界第三大汽油消费国。因此，像日本这样的岛国，在资源和环境容量的约束下，温室气体减排的主要切入点是节能，通过减少化石能源的使用，增加天然气供给、建造核电站等措施，减少对进口石油的依赖程度，并将积极利用《京都议定书》所规定的三项减排机制，为本国的碳减排创造条件。

1. 早期认识

日本首先于 1998 年推出了"地球温暖化对策推动大纲",并分两阶段进行碳排放的减量行动:第一阶段以产业减量为主,而 2003 年的第二阶段则为住商与运输部门减量为主,其中还包括推动产业自愿减量行动方案。相对应地还通过了旨在确立中央地方政府、企业和居民应对气候变暖的责任与基本措施的《地球温暖化对策推进法》。

而在节能减排的法律保障方面,日本的《节能法》起了指导性的作用。为应对 20 世纪 70 年代的第一次世界性石油危机后的严峻形势,日本早在 1979 年制定并实施了《能源使用合理化法》(以下简称《节能法》),该法对建筑、机械等高耗能产业做了一系列的节能规定。日本在签署《京都议定书》后,为便于从经济上以节能促进碳减排,先后几次对《节能法》进行了修改,修改后的《节能法》覆盖了更广的管理范围,并与时俱进地更新各项节能考核标准,以适应新时期对节能的新要求。该法在大幅提高能源利用效率、强化节能减排标准、开发普及节能技术、形成抑制 CO_2 排放的新型社会等方面做出了很大的保障作用。

2. 税收形态

为使节能法案作用充分发挥,日本在税收政策上给予积极的辅助与配合,实施对节能技术和设备实行特别的加速折旧和税收减免政策,对达到节能目标的企业减免税收,对化石燃料使用和电力用户开征能源税和环境税。日本经济产业省定期发布的节能产品目录,对企业生产者使用目录中收录的节能产品给予特殊的折旧和税收减免措施,减免税收最多可达设备成本的 20%,在其正常折旧基础上可再提取近 30% 的特殊折旧。

在能源交通方面,主要包括汽车燃料税、汽车购置税等税种,并从 2003 年起对煤炭征税,将石油税调整为石油煤炭税。日本在碳税上也有所涉及,自日本环境省 2004 年提出碳税方案,经过多次修改,其税率从最早的 1.83 日元/升下降到 0.82 日元/升,家庭负担从每年的 3000 日元

下降到 2000 日元，较低的碳税税率是碳税获得民众广泛支持的重要原因
之一。

3. 技术形态

2008 年 3 月 5 日，日本经济产业省公布了"凉爽地球能源技术创新
计划"，该计划制定了到 2050 年的日本能源创新技术发展路线图，明确了
21 项重点发展的创新技术，即：高效天然气火力发电、高效燃煤发电技
术、CO_2 的捕捉和封存技术、新型太阳能发电、先进的核能发电技术、超
导高效输送电技术、先进道路交通系统、燃料电池汽车、插电式混合动力
电动汽车、生物质能替代燃料、革新型材料和生产技术加工技术、革新型
制铁工艺、节能型住宅建筑、新一代高效照明、固定式燃料电池、超高效
热力泵、节能式信息设备系统、家庭/商务/局部能源管理系统、高性能的
能量存储、电子电力技术、氢的生成和储运技术。2008 年 5 月，日本综
合科学技术会议公布了"低碳技术计划"，提出了实现低碳社会的技术战
略以及环境和能源技术创新的促进措施，内容涉及快中子增殖反应堆循环
技术、高能效船只、智能运输系统等多项创新技术。

2008 年 9 月发布的数字，在科学技术相关预算中，仅单独列项的环
境能源技术的开发费用就达近 100 亿日元，其中创新性太阳能发电技术的
预算为 55 亿日元。2009 年 4 月，日本政府首次把发展太阳能正式列入经
济刺激计划，并重新启动了太阳能鼓励政策，并将其作为经济转型的核心
战略之一，该刺激政策在本年度 35 亿日元的创新性太阳能发电技术预算
基础上，又增加总计 1.6 万亿日元的环保项目支出，其中主要用于太阳能
技术的开发与利用，计划在今后 3—5 年的时间里将太阳能发电设备价格
降到目前价格的一半，加速建造节能型建筑，争取到 2019 年有 50% 的房
屋达到节能要求。目前日本有许多能源和环境技术处于世界前列，如综合
利用太阳能和隔热材料、消减住宅耗能的热电联产系统技术，以及废水处
理技术和塑料循环利用技术等。

4. 社会形态

早在 2004 年 4 月，日本环境省下属全球环境研究基金制定关于"面向 2050 年日本低碳社会情景"的研究计划。该计划研究人员由大学、研究机构、公司等组织的近 60 名研究人员组成，从发展情景、长期目标、城市结构、信息通讯技术和交通运输 5 个方面出发，研究日本 2050 年低碳社会的发展情景和线路图，并提出技术创新、制度变革和生活方式转变方面的具体对策措施。2007 年 2 月，项目组在研究报告中指出，在满足到 2050 年日本社会经济发展所需能源需求的同时，实现比 1990 年水平减排 70% 的目标是可行的，并对低碳社会构想的可行性加以肯定；次年 5 月，项目组完成研究报告《面向 2050 年日本低碳社会情景的 12 大行动》，涉及住宅部门、工业部门、交通部门、能源转换部门以及相关交叉部门，每一项行动中都包含未来目标、实现目标的障碍及其战略对策，以及实施过程与步骤三部分（彭水军、刘安平，2010）。

2008 年 6 月，著名的"福田蓝图"横空出世，日本首相福田康夫提出日本防止全球气候变暖的新对策，这标志着日本低碳战略正式形成，它应对了日本低碳发展的技术创新、制度变革及生活方式上的各项转变；同年 7 月，日本内阁会议通过了"实现低碳社会行动计划"。日本政府分别选取典型城市（人口超过 70 万的大城市横滨、九州，人口在 10 万至 70 万的地方中心城市带广市、富山市，以及人口不到 10 万的小规模市县村熊本县水俣、北海道下川町）作为推动向"低碳社会"转型、引领国际趋势的"环境模范城市"，在这些城市中大力推进风能、太阳能的建设投产，建立环境友好的交通体系，实施碳减排计划，促进社会低碳化发展，建设低碳型城市。

2009 年 4 月，日本又公布了《绿色经济与社会变革》的政策草案，通过实行减少温室气体排放等措施，强化日本的低碳经济。这份政策草案除要求采取环境、能源措施刺激经济外，还提出了实现低碳社会、实现与自然和谐共生的社会等中长期方针，其主要内容涉及社会资本、消费、投资、技术革新等方面。

四、美国的实践行动

美国在应对全球气候变化问题上的政治意愿较弱，特别是布什政府执政期间，美国单方面宣布退出《京都议定书》的决定，为国际气候谈判与合作交流增添障碍。继任奥巴马政府则表现出更多的积极态度，转变了其在气候问题上的一贯消极。可见，美国在气候变化问题上深受利益集团影响，其政治立场存在较多的不确定性，但近年来，尤其在金融危机后，美国主流社会开始对气候变化问题转变态度，支持通过提高能源安全来积极应对气候变化问题。

1. 早期认识

早在 1993 年 10 月，克林顿政府就公布了一项《气候变化行动方案》，明确指出到 2000 年美国温室气体排放量将回归到 1990 年的排放水平，并承诺转变经济发展模式来推动经济继续增长及提供更多工作机会。2002年 2 月，布什政府提出了以温室气体自愿减排计划为核心的新环境方案"全球气候变化新行动"（New Approach On Global Climate Change），主张到 2012 年，美国将致力于使温室气体排放强度降低 18%，并启动了"气候变化科学研究计划"（Climate Change Science Program，CCSP）和"气候变化技术研究计划"（Climate Change Technology Program，CCTP），探求成本收益有效的气候环境技术。

随后，布什政府又启动了"自愿性企业—政府伙伴关系计划"，对那些自愿减排的企业予以税收激励，该伙伴关系的成员企业涉及水泥、林业、医药、公用事业、信息技术、零售等行业，遍及全国 50 个州。2007年 7 月 11 日，美国参议院提出了《低碳经济法案》，表明低碳经济的发展道路有望成为美国未来的重要战略选择。

2. 法律形态

2009 年 3 月 31 日，由美国众议院能源委员会向国会提出了"2009 年美国绿色能源与安全保障法案"（The American Clean Energy and Security Act of 2009）。该法案由绿色能源、能源效率、温室气体减排、向低碳经济转型四个部分组成。《绿色能源与安全保障法案》在"向低碳经济转型"领域的主要内容有：确保美国产业的国际竞争力、绿色就业机会和劳动者转型、出口低碳技术、应对气候变化四个方面，该法案构成了美国向低碳经济转型的法律框架。

2009 年 6 月 26 日，美国众议院以 219：216 的微弱票数通过了《美国清洁能源安全法案》（American Clean Energy and Security Act），这部综合性的能源法案从名称上看并非直接的气候变化法案，却包含了以总量限额及交易为基础等应对气候变化的重要内容。这是美国第一个应对气候变化的一揽子方案，不仅设定了美国温室气体减排的时间表，还设计了排放权交易，试图通过市场化手段，以最小成本来实现减排目标。该法案从清洁能源、能源效率、减少温室气体排放、向清洁能源经济转型、农林业减排抵消五部分进行了多方规划，具体内容涉及发展可再生能源、碳捕获和封存技术、低碳交通燃料、清洁电动汽车以及智能电网，提高建筑、电器、交通运输和工业部门能效。

《美国清洁能源安全法案》规定了美国碳排放总量控制限额，与 2005 年相比，到 2020 年全球变暖污染将逐步削减至 17%，2030 年削减至 42%，2050 年削减至 83%；能源结构、住房建筑方面规定，到 2012 年，生物能、太阳能和风能等可再生能源占美国电力来源的 10%，到 2020 年提高到 30%；2012 年后新建成建筑的能效要提高 30%，2016 年后则需提高 50%，基本实现"碳中和"或"零碳排放"。此法一旦生效，将覆盖美国 85% 的行业领域，基本上涵盖了所有的电力企业和 CO_2 当量超过 25000 吨的主要工业企业，其覆盖面将比欧盟现行的气候变化法的覆盖面更加广泛。

3. 州际形态

美国联邦政府在气候变化问题上的行动迟缓，地方州际政府在应对气候变化方面则表现积极，两者形成鲜明对比。一些州政府相继出台减排法案和措施，约有 40 个州建立了温室气体报告制度，30 多个州设立可再生能源发展目标、制定气候行动计划，超过 20 个州实施了排放贸易政策，以各种实际行动来应对气候变化。2005 年 12 月，美国东北和大西洋中部 9 个州（后为 10 个州）达成地区温室气体倡议（RGGI），这是一个针对该地区电厂 CO_2 排放的限额与贸易制度，是美国第一个强制性的、以市场交易为基础来减少温室气体排放的法案。为了促进履行减排目标，RGGI 提供灵活机制允许电力部门之外减排信用的使用。

加利福尼亚州属于积极履行减缓气候变化责任的州政府之一。2006 年 7 月 31 日，美国加州州长阿诺德·施瓦辛格与英国首相托尼·布莱尔宣布达成一项协议，共同探寻一个排放者能够买卖温室气体排放权体系建立的可能性，通过运用市场力量和市场激励措施来控制温室气体排放。按照双方达成的协议，他们将建立一个新的泛大西洋 CO_2 交易市场，并于 2006 年 8 月 31 日，加州通过了《全球温室效应治理法案》（Global Warming Solutions Act），在"市场交易机制"的应用中，允许排放量指标的买卖，对于减少温室气体排放存在着较大的激励机制。

4. 交易形态

芝加哥气候交易所（CCX）成立于 2003 年，是世界上第一个，同时也是北美地区唯一一个自愿参与温室气体减排交易，并对减排量承担法律约束力的组织和交易平台，会员单位可以通过内部减排、JI 方式或排放交易等手段来完成自己的减排任务。开展温室气体减排量交易。CCX 的减排目标分为两个阶段：第一阶段（2003—2006 年）内，所有会员单位在基准年的基础上平均减少 4%以上，第二阶段（2007—2010 年）是在基准年的基础上平均减少 6%以上，且 CCX 的减排计划是具有法律约束力的。

芝加哥交易所现有会员近 200 个，分别来自航空、汽车、电力、环境、交通等数十个不同行业。会员分两类：一类是来自企业、城市和其他排放温室气体的各个实体单位，它们必须遵守其承诺的减排目标；另一类是该交易所的参与者。该交易所开展的减排交易项目涉及 CO_2、甲烷、氧化亚氮、氢氟碳化物、全氟化物和六氟化硫 6 种温室气体。目前，芝加哥气候交易所是全球第二大的碳汇贸易市场，也是全球唯一同时开展 CO_2、甲烷、氧化亚氮、氢氟碳化物、全氟化物、六氟化硫 6 种温室气体减排交易的市场。截至 2006 年 6 月 16 日，它的碳汇交易量达到 2.83 亿公吨，占欧盟《京都议定书》气候贸易体系交易总量的 80%—90%，成为欧盟系统中最大的交易所。

5. 技术形态

美国高度重视温室气体减排的能源有效利用方面的技术创新，是世界上低碳经济研发投入最多的国家。在联邦政府预算中，支持节能和新能源开发是政策重点，美国能源部下属的能效和可再生能源局负责节能和新能源开发事宜，该局 2009 年的预算为 12.55 亿美元，主要用于可再生能源技术的研发与推广，大幅度提高清洁能源的生产，推动能效技术的使用，提供信息服务，促进能源系统大规模快转型。

2009 年 2 月 15 日，美国出台了《美国复苏与再投资法案》（American Recovery Reinvestment Act），投资总额达到 7870 亿美元，其将发展新能源列为重要内容，包括发展高效电池、智能电网、碳储存和碳捕获、可再生能源如风能和太阳能等，计划安排 500 亿美元用于提高能效，推动可再生能源生产，在"新能源计划"中，预计 10 年内将投资 1500 亿美元，用于太阳能、风能、生物质能及其他新能源项目的研发和推广，投入 40 亿美元政府资金支持汽车制造业的重组、改造和技术进步等。

第二节　国内地区的产业发展实践

发达国家在应对气候变化问题上起步较早，从国家层面上投入了大量的资金与政策支持，为减缓气候变化制定了明确的中长期目标及措施，主要从提高能效、创新技术、财税政策与市场交易等方面着手，进而衍生出全新的低碳产业新领域，成为国民经济发展的新增长点。我国在发展低碳经济的过程中借鉴了发达国家的做法，并结合具体国情地情，从国内高耗能、高污染型产业结构入手，通过调整产业结构来应对全球气候变化问题。目前有一些地区和城市通过产业结构调整、发展低污染、高产出的第三产业及各种新兴高科技产业等方式来发展低碳城市，明显改善了当地的环境状况，节能减排成效显著。

一、上海：高速发展的现代服务业

上海作为我国的金融中心，近年来在经济迅速发展的同时，也伴随着能源消耗的快速增长。上海能源消费量从 2002 年后增速明显，年均增幅达 8.9%，且上海属于能源资源匮乏型城市，能源对外依存度较高。随着上海经济的持续发展，一次能源消费总量将逐步逼近发达国家水平，由此而来的碳排放的增加量将使上海面临越来越多的减排压力。因此，上海在降低能耗和减少污染物排放方面采取了系列行动，尝试建立起一个与其相适应的能源结构和产业结构体系。在能源结构调整上，上海重点推广低碳能源的使用，增加天然气比重，积极推进风能、光伏发电等可再生能源电力项目建设，提高能源的利用效率；在产业结构调整上，优先发展现代服务业和先进制造业，扶持高新技术企业发展，形成以服务经济为主的产业结构。

现代服务业与先进制造业的融合发展是上海产业结构调整中的重要思路。上海现代服务业的发展离不开先进制造业发展的坚实基础，通过腾笼换鸟战略，将产值低、污染大的企业撤出，将腾出的地块改造成商务中心区；而先进制造业的发展显然也离不开现代服务业的支撑，制造业向高端化、品牌化和信息化进行转型升级，也会为现代服务业提供肥沃的土壤。上海积极改造高能耗、高污染的落后工艺、设备、产品和企业，并组织实施强制淘汰制度，仅2007年，上海就完成了571个产业结构调整项目。2011年上海新设企业中，服务性企业占比达到88.2%，从事服务业的企业注册资本占新设企业注册资本总量的92.1%。可见，在降低对重化工、房地产和劳动密集型产业依赖的同时，第三产业尤其是现代服务业成为上海经济发展的重要推力，是上海应对全球气候变化、减少温室气体排放的关键手段。

创新是发展现代服务业的核心内容，而创新发展现代服务业，更是与上海"两个中心"建设相契合的英明决断。根据国务院部署，到2020年上海将基本建成与人民币国际地位相适应的国际金融中心与具备全球航运资源配置能力的国际航运中心。秉承这两大任务，上海在发展现代服务业过程中创新迭出。在国际金融中心建设中，中国金融期货交易所、上海清算所等一批具有创新性质的机构相继开业；跨境贸易人民币结算、期货保税交割等一批重要的创新业务有序推出；上海股权托管交易市场正式启动。而在国际航运中心的建设中，国内首批国际航运经纪公司在上海正式注册成立；上海航运交易所正式推出集装箱运价衍生品交易，半年交易额超过800亿元，并有越来越多的银行、物流企业开始关注航运运价衍生品交易。

营造现代服务业的优良制度环境，促进产业结构优化调整的平稳与有效性。虽然目前上海服务经济增加值占比接近60%，已经取得了相当不错的成绩，但距"十二五"规划目标仍有近5个百分点的距离。因此，各项保障制度的推行是促进上海现代服务业更好发展的必要条件，上海政府就此也做了较大努力。针对现代服务企业在行政审批、人才引进等方面所遇到的阻碍，上海政府出台相关倾斜政策，减轻现代服务业发展的后顾之忧。通过改革措施，上海浦东行政审批事项和平均审批时限双双下降了60%。而自2012年1月1日起正式在上海试点的营业税改征增值税的行动，着实让企业大为减负，企业活力锐增。改革之前的服务业营业税税负水平在 5% 左右，改革后的服务业整体税负水平约降为 3% 左右，且试点行业涵盖了交通运输业、信息技术、文化创意等六个现代服务领域，对于现代服务业的有序发展收效显著。

二、北京：迅速崛起的文化创意产业

北京作为我国的首都，以绿色奥运为契机，"十一五"期间开展了一系列低碳发展的探索和实践，取得了不错的成绩：能源效率显著提高，2005—2010 年期间，万元 GDP 能耗强度累计下降 26.6%，超额完成"十一五"节能减排目标；能源结构持续优化，2009 年清洁优质能源比重达到 67%；产业结构不断升级，2008 年第三产业比重达到 73%，基本达到世界发达国家产业结构水平。鉴于未来十年将是北京城市化、国际化快速推进的关键时期，仍将处于温室气体排放量增加但增速减缓的过程之中，作为高耗能且能源自给率基本为零的现代城市，有必要在发展低碳经济的过程中，培育新的经济增长点和经济增长模式。丰厚的历史文化资源不仅让北京彰显古都魅力，也促使北京文化创意产业崛起。特别是近几年，北京把文化发展作为调整产业结构、转变经济发展方式的重要工作，积极探索实施科技创新和文化创新的"双轮驱动"战略，加强文化创新，促进文化创意产业发展，使文化创新和科技创新共同成为推动首都加快转变经济发展方式的重要引擎，积极搭建文化创意平台，规划和建设文化创意产业集聚区，努力打造中国特色社会主义先进文化之都。

据北京市发展和改革委员会统计，"十一五"时期北京文化创意产业发展迅速，已经成为第三产业中仅次于金融业的第二大支柱产业。2006 年至 2009 年，北京市文化创意产业增加值年均增长 21.9%。2009 年北京市文化创意产业实现增加值 1489.9 亿元，占全市地区生产总值的 12.3%，从业人员 114.9 万人。2010 年，北京文化创意产业实现增加值 1697.7 亿元，占全市地区生产总值 12%。目前，北京文化创意产业已经形成良好的发展基础，文艺演出、新闻出版、广播影视、文物艺术品等行业整体实力雄厚，主要文化产品和服务的规模、质量和影响力均位居全国前列。在新闻出版方面，北京地区图书出版单位占全国的41%，报刊种类占全国的30%，音像出版单位占全国的43%。在广播影视方面，北京共有影院120多家，屏幕近600块，居全国城市之首；北京生产制作的电影占全国一半；北京的数字电影后期制作能力已占全国2/3；北京电影票房已连续四年居全国城市之首。在文物艺术品方面，北京已成为全球最大的中国文物艺术品交易中心。2010年北京文物艺术品交易总量超过500亿元，约占全国的80%。目前北京有文物艺术品拍卖机构超过100家，文物经营单位60余家，均位居全国首位。"十一五"期间，北京市各类文物艺术品拍卖总成交额达394亿元，居全国首位。

北京的文化创意产业的蓬勃发展离不开政策环境的扶持：提供政策支持，以相对完备的政策、法规体系推动北京文化产业发展；予以制度安排，以体制机制的改进来完善北京文化产业发展的管理体系；协调环境优化，以服务与要素市场的建设优化文化产业发展的外部环境，提供精细化服务；促进资源整合，以市场手段整合和配置首都文化产业资源。北京文化创意相关政策部门在政策支撑体系上、规划发展布局上、健全完善产业体系上下足了功夫，为北京的文化创意这一朝阳产业的发展带来了强劲的力量。

同时，文化创意产业也离不开金融业的大力支持，北京市出台了《关于金融支持首都文化创意产业发展》的指导意见，在全国金融系统较早开展了文化金融发展的政策探索，也为中国人民银行总行出台相关政策提供了决策基础。近年来，北京市支持文化创意产业的贷款保持着快速的增长，2010年全市中资银行贷款达到397.11亿元，同比增长67.7%，远远高于同期人民币贷款增长率13%，这个速度的背后实际上反映了各家银行、各家金融机构共同努力的结果。

三、重庆璧山：快速崛起的新兴产业

位于重庆西郊的璧山，在过去是一个典型的农业县。在"十一五"

时期，按照 2007 年《重庆"一小时经济圈"经济社会发展规划》中对产业布局的划定，重庆市将形成"一心四带"的工业格局，而得益于成渝高速沿线产业密集带和渝遂高速沿线产业密集带经过的璧山工业园区，顺势成为两大产业密集带建设发展的先锋营。机械制造业、制鞋业、新型建材业迅速落地生产，成为璧山最主要的三大产业支柱。传统"三大支柱"产业虽然发展势头不错，但高耗能、低技术含量、低附加值的缺点，使得璧山工业始终难以发展壮大，2009 年全县工业产值仅 300 亿元。而一些中小皮鞋、建材企业温室气体及污染物排放严重，造成璧山自然生态环境的不断恶化，后续发展无以为继，产业转型迫在眉睫。2009 年，璧山以"深绿型生态化城市"为未来发展目标，以城市发展模式转型倒逼产业结构转型升级，整治关闭污染工业企业，进而改变日益恶化的当地气候环境。

璧山将其工业园区定位于生态工业园区，以生态环境建设为基础，超越了普通城市的建设理念，从生态环境、公租房、金融服务、生活基本设施等方面优先予以建设，从而为招商引资带来了巨大的吸引力。为加快产业转型升级，璧山制定了传统产业每亩投入不低于 300 万元、产出不低于 500 万元、税收不低于 10 万元，污染型企业"一票否决"的招商高标准。由璧山工业园区的先天优势和超高招商标准所引致的新型工业企业进园的结果实属意料之事。到目前为止，璧山在 IT 配套产业项目上已经成功引进包括世界排名前列的境内外企业数量达到上百家，总数约占全市笔电配套企业的 1/4，小到笔电螺母、转轴，大到机壳、键盘，都开始在璧山进行生产。

预计到 2015 年璧山笔电配套基地将创造产值 1200 亿元，占全县工业产值的 60%。在笔电配套产业等新兴产业的带动下，璧山经济呈现迅猛发展趋势。2011 年，璧山 GDP 总量突破 200 亿元，经济增速达 23.5%，居全市第一；人均 GDP 达到 5417 美元，首次超过全国以及重庆的平均水平；财政收入连续两年翻番，迈过 60 亿元大关，达 61.5 亿元。这座西部县城正在经济增长的"快车道"上实现自身的社会价值。根据规划，到

2013 年，璧山将实现"千亿工业县"的目标，到 2016 年，全县将实现工业总产值 2000 亿元。

通过打造生态工业园区的发展平台，把生态环境打造放在第一位，把生态宜居、生活服务配套建设放在第一位，这是聚拢各类招商资源的最大成功之处，璧山在初步形成中国笔电产业基地的基础上，壮大电子信息、装备制造、医药食品三大新兴产业，巩固提升传统工业，构建一套具有较强比较优势的新型产业体系。针对笔电配套产业从属于劳动密集型产业的这一现实，璧山制定了一系列对笔电配套企业员工的补助政策：外来农民工的子女可在璧山入学，35 岁以下的农民工可在璧山落户，享受与璧山市民同等的待遇。按照 30 分钟步行半径，在工业园区附近规划了生活服务区、社区公园等，修建了 70 万平方米的公租房，优先安排笔电配套企业员工入住。只有形成吸引劳动力的高地，才能为产业发展提供不竭动力。此外，融资成本高也是制约笔电配套中小企业发展的一个关键因素。璧山工业园区为此专门引进注册资金 10 亿元的渝台担保公司，以低于业界平均标准的服务费和保证金为这些企业提供融资担保服务，为企业提供优质便捷的金融服务。

四、山东淄博：改造升级的新材料产业

作为一座老牌的工业城市，淄博的工业发展已有上百年的历史，丰富的矿藏资源使其成为较早的少数几个工矿业开发地区之一，是目前我国重要的石油化工、陶瓷工艺和建材产区。淄博市第二产业中的重化工业拉动经济发展的作用明显，但也由此埋下了产业结构不合理的诱因，具体表现为产业集中度低等，这也是环境污染大的直接原因。淄博市三次产业中第一产业比重偏低，第二产业比重过大，且超重型化，第三产业发展缓慢、滞后。工业企业中多为产业链始端的初级加工产业，产业集中度低，规模经济效益差。从能源耗费品种看，除电力和少量的天然气消耗外，煤炭等主要能源品种基本依赖外调，对外依存度高。近年来，淄博市能源消费总量随经济发展而逐年增长。2008 年淄博市能源消费总量达 3893.71 万吨

标准煤，增长 5.03%，净增 186.51 万吨标准煤。淄博市以化工、建材、纺织、医药等行业为主导产业的产业结构，导致工业三废及温室气体排放量大，对大气及水环境污染严重。

传统产业的缺陷逐渐成为淄博经济可持续发展的障碍，资源枯竭、产业高耗能等特点为经济发展带来了巨大压力，经济转型成当务之急。对于淄博这个基础雄厚的老工业基地来说，在借力老工业的新发展思路引领下，取得了老树开新花的喜人成果，在传统领域里发展新材料产业为淄博带来全新的发展体验。高科技的新材料产业，是在对玻璃、陶瓷等老产业进行淘汰落后、改造升级后的产业新布局，凭借新材料产业的发展，在2010 年第九届新材料技术论坛上，淄博市被中国材料研究学会授予"新材料名都"的称号。目前，淄博产业结构明显优化，形成以先进陶瓷材料、化工新材料、新型耐火材料等为主的七大新材料产业集群，其中绿色制冷剂、增塑剂、耐火纤维等产业生产规模位居亚洲首位，成为淄博发展的新亮点。仅在高技术陶瓷领域，淄博市就有 200 余项专利或成果获奖，其中国家级奖项 3 个、省部级奖项 70 余个。统计数据显示，"十一五"期间，淄博市以年均 8.5% 的能耗增长支撑了 GDP14.3% 的增长，在全省节能目标责任考核中连续三年名列首位。2011 年淄博市生产总值同比增长12% 左右，全年规模以上工业实现利润 744.49 亿元，增长 36.42%，实现了高效益重环保的快速增长。这就是传统产业精细化、集约化、内涵式发展的结果。

淄博市为构建节能型产业体系，制定并实施了一系列措施。严格制定市场准入标准，对固定资产投资项目实施严格的节能评估与审查，实施责任目标考核和一票否决制，调动了相关部门的积极性，同时对传统行业实施改造和提升重点装备工程，坚决淘汰落后产能。2007 年 11 月，淄博市政府批准成立污染物总量制约办公室，在全省率先组建污染物总量制约机构，并实行财政奖励减排的政策措施。建立减排工程，为减排项目规定硬性的减排量指标。2008 年淄博共有 34 个 SO_2 减排工程、8 个 CO_2 减排工程发挥效益，SO_2 减排率为 12.7%，CO_2 减排率为 4.74%，超额完成淄博预

设的 CO_2 减排 4.5%、SO_2 减排 8% 的年度目标任务。目前，淄博市有 7 家企业开展了能源管理体系建设试点，22 家企业开展了节能自愿协议试点，16 家企业开展能效对标活动，586 家企业开展了能源监测（周荣顺、贾贞，2012）。

为鼓励企业升级改造，淄博市设立了转方式调结构专项引导资金，让企业看到了政府鼓励转型升级的决心。淄博市从 2006 年就设立了节能降耗专项资金，扶持节能降耗项目。仅 2008 年一年，国家和山东省就对淄博 29 个节能项目给予了 9000 多万元的资金支持。政策与资金的同步到位，令处境艰难的传统产业看到了新的发展生机。淄博市除了在政策、投入上着力支持传统产业升级外，更在引进研发人才等方面给予支持。截至2011 年年底，淄博市省级以上工程技术研究中心和企业技术研究中心达到 193 家（国家级 7 家）。

第三节　国内外的经验与启示

一、国外低碳发展的经验总结

应对气候变化，实现低碳发展，是发达国家早就触及的一种敏锐察觉。受工业革命的影响，发达国家在完成了城市化与现代化进程后，较早地看到了城市高速发展后所遗留的气候、环境问题，纷纷于 20 世纪末投入到了一场新的社会革命中去，以期减缓和消减之前发展所带来的不利影响。其中，关于减缓气候变化、减少温室气体排放最根本的一项内容就是使用清洁能源。所以，节能技术和新能源研发往往是发达国家所采取的最实际有效的措施。此外，辅助以市场激励和行政手段，明确政府职责和利用市场机制控制碳排放。总结起来，发达国家的成功经验主要可以从以下几个方面进行总结：法律法规、财税政策、低碳技术、市场手段及生活方式等。

1. 制定针对性的规划和保障性的法律法规

纲要与规划能明确减排目标和路径，制定发展方向与途径。特别是经济上可行、符合成本收益规则的减排路径，可以明确各方责权利益，充分调动政府、产业和企业的积极参与。在绿色发展规划的基础上，通过制度安排与机构建设，为低碳发展创造稳定的政治环境和保障机制。如英国《气候变化法》中提出的"碳预算"强制规定在财政预算中划拨资金用于碳减排工作的开展，就是典型的为低碳发展保驾护航的坚实基础。

2. 积极运用税收政策及合理利用税收收入

对高排放、高耗能企业征收碳税，对低排放、使用清洁能源技术企业予以补贴，能够促进能源使用结构与效率的优化升级。但税收中性的措施则更能够促进低碳发展的模式，可将税收收入返还公众，用于抵消税收所带来的负面影响，或用于消减其他扭曲性税收，对部分高排企业退出进行缓解与补偿，以及对企业节能减排进行资助与支持。为减少征管成本，保障有效征收，可在已有税制体系的基础上，从生产环节上进行征收。

3. 推动节能技术的创新与低碳能源的研发

积极在技术研发上投入资金和技术研发力量，针对现有的能源产品，进一步改善能源生产工艺，特别是以脱硫技术为主的技术突破；开发新能源，大力发展风能、太阳能等清洁可再生能源，在实际中进行推广应用。并以清洁型新能源发展为契机，大力推动新能源产业与低碳产业的发展，提倡节能建筑及新能源交通工具，倡导新能源发电厂及各类碳封存、碳捕捉技术产业的推进，保证低碳环保产业的升级与发展。

4. 建立碳权交易市场及利用市场激励手段

通过建立起区域内的碳权交易市场，为企业积极减排提供相关的市场激励。让企业将超额的减排指标拿到市场上进行交易，同时也能让未能完成减排指标的个体从市场上得到其所缺失的减排额度。长此以往，碳交易将促使各个企业进行相应的技术创新，是最终实现全社会共同减排的较好途径。而如今碳交易平台只局限在少数区域，未来需要建立起一个全球性的碳权交易平台，让更多的国家及企业参与交易变为可能。

5. 培育低碳生活方式与构造低碳社会

营造低碳生活方式的社会形态新风尚，大力宣传低碳生活的概念，让低碳交通出行、低碳消费行为、低碳建筑住房等低碳生活习惯普及开来。从小做起，从构建低碳社区做起，将个人的低碳行为凝集为集体行为的理性效应，进而向低碳社会的终极目标逼近，实现低碳生产、低碳消费贯穿其中的低碳社会形态，为产业发展和投资低碳经济提供更大的明确性和可预见性，减少相关产业减少化石能源利用的减排阻力。

二、国内产业发展的经验启示

发达国家在控制和削减碳排放方面的措施与手段对未来中国在应对气候变化问题上具有深刻的启示作用。其借鉴意义不仅仅体现在抽象的宏观发展思路上，如何通过各类具体措施的落实与实施以达到显著成效方面更为关键。

我国十分重视法律法规的制定在应对气候变化方面的作用，先后出台了一系列关于节能减排、应对气候变化的各类指导性政策文件。但却没有一部法律或一项条款能够为企业规定碳排放规则，或是为政府提供碳减排预算。如果相关规章制度只是笼统提出未来碳减排目标和减排途径，没能就低碳发展中的关键性问题予以明确，不管是对企业还是对地方政府都起不到良好的激励作用，那么，低碳发展终将流于形式。

在碳约束的财税方面，受限于我国现有财税体制和基本国情，还未达到碳税征收的有效基础。但现行的资源税和排污费的征缴，可以对碳排放进行暂时的不具有针对性的财税约束。但从长期的碳减排来看，碳税征收是能够直接影响减排效果的有效手段，我国应通过进行资源税改革，逐步转向以碳约束为直接目标的税收体制，并及时完善税费收入的使用渠道，尽可能地将这些资金投入到与低碳减排相关的各项领域中去，实现低碳发展的良性循环。

新能源产业发展在我国开始成为一种新的产业增长极，很多地区争相布局建厂，为的是能够成为新能源产业发展的第一批受益者。而这种过于热门的发展态势显露出些许的不理性，许多地方存在着规模分散、重复建设的问题。即使很多新能源的产品是清洁无污染的，却不代表它们的生产制造过程也如其产品般无害，忽略这一问题同样会为碳减排带来新的发展问题。因此，节能减排的研发与投资资金应尽可能地用在最有利的地方，并从生产到应用中的每一个环节进行污染排放的严格把关。

碳权交易是市场交易体制下的又一项金融创新。我国虽然在上海、北京、天津等地成立碳交易所，但其交易机制和交易类型却远未达到能够与国际水平相对接，且国内交易市场相对封闭，交易规模有限。在参与国外碳交易时，国内企业则显得过于被动，缺乏碳交易的定价权，多处于交易中的弱势。因此，希望通过碳权交易来实现碳减排的最终目标，无论在国内市场还是国外市场，都将面临一系列的现实问题。

低碳社会的建设在我国并未普及，但低碳理念的传播在我国也早已不再新鲜，但却是一种接近于传统"节约"思想的新风尚。而低碳生活方式的真正培养又离不开各方面的协调与配合，低碳交通、低碳建筑、低碳消费等日常行为的规制，需要有相应的交通工具、房屋建筑、消费商品的出现，再加以需求和意愿才能得以顺利完成。社会公众仅仅依靠意愿，而缺乏实际可供选择的实物供给，那么，低碳生活方式也将成为空谈。

正由于我国同发达国家处于不同的发展阶段，经济发展水平、产业发展和能源结构等方面存在明显差异，国外的成功经验可能无法在国内复制实现。然而，国内已经有不少城市在应对气候变化上走在全国前列，它们现有的发展面貌对于国内其他城市更具实际的参照价值。

1. 第二产业的低碳化发展

由于我国大部分城市仍然处于工业化进程中，特别是一批历史已久的传统老工业城市，其产业发展基本都是围绕着高能耗工业为中心的模式而进行的，且我国未来持续的经济发展无法做到中止工业化进程。因此，在不影响现代化和工业化进度的前提下，第二产业内部产业低碳化、清洁化的转型发展显得尤其重要。原本能源消耗型工业可转向高新技术产业中去，如新能源、新材料、先进装备制造业、生物医药及 IT 业等，此类新兴产业具有技术含量高、排放小、竞争力强的特点及优势，有助于实现产业的优化升级，以及产业的低碳化发展。

2. 第三产业的创新性发展

在我国，也不乏个别经济社会发展接近后工业化进程的城市，像北京、上海这样的城市，其第三产业比重已经高于第二产业所占比重，且在第二产业内部基本趋于清洁生产的前提条件下，面临的关键性问题是如何集中精力实现第三产业的突破发展，实现产业结构的进一步优化，进而反哺第二产业，为其提供更多发展所需的技术与资金支持。因此，第三产业中的现代服务业、现代金融业、创意文化业等行业成为重点发展对象，接替了原本重化工业的发展份额，为城市节约了能源的大量消耗及温室气体的过量排放。在城市环境得以清洁的同时，也实现了社会经济高效稳定的发展。

综上所述，结合我国基本国情，在应对气候变化问题上，更多将是从节能减排和财税政策这两方面入手。因为在碳交易方面，我国与发达国家存在较大差异，参与国际碳权交易的能力比较有限。而在节能减排的实施过程中，考虑到我国以煤炭为主的能源结构、可替代能源品种及能源效率在短期内均无法大幅改善的前提下，因而与此高度相关的我国高能耗、高排放的产业结构被顺势提到面上，并引发了极多的关注。由此，在我国应对气候变化问题上，如何通过调整高能耗、高排放的产业结构，成为实现减缓目标的有效措施之一，且不仅仅停留在三次产业间的序次更替上，更多地应体现在第二、第三产业内部的调整与升级之中。我国不同地区间的异质性较大，产业结构的调整与地区经济的转型将会需要较长一段时间的过渡和动力的转换，但只要把握自身特点，抓住发展机遇，找到适合地区的发展模式和发展行业，无论是以产业结构调整为手段，达到节能减排的终极目标，还是以减缓气候变化为前提，产业结构调整为目的的经济调整，都会取得有效的成果。

二　排放特征篇

第四章　我国省际间产业结构、收入水平与 CO_2 排放关系研究[①]

　　全球气候变暖已是不争的事实，大量数据表明，以 CO_2 为主的人为温室气体排放是主要原因。全球气候变暖不但对人类生产和生活造成严重威胁，也关乎人类社会的可持续发展，因此受到国际社会的广泛关注。IPCC 第四次评估报告指出，气候变化可能会导致一些不可逆转的影响，如果全球平均温度增幅超过工业革命前的 1.5℃—2.5℃，那么 20%—30% 的物种可能灭绝，超过 3.5℃ 则可能导致 40%—70% 的物种灭绝，近一百年来，全球平均气温已经上升了 0.74℃，预计未来二十年仍将以每十年增加大约 0.2℃ 的速率变暖，即使所有温室气体和气溶胶的浓度稳定在 2000 年的水平不变，估计也会以每十年 0.1℃ 的速率变暖。Stern（2007）也警告，如果人类再不采取减排行动，大气中的温室气体最早在 2035 年就将达到工业革命前的两倍，导致全球平均气温上升超过 2℃，所造成的损失将相当于全球 GDP 每年至少损失 5%。气候变化对我国的影响也十分显著，《中国应对气候变化国家方案》指出，近一百年来我国年平均气温升高了 0.5℃—0.8℃，近五十年变暖尤其明显，极端天气和气候事件发生的强度和频率明显增加，对我国社会经济造成了重大影响。

　　气候变化的影响波及全球，属于典型的全球"公共物品"，需要国际社会的共同努力才有可能实现减排目标。1997 年 12 月，在日本京都召开

---

　　① 本章内容是在杜立民、魏楚、蔡圣华合作发表的论文 "Economic development and carbon dioxide emissions in China: Provincial panel data analysis, China Economic Review, 2012, 23 (2)" 的基础上修改而成。

的《联合国气候变化框架公约》缔约方第三次会议，通过了旨在限制发达国家温室气体排放量的《京都议定书》。规定到 2010 年，所有发达国家 CO_2 等 6 种温室气体的排放量，要比 1990 年减少 5.2%。我国签署并核准了《京都议定书》，但是作为发展中国家，我国并没有承担具体的减排任务，因此被认为存在"搭便车"的嫌疑，美国甚至以此为借口退出《京都议定书》。另一方面，随着工业化和城市化的推进，我国能源消费快速增长，使得 CO_2 排放量也随之快速增加。据荷兰环境评估机构报告，2006 年我国的 CO_2 排放总量就达到 62 亿吨，超过美国成为世界第一，2007 年则进一步上升到 67.2 亿吨，占世界总排放量的 24.3%，增长量占世界总增加量的 60%。可以肯定的是，随着 CO_2 排放量的进一步增加，国际社会对我国的 CO_2 减排必然会提出更高的要求，特别是后京都时代的到来，我国政府必将面临越来越大的国际 CO_2 减排压力。

对于我国政府而言，当务之急有两点：首先，应客观科学的评估我国 CO_2 等温室气体的排放现状和未来一段时期的排放趋势，为新一轮的国际温室气体减排谈判提供科学的决策依据。未来十年我国 CO_2 排放量具体将达到多少？我国政府最多又能承诺多少减排任务？唯有对此进行科学的研究，才能在新一轮的国际谈判中，为我国争取一个既不妨碍社会经济发展，又不损害负责任大国形象的公平的减排义务。其次，应全面科学地分析影响我国 CO_2 排放的主要因素，为实行减排战略提供科学依据。哪些因素对我国 CO_2 排放的影响最为重要？如何才能采取有效措施推进减排战略？只有对此深入了解，才能有针对性地采取减排措施，为遏制全球变暖做出应有的贡献，毕竟我国幅员辽阔、人口众多，全球变暖对我国的影响巨大。

围绕上述两个问题，本章进行了具体研究。本章首次估算了我国各省 1995—2007 年 CO_2 排放量，构建了省级 CO_2 排放面板数据集，并运用相应的面板数据计量方法对 CO_2 排放的影响因素进行了深入分析，同时通过对样本内拟合标准和样本外预测标准进行模型选择，确定最优的计量模型，进而通过情景模拟对我国从现在起至 2020 年的 CO_2 排放量进行了预测。

本章的研究具有重要的理论价值和政策含义。从理论上来说，本章首次评估了各省的排放量，构建了省级面板数据库，相对以往国家层面的时间序列数据研究而言是一大进步。同时，本章通过对样本内拟合标准和样本外预测标准进行模型选择，以确定最优的计量模型，相对传统的环境库兹涅兹曲线模型具有一定的优越性。从政策含义上来说，本章确定了影响我国 CO_2 排放最重要的几个因素，对我国 CO_2 减排具有重要的实践意义。同时本章对未来十几年我国 CO_2 排放趋势进行了预测，这对我国政府在国际 CO_2 减排谈判中具有重要的借鉴作用。

本章的结构安排如下：第一部分是相关文献综述；第二部分是对各省 CO_2 排放量进行了估算，并进行了相应的分析；第三部分是计量模型和估计结果；第四部分是对我国从现在起直到 2020 年人均 CO_2 排放量和排放总量的预测；最后是结论和政策建议。

第一节　研究综述

本书第二章已经详尽介绍了对 CO_2 排放影响因素分析的研究类型，本章将主要基于计量经济学分析的环境库兹涅兹曲线（Environmental Kuznets Curve，EKC）模型来定量评价经济收入水平、产业结构和温室气体排放之间的关系。

库兹涅兹曲线（Kuznets Curve）概念是由经济学家库兹涅兹于 1955 年提出来的，用于描述收入分配状况与经济发展之间的"倒 U 型"曲线关系。环境库兹涅兹曲线则是由 Grossman 和 Krueger（1991）最早提出的假设，认为环境质量与经济发展之间同样存在"倒 U 型"曲线关系，即：一国环境质量会随着人均收入的提高而逐渐恶化，污染加剧，但当经济发展水平达到一定水平后会有拐点出现，之后环境质量会随着人均收入水平的增加而逐渐改善。在此之后，大量有关 EKC 的研究涌现，学者们从理论基础、影响机理、实证研究等不同层面对这一假设进行检验。

一、EKC 的理论基础与形成机理

Grossman 和 Krueger（1991）认为经济发展主要通过规模效应、技术效应和结构效应三个渠道来对环境质量产生影响。（1）规模效应，经济增长往往意味着更大规模的生产活动和资源需求量，一方面增长需要依赖于资源投入要素的使用，另一方面更多的产出水平也意味着污染排放的增加，因此，规模效应将对环境产生负面影响；（2）技术效应，经济发展往往伴随着技术进步，而技术进步对环境质量的影响同样有两种，一方面技术进步提高了生产效率，因此，在获得相同产出水平条件下需要较少的资源要素投入，减缓了生产活动对自然和环境的影响，另一方面技术进步意味着人类用更加清洁、环保的新技术、工艺和设备来替代原先的技术，从而有效地实现资源循环利用和污染物减排，因此，技术效应将对环境质量产生正向影响；（3）结构效应，随着收入水平的提高，人们的消费结构将逐渐发生变化，并进而传导至生产结构，最终经济发展带来了产业结构的升级与优化，从而减少了污染排放，并改善了环境质量，因此，结构效应对环境质量同样具有正向影响。根据这一理论基础，他们认为，在经济发展水平较低时，经济发展的规模效应远超过技术效应和结构效应，因此呈现出环境质量随着人均收入水平增加而逐渐恶化的情况，但当经济发展到较高水平时，规模效应逐渐衰减，而技术效应和结构效应不断增强，最终呈现正的总效应，也即是环境质量随着人均收入水平增加而改善，从趋势上来看，也即是呈现"倒 U 型"曲线关系。

此外，还有其他研究提出了 EKC 的形成机理。如市场机制假说认为，随着经济发展水平的提高，自然资源和环境污染的外部性逐渐被市场体制内部化，市场价格将逐渐反映出资源和环境污染的边际社会成本，由此使得资源价格上涨，环境污染代价增加，并进一步促使企业采用更先进的技术和管理来降低成本（Unruh and Moomaw，1998）。国际贸易假说则认为，"倒 U 型"的 EKC 曲线实际上反映的是环境污染在高收入国家和低收入国家之间的再配置过程，发达国家的产品消费结构并没有发生显著变化，而是通过国际贸易和外商直接投资形式将污染密集型生产部门转移到了发展中国家，由此使得发达国家环境出现好转，进入"倒 U 型"曲线的下降阶段，而发展中国家由于承接了污染密集型生产，环境出现了恶化，处于"倒 U 型"曲线的左边（Muradian and Martinez-Alier，2001；陆旸，2012）。环境质量需求弹性假说则认为，在经济发展初期，人们主要偏好于经济水平的改善与提高，而对环境质量需求较弱，但随着经济收入水平的持续提高，人们对环境质量的要求也会随之提高，也即是环境质量需求的收入弹性在变大，此时人们会选择牺牲部分收入来获得环境的改善，因此会形成最终的"倒 U 型"曲线（Dinda，2004）。此外，还有学者从环境管制强度变化、政府治理污染投资的变化等角度对 EKC 的形成机理进行了阐述（李玉文等，2005；钟茂初、张学刚，2010）。

二、对 EKC 理论模型的争论

EKC 描述的是收入水平与环境质量之间的关系，从模型上可以简单设定为：

$$b=f(x, z) \tag{4-1}$$

其中 b 表示环境质量指标或者环境污染，x 表示经济发展水平，z 是其他解释变量。这一模型表述十分简单，此前对水和空气污染的一些研究也支持了"倒 U 型"EKC 曲线的存在，但学术界对 EKC 的理论基础及实证仍然存在大量争议。

（1）EKC 仅仅关注经济发展对环境的影响，但如果从生态系统角度来看，经济、社会和环境子系统之间是相互影响、相互关联的，经济发展不仅影响环境，同时环境也会影响经济，此外，经济也并非是影响环境的唯一因素（钟茂初、张学刚，2010）。从这个角度来看，模型（4-1）仅单向描述了经济系统对环境系统的影响，没有系统考虑两者的双向互动关系，并忽略了社会发展的影响；此外，EKC 反映的仅仅是一般化的环境与收入之间的关系，即便存在"倒 U 型"曲线，也刻画的是地区性和短期性环境影响，而非全球性的长期影响（佘群芝，2008）。

（2）对于环境质量或者环境污染变量 b 的选择和测度。首先，现有研究大多基于某一种污染物，如废水中的 COD，或者废气中的 SO_2，这些单一的污染物指标难以全面反映出环境破坏和资源损耗水平；其次，不同污染物的选择存在争议，譬如 CO_2 被认为是温室气体而非大气污染物，具体会产生何种外部性仍存在科学不确定性，一些受管制的污染物和尚未受管制的污染物在特性上也存在很大差异；再则，大多数研究是基于流量污染物的，尚未有反映出存量污染的研究；最后，对污染物的测度指标有别，譬如基于污染物排放水平、基于污染物排放浓度/强度，以及基于人均污染物等不同指标，这将导致研究结论大相径庭。

（3）对于解释变量 x 的选择，一般采用人均收入水平或者人均 GDP 来表示，但同样存在问题：首先是人均 GDP 仅仅衡量出一国的平均值，而并未能揭示出内部的收入分布状况，相比较而言，选择中位数可能更为合适；其次，也有研究者认为，不同阶段的国家由于受到所处发展阶段固有特征的制约，难以轻易进入下一阶段，因此其经济增长和环境之间的关系是非同质的，还需要考虑诸如工业化水平等因素进行分阶段分析（韩玉军、陆旸，2009）；再则，对于其他解释变量 z，在传统 EKC 模型中，仅包含了收入水平变量，随着研究的深入，越来越多研究考察了其他解释变量的可能影响，但在选择这些控制变量时往往较为随意，缺少理论依据和支撑。

（4）对于函数关系式 f 的设定和估计，基于传统 EKC 理论，为了证实或者证伪"倒 U 型"曲线的存在，需要设立二次方程，但在实证中却发现，有些国家的某些污染物并不存在"倒 U 型"，而是呈现出显著的线性、"S 型"或者"N 型"关系，因此，需要对不同的函数形式进行识别和检验，这将会导致结论的差异；此外，由于样本可能是截面或者面板数据，采用不同的计量估计方法对于结论也会产生影响。

三、中国 EKC 的实证结论

中国高速增长的经济与日益严峻的环境污染现状吸引了大量学者的研

究，如彭水军、包群（2006b）采用1996—2002年间省际面板数据对六类污染物进行了实证分析，并在模型中控制住其他影响因素，如人口规模、技术进步、环保政策、贸易开放、产业结构等变量，结果发现："倒U型"曲线关系取决于污染物指标的选取以及模型估计方法，对于部分污染物指标而言，如工业废水排放、二氧化硫排放等，也存在以相对较低的人均收入水平越过环境"倒U型"曲线转折点的可能。付加锋等（2008）分别基于生产视角和消费视角，对单位GDP排放的 CO_2 强度进行了EKC模拟，利用1990—2004年44个国家跨国数据，分别进行面板数据的单位根检验和协整分析，其研究结论表明，对多数发展中国家而言，基于消费视角的 CO_2 排放强度低于采用生产视角的 CO_2 排放强度，由此表明多数发展中国家在国际贸易中存在内涵碳排放的净出口，但无论是基于生产视角还是消费视角，均发现 CO_2 排放强度同人均GDP之间都有显著的"倒U型"关系。韩玉军、陆旸（2009）则对环境库兹涅兹假说暗含的同质假设提出了质疑，认为不同阶段的国家会受到所处发展阶段固有特征的制约，传统的EKC假定的经济增长和环境的关系不仅取决于收入水平，同时也取决于工业水平。为此，他们选择了1980—2003年间165个国家为样本，根据收入水平（人均GDP）、工业化水平（工业增加值比重、制造业增加值比重）将样本划分为四组，分别对收入水平与人均 CO_2 排放量之间的关系进行考察，结果发现，"高工业、高收入"组出现了"倒U型"趋势，"低工业、低收入"组呈现微弱"倒U型"关系，而"低工业、高收入"组则出现了"N型"趋势，"高工业、低收入"组环境污染与收入增长同步变化。许广月、宋德勇（2010）基于1990—2007年间省际面板数据对人均碳排放量进行了EKC检验，分别采用面板单位根检验、面板协整检验方法，并基于面板混合最小二乘法进行估计，结果表明：中国全国及其东、中部地区存在EKC曲线关系，但是西部并不存在"倒U型"关系，此外分别对全国和东、中部地区达到拐点的时间进行了情景分析。杜立民（2010）首先基于化石能源消费和水泥生产活动，估计了1995—2007年间省际 CO_2 排放量，接着构建了以人均 CO_2 为被解释变量的模型，旨在考察我国 CO_2 排放的主要影响因素，并分别采用 FE、RE、FGLS 等方法对模型进行估计，发现：在模型估计上，FGLS 方法优于FE/RE 方法，动态模型优于静态模型；此外，重工业比重、城市化水平和煤炭消费比重都对我国的 CO_2 排放具有显著正的影响，上一期人均 CO_2 排放量的大小会对本期排放量有显著正向影响，经济发展水平和人均 CO_2 排放量之间则存在"倒 U 型"关系，证明了环境库兹涅兹曲线假说。虞义华等（2011）基于省际面板数据，研究了 CO_2 强度与人均 GDP、产业结构之间的关系。为了修正面板数据带来的异相关和自相关问题，在经过多种计量检验后选取了可行广义最小二乘法（FGLS）估计方法，结果发现并不存在"倒 U 型"曲线关系，碳强度与经济发展水平之间呈现"N型"关系，而第二产业比重则显著对碳排放强度有正向影响。袁鹏、程施（2011a）则选择了与此前单一环境污染物指标相异的方法，首先基于环境生产技术，以我国 2003—2008 年间 284 个城市工业部门为样本，定义并测度出包含了工业废水、工业 SO_2 和工业烟尘在内的综合环境效率指数，并以该指数为环境质量变量进行 EKC 模型检验，结论表明，环境效率平均值介于 0.934—0.951 之间，年均潜在产出损失为 6.1%，环境效率与经济增长之间存在显著的"倒 U 型"曲线关系，拐点为人均收入水平达到 3.08 万元，此外，外资比重、教育收入、人口密度同环境效率正相关，而环境治理、资本深化和第二产业比重则显著降低了环境效率。

按照不同文献的研究对象、变量设置、计量模型估计方法和主要结论，上述对中国 EKC 的研究可以总结归纳为如表 4 - 1 所示。

综上所述，不同学者在研究和验证中国的 EKC 假设时，对数据选取、污染物指标选择、其他控制变量设定以及计量估计方法均存在很大差异，除了部分文献对不同估计方法有相应比较外，对于控制变量的设定均缺少稳健性检验，由此导致结论上存在很大差异，并由此带来政策上的不确定性。

在以上研究文献的基础上，本章详细研究了我国 CO_2 排放的影响因素及未来十几年的排放趋势。其创新之处和贡献在于：首先，较为全面和精

表 4 - 1　中国 EKC 研究

文献	样本	污染物变量	其他控制变量	模型估计技术	结论
彭水军、包群 (2006b)	1996—2002 年省际面板数据	工业废水/COD/粉尘/烟尘/SO_2/固废	人口密度、技术进步、环保政策、贸易开放、产业结构	FE, RE	1. 结果取决于指标、方法选取 2. 工业废水和 SO_2 存在"倒 U 型"曲线 3. 污染控制变量对 EKC 影响
虞义华等 (2011)	1995—2007 年我国 29 省数据	CO_2 排放强度	产业结构	FE, FGLS	1. CO_2 强度与人均收入存在"N 型"关系 2. 第二产业比重同碳排放强度正相关 3. 如果产业结构不变，经济增长本身难以引致碳强度下降和实现 2020 年目标
袁鹏、程施 (2011a)	2003—2008 年 284 个城市工业部门	工业废水、工业 SO_2 和工业烟尘	外资比重、教育投入、环境治理、人口密度、资本深化、产业结构	FE	1. 环境效率平均为 0.934—0.951，年均潜在产出损失 6.1% 2. 人均 GDP 和环境效率之间存在"倒 U 型"关系，拐点是 3.08 万元 3. 外资比重、教育投入、人口密度同环境效率正相关，环境治理、资本深化和第二产业比重同环境效率负相关
许广月、宋德勇 (2010)	1990—2007 年省级数据	人均 CO_2			全国、东部和中部存在 EKC 曲线，但是西部不存在
杜立民 (2010)	1995—2007 年省级数据	人均 CO_2	能源消费结构、产业结构、工业结构、城市化水平、时间趋势	FE, RE, FGLS	1. 呈现"倒 U 型" 2. 重工业比重、城市化水平、煤炭结构、上一期排放量正相关

确地估算了我国各省 1995—2007 年的 CO_2 排放量，构建了省级 CO_2 排放面板数据库，为进一步的计量分析提供了更多的信息，相对以往国家水平的时间序列数据分析是一大进步；其次，与以往研究不同，本章并没有事先

设定具体的计量模型，而是通过对样本内拟合标准与样本外预测标准进行模型选择，确定最优的计量模型，相对传统的 EKC 模型更具科学性；最后，本章不但分析了我国 CO_2 排放的影响因素，而且预测了未来一段时间内我国 CO_2 的排放总量和人均值，这对我国政府的国际 CO_2 减排谈判以及国内减排战略的实施具有重要政策含义。

第二节　分省 CO_2 排放量估计

与二氧化硫、粉尘、水污染等其他环境污染不同，我国并没有直接公布 CO_2 排放数据，必须通过化石能源消费、转换活动以及某些工业品生产过程进行估算，为此将通过相关计算公式专门估算了各省 1995—2007 年 CO_2 排放量。其估算依据主要参考了 IPCC 和国家气候变化对策协调小组办公室和国家发改委能源研究所的方法（Du 等，2012）。CO_2 排放主要来源于化石能源消费、转换和水泥生产，为精确起见，进一步将能源消费细分为煤炭消费、石油消费（包括汽油、煤油、柴油、燃料油）和天然气消费。煤炭消费过程中，有相当大一部分用来发电和供热，虽然这部分煤炭消费产生的电能和热能可能并不都在本省使用，但是由此产生的 CO_2 确实都留在本省，因此，本章在计算能源消费量时，除终端能源消费量外，还包含了发电和供热用煤。本章所有能源消费、转换数据皆取自历年能源统计年鉴中地区能源平衡表，水泥生产数据来自国泰安金融数据库。由于数据不可得，本章没有估算西藏自治区的 CO_2 排放量，同时由于重庆市在1997 年以前隶属于四川省，为统计口径的一致性，本章将重庆市和四川省合并在一起进行计算。

化石能源消费活动的 CO_2 排放量具体计算公式如下：

$$EC = \sum E_i \times CF_i \times CC_i \times COF_i \times \frac{44}{12} \tag{4-2}$$

其中，CO_2 表示估算的各种能源消费所产生的 CO_2 排放总量；i 表示消费的各种能源，包括煤炭、汽油、煤油、柴油、燃料油和天然气共 6

种；E_i 是分省市各种能源的消费总量；CF_i 是转换因子，即各种燃料的平均发热量，单位为万亿焦耳/万吨，或者万亿焦耳/亿立方米；CC_i 是碳含量（Carbon Content），表示单位热量的含碳水平，其单位是吨/万亿焦耳；COF_i 是氧化因子（Carbon Oxidation Factor），反映了能源的氧化率水平，如果等于 1 则表示完全氧化，但通常都低于 1，往往有一部分碳元素没有被完全氧化，而是留在了残渣或灰烬中；由于氧原子的相对质量是 16，而碳原子的相对质量是 12，因此 44/12 则表示将碳原子质量转换为 CO_2 分子质量的转换系数，两者相差约 3.67 倍。其中，$CF_i×CC_i×COF_i$ 被称为碳排放系数，而 $CF_i×CC_i×COF_i×44/12$ 则是 CO_2 排放系数。水泥生产排放的 CO_2 计算相对简单，只需将水泥产量乘以相应的 CO_2 排放系数即可。表 4-2 列出了各排放源的 CO_2 排放系数。

表 4-2　不同排放源的 CO_2 排放系数

燃料名	煤炭	汽油	煤油	柴油	燃料油	天然气	水泥
碳含量（t-C/TJ）	27.28	18.90	19.60	20.17	21.09	15.32	—
热值数据（TJ/万吨或 TJ/亿 m³）	192.14	448.00	447.50	433.30	401.90	3893.10	
碳氧化率	0.923	0.980	0.986	0.982	0.985	0.990	
碳排放系数	0.484	0.830	0.865	0.858	0.835	5.905	—
CO_2 排放系数	1.776	3.045	3.174	3.150	3.064	21.670	0.527

估算出分省（市）CO_2 排放量以后，可以进一步分析排放趋势、排放结构和地区差异等情况。图 4-1 显示了 1995、1999、2003 和 2007 年我国人均 CO_2 排放量的 Kernel 密度演进过程。从图中可以看出，1995 年各省的人均 CO_2 排放量主要集中在 1—3 吨左右，而且分布相对比较集中，这说明各省之间的差别不是非常大。在各省人均排放量中，最小值不到 1 吨（海南），最大值约为 5 吨（天津）。1999 年的 Kernel 密度函数和 1995 年的基本相似，但是最小值和最大值都略有提高，分别为 1.06 吨（广西）和 5.39 吨（上海）。这一方面反映了 1995 年至 1999 年期间，我国能源消

费量没有大幅提高，能源消费结构没有重大改变，水泥产量没有大幅度扩张，另一方面也反映了我国各省之间 CO_2 排放的差距和分布没有大的变化。2003 年各省人均 CO_2 排放量的分布则有较大的变化，不但分布更加分散，而且人均排放量有较大幅度提高。人均 CO_2 排放量主要分布在 2—5 吨，其中 3 吨是分布密度最高的排放量。最小值为 1.35 吨（广西），最大值则达到 6.33 吨（宁夏）。2007 年各省（市）CO_2 排放量分布则进一步分散化，主要集中在 2—8 吨之间，其中 5 吨左右是密度最高的排放量，但是其密度仍然要小于 0.2。最小值约为 2 吨（四川），最大值则超过 12 吨（内蒙古），两者差距进一步扩大。人均 CO_2 排放量 Kernel 密度演进趋势反映了 2002 年以来，我国经济进入新一轮发展通道，工业化和城市化快速推进，从而导致能源消费量和水泥、钢铁等工业产品产量大幅提高的事实，同时也反映了各省之间发展不平衡、差距进一步扩大的现实状况。

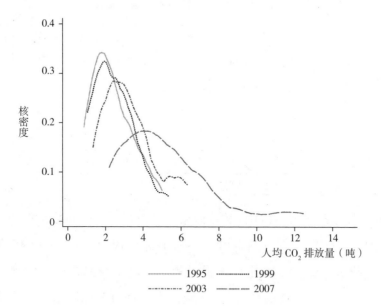

图 4-1　人均 CO_2 排放量的 Kernel 密度演进

众所周知，我国地区之间经济发展水平不平衡，这必然使得各地区之间的能源消耗和水泥消耗也不平衡，从而导致各地区之间人均 CO_2 排放量的不平衡。另外，我国各地区之间的资源禀赋也存在较大差异，西部地区煤炭资源比较丰富，西部省份煤炭消费的比重可能会更高，而煤炭的碳排放量是最高的，这也可能导致地区之间 CO_2 排放的不同。图4－2显示了分地区人均 CO_2 排放量（分地区加权平均值）的演进趋势。从图中可以看出，1995年至2000年期间，东、中、西部三个地区的人均 CO_2 排放量都维持在相对较为平稳的水平，增长不是非常快，西部地区甚至有所下降，但是自2000年以后，三个地区都呈现出快速增长的趋势。从各地区的排放量绝对值来看，东部地区的人均 CO_2 排放量要明显高于中部地区和西部地区，而西部地区和中部地区则差别不大，这一基本结果与各地区的经济发展水平和资源禀赋是一致的。图中同时画出了本章估计的全国人均 CO_2 排放量曲线以及由世界银行估计的我国1995—2005年人均 CO_2 排放量曲线，从图中可以看出，本章的估计值和世界银行的估计值差距非常小，这在一定程度上佐证了本章估计的可靠性，也为下文研究结论的可靠性提供了一定的支持。

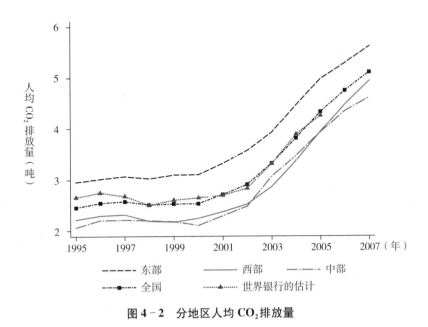

图4－2　分地区人均 CO_2 排放量

化石能源消费和水泥生产是 CO_2 排放的主要来源，本章在估算各省的人均 CO_2 排放量时，重点考察了煤炭、石油、天然气和水泥四种排放源，计算了其各自的排放比重。图 4 - 3 显示了东、中、西部三个地区四种不同 CO_2 来源的构成比例,从图中可以看出,对三个不同地区来说,煤炭消费都是 CO_2 排放的最主要来源,石油消费作为第二大排放来源,其比例则要小得多,而天然气消费的 CO_2 排放量则要更少一点。中部地区和西部地区煤炭消费排放的 CO_2 比重都超过 70%,中部地区甚至接近 80%,明显要比东部地区的 70% 左右高。值得注意的是,西部地区煤炭消费排放的 CO_2 比重在 2001 年以前有较大幅度下降,从 1995 年接近 80% 一直下降到 2001 年的 70% 左右,此后一直维持在这一水平。东部地区石油消费排放的 CO_2 比重接近 20% 左右,要比中部和西部地区的 10% 左右高,而东部地区和中部地区天然气消费排放的 CO_2 比重则相对很小,不足 1%,但是西部地区的比重则要大得多,基本维持在 6% 左右,这一结果和各地区的能源资源禀赋以及经济发展水平密切相关。从图 4 - 3 同时可以看出,水泥生产也是重要的 CO_2 排放源,在三个不同地区都占到了约 10% 的比重,基本和中西部地区的石油消费排放比例相当。

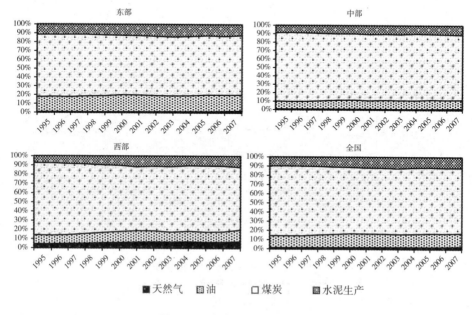

图 4 - 3 分地区 CO_2 排放结构

从以上的描述分析可以看出，我国各省的人均 CO_2 排放量自 1995 年以来有较大幅度的提高，而且各省份之间人均排放量的分布有逐年分散的趋势，地区差异进一步扩大。各地区之间由于经济发展的不平衡，导致人均 CO_2 排放的不均衡，东部地区人均 CO_2 排放量最高，中西部地区则要小得多。从排放结构来看，煤炭消费是我国 CO_2 排放的主要来源，石油消费次之，而天然气消费则差异较大，西部地区相对较高，而东部和中部地区则基本可以忽略不计，这和我国的能源消费结构密不可分。同时，水泥生产的排放量也不可忽视，其排放量基本和石油消费排放量相当。

第三节　模型、变量与数据

构建了分省 CO_2 排放面板数据以后，可以应用面板数据模型进行一系列相关分析。考虑如下计量模型：

$$y_{i,t} = \alpha + \delta y_{i,t-1} + Z_{i,t}\beta + \eta_i + \varepsilon_{i,t} \qquad (4-3)$$

其中，$y_{i,t}$ 是第 i 个省第 t 年人均 CO_2 排放量，$y_{i,t-1}$ 则是其一阶滞后项；α 是常数项，δ 和 β 是回归系数；η_i 是个体效应（Individual Effect），用来控制各省的特有性质，$\varepsilon_{i,t}$ 是扰动项；$Z_{i,t}$ 是外生变量，包括人均 GDP、重工业总产值占工业总产值的比重、城市化水平、煤炭消费量占能源消费总量比重、人均私家车拥有量、时间趋势等因素。所有的变量都取对数形式。值得指出的是，本章并不事先设定计量模型，而是根据解释变量的不同估计多个模型，然后通过样本内拟合标准和样本外预测标准进行模型选择，下文将进一步说明。

对于面板数据模型（4-3）而言，如果模型中没有滞后项 $y_{i,t-1}$，则可以通过固定效应模型（Fixed Effect Model）或随机效应模型（Random Effect Model）进行估计，两者的区别在于，随机效应模型相对更有效，但是要求外生变量 $Z_{i,t}$ 和个体效应 η_i 不相关，而固定效应模型虽然对外生变量 $Z_{i,t}$ 和个体效应 η_i 之间没有要求，但是消耗更多的自由度，因此两者各有优劣，为此，本章将通过 Hausman 检验在这两种估计方法之间进行选择。一旦模型加入滞后项 $y_{i,t-1}$，便有了动态性质，固定效应模型和随机效应模型都不再适用。事实上，在动态模型中，由于滞后变量 $y_{i,t-1}$ 中含有个体效应 η_i，因此，解释变量 $y_{i,t-1}$ 和个体效应 η_i 是相关的，从而随机效应估计量是有偏的。对固定效应估计量而言，虽然组内转换（Within Transformation）可以消去个体效应 η_i，但是转换后的动态项 $y_{i,t-1} - \dfrac{1}{T-1}$

$\sum_{t=2}^{T} y_{i,t-1}$ 和扰动项 $\varepsilon_{i,t} - \dfrac{1}{T-1} \sum_{t=2}^{T} \varepsilon_{i,t}$ 仍然是相关的，因此，仍然存在内生性问题（Endogeneity Problem），从而固定效应估计量也是有偏的。

对于动态面板模型，Anderson 和 Hsiao（1981）建议先对模型进行一阶差分消去个体效应 η_i，由于差分后的解释变量 $\Delta y_{i,t-1} = y_{i,t-1} - y_{i,t-2}$ 与扰动项 $\Delta \varepsilon_{i,t} = \varepsilon_{i,t} - \varepsilon_{i,t-1}$ 相关，他们进一步建议用 $\Delta y_{i,t-2} = y_{i,t-2} - y_{i,t-3}$ 或者 $y_{i,t-2}$ 作为 $\Delta y_{i,t-1} = y_{i,t-1} - y_{i,t-2}$ 的工具变量进行估计。Arellano 和 Bond（1991）则进一步提出用所有的前定变量（y_{i1}，y_{i2}，…，$y_{i,t-2}$）作为解释变量 $\Delta y_{i,t-1} = y_{i,t-1} - y_{i,t-2}$ 的工具变量，然后用广义矩方法（Generalized Method of Moment, GMM）进行估计。由于后者应用了更多的信息，其估计量也更为有效，因此在下文的动态模型中，本章将使用 Arellano 和 Bond（1991）的 GMM 估计方法进行估计。

本章计量分析所涉及的各变量，除各省（市）人均 CO_2 排放量已在上文中进行了详细解释和说明外，其他变量的构建如下。

1. 人均国内生产总值（用 per_ GDP 表示）。大量研究指出，人均 CO_2 排放量和人均 GDP 之间存在非线性关系，其基本思想是，在不同的收入阶段，人们对环境的要求会发生改变，因此本章模型中加入人均 GDP 指标。分省 GDP 及人口数据可从各省历年统计年鉴获得，为保证可比性，本章将各年名义 GDP 转换为以 1995 年为基期的实际值。

2. 煤炭占能源消费总量比重（用 ratio_ coal 表示）。各种能源消费的 CO_2 排放量并不相同，煤炭的 CO_2 排放量是天然气的 1.6 倍、石油的 1.2 倍，而核电以及水电、风电、太阳能等可再生能源的消费则并不排放

CO_2。我国能源消费以煤炭为主，因此，考虑煤炭消费比重对 CO_2 排放的影响具有重要意义。这一指标用各省煤炭消费量占各省一次能源消费总量的比重（折合为标准煤以后的比值）来表示。计算各省煤炭消费比重所需数据均来自于历年《中国能源统计年鉴》。

3. 重工业比重（用 *ratio_heavey* 表示）。用重工业总产值占工业总产值的比重来表示。相对轻工业而言，重工业的能耗要高得多，因此排放的 CO_2 也要高得多。1995 年以来，我国各省的重工业比重持续上升，而且有进一步提升的趋势，这必然对未来 CO_2 排放产生重要影响。值得指出的是，本章的重工业比重数据的统计口径是所有国有及规模以上非国有工业企业，规模以下非国有企业没有统计在内，这在一定程度上会高估重工业的比重，因为规模以下企业往往以轻工业为主。重工业总产值和轻工业总产值数据来自于《新中国 55 年统计资料汇编》和各省历年统计年鉴。

4. 城市化水平（用 *ratio_urban* 表示）。城市化的推进既需要消耗大量的钢铁水泥，也改变人们的生活习惯，导致能源消费的大幅度增加，因此城市化水平是影响 CO_2 排放的重要因素。一般来说，城市化水平用城镇人口占总人口的比重来表示，但是我们不能获得这一指标统计口径一致的数据。统计局在统计城市人口时，2004 年以后统计的是城市的常住人口，而在 2004 年以前统计的只是户籍人口，这两者是有很大区别的。常住人口不仅包括了户籍人口，而且包含了居住半年以上的流动人口，因此，常住人口一般和户籍人口数据差距较大。本章所能获得的统计口径一致的城市化水平指标是各省（市）按户籍人口统计的非农人口比重数据，要比通常以常住人口计算的城市化水平低。数据来自于历年《中国人口统计年鉴》和《中国人口和就业统计年鉴》。

5. 人均私家车拥有量（用 *per_car* 表示）。随着社会经济的发展，我国私人拥有车辆的数目快速增长，这意味着汽油等燃料的大量消费，从而快速增加 CO_2 的排放量，本章对此加以控制。本章私家车拥有量数据来自于历年《中国汽车市场年鉴》。

第四节 计量结果与模型选择

一、计量结果及解释

基于计量模型（4-3），本章根据不同的解释变量，分别估计了 7 个不同的回归模型，结果如表 4-3 所示。相对于事先设定单一的计量模型而言，其优势在于可以通过设定搜索（Specification Search）确定最优的计量模型。

模型 1 至模型 4 以及模型 6 未涉及被解释变量的动态项，因此可以用基于 OLS 的固定效应模型或基于 FGLS 的随机效应模型进行估计，虽然两者各有优劣，但是随机效应模型要求解释变量和个体效应 η_i 不相关，为此采用 Hausman 检验进行判别，检验结果显示所有 5 个静态模型都应该用固定效应模型进行估计。对于动态模型 5 和模型 7，本章用 Arellano 和 Bond（1991）发展的 GMM 估计量进行估计，该估计量的一致性有一个重要的前提，即一次差分以后的扰动项不存在二阶序列相关，对此可以应用 Arellano 和 Bond（1991）提供的检验方法进行检验，结果如表 4-3 所示。从表中的检验结果可以看出，模型 5 和模型 7 都不能拒绝没有二阶序列相关的原假设，因此本章的 GMM 估计量是一致的。

模型 1 拟合了最基本的二次项环境库兹涅兹曲线模型，如果人均 CO_2 排放量和人均 GDP 之间确实存在"倒 U 型"曲线，则解释变量 ln（per_ GDP）^{2} 的系数应该显著为负值，但是从回归结果中可以看出，在这一简单回归中，解释变量 ln（per_ GDP）^{2} 的系数虽然为负值，但是并不显著，这说明简单的环境库兹涅兹曲线模型在研究我国 CO_2 排放时并不适用。

模型 2 在基本回归模型的基础上进一步控制了重工业比重和煤炭消费比重。重工业比重指标是重工业总产值占全部工业总产值的比重，而煤炭消费比重则反映了煤炭消费量在一次能源消费总量中的比重。从回归结果中可以看出，这两个解释变量的系数符号都是符合常识和预期的。重工业

比重越高则排放的 CO_2 越多，而且这一关系在 1% 水平上显著。平均来说，重工业比重每上升 1 个百分点，则人均 CO_2 排放量将增加约 0.334 个百分点。煤炭消费比重的提高也将增加人均 CO_2 的排放量，而且在 1% 水平上显著。平均而言，人均 CO_2 排放量对煤炭消费比重的弹性约为 0.213。值

表 4-3　估计结果及模型选择

解释变量	模型 1	模型 2	模型 3	模型 4	模型 5	模型 6	模型 7
Ln (per_ GDP)	0.687*** (0.022)	0.622*** (0.034)	1.033*** (0.044)	0.969*** (0.065)	0.743*** (0.049)	0.962*** (0.047)	0.689*** (0.021)
Ln (per_ GDP)²	−0.017 (0.020)	−0.027 (0.019)	−0.103*** (0.017)	−0.118*** (0.021)	−0.118*** (0.013)	−0.103*** (0.017)	−0.109*** (0.017)
Ln (ratio_ heavey)		0.334** (0.113)	0.543*** (0.096)	0.587*** (0.109)	0.407*** (0.082)	0.402*** (0.101)	0.308*** (0.100)
Ln (ratio_ coal)		0.213*** (0.059)	0.140*** (0.050)	0.124*** (0.050)	0.044*** (0.008)	0.133*** (0.049)	0.055*** (0.006)
Ln (time)			−0.262*** (0.065)	−0.271*** (0.024)	−0.242*** (0.016)	−0.258*** (0.021)	−0.243*** (0.049)
Ln (per_ cars)				0.032 (0.037)			
Ln (ratio_ urban)						0.351*** (0.091)	0.236*** (0.104)
Ln (per_ CO_{2t-1})					0.413*** (0.038)		0.412*** (0.021)
constant	1.207*** (0.012)	1.404*** (0.045)	2.051*** (0.065)	1.941*** (0.132)	1.465*** (0.093)	2.400*** (0.111)	1.702*** (0.104)
观察次数	377	377	377	348	319	377	319
个体数目	29	29	29	29	29	29	29
估计方法	within	within	within	within	GMM	within	GMM
Hausman 检验	8.62**	13.94***	34.22***	35.15***	—	48.19***	—
Arellano & Bond 检验	—	—	—	—	−1.433	—	−1.346
R-Squared	0.429	0.581	0.524	0.537	0.882	0.533	0.814
AIC	−251.61	−286.36	−395.62	−373.94	−760.20	−402.59	−756.31
BIC	−245.75	−284.49	−395.76	−376.24	−762.49	−404.72	−762.61
RMSFE	0.222	0.189	0.143	0.133	0.170	0.152	0.182
MAE	0.361	0.334	0.257	0.247	0.323	0.275	0.333

注：*** 表示 1% 水平显著，** 表示 5% 水平显著，* 表示 10% 水平显著。

得注意的是，在控制了重工业比重和煤炭消费比重以后，解释变量 ln $(per\_GDP)^2$ 的系数虽然为负，但是即使在 10% 水平也仍然不显著。

表 4-3 中模型 3 进一步增加了时间趋势解释变量 ln $(time)$，以控制外生技术进步对所有省份人均 CO_2 排放量的影响，这也是相关研究中常用的方法。时间趋势变量以对数形式出现，则主要是为了体现随着时间的推移，技术进步对 CO_2 减排的边际作用越来越小这一特征。值得指出的是，在面板数据模型中，外生技术进步对各省的共同影响也可以通过加入时间效应（Time Specific Effect）λ_t 来实现，但是在本章中会引起两个问题：第一，在应用固定效应模型进行估计时，加入时间效应 λ_t 相当于增加了 13 个待估计参数，从而将额外损失 13 个自由度；第二，在利用回归模型进行样本外预测（Out-of-sample Prediction）时，涉及时间效应的样本外趋势问题，虽然可以人为假设时间效应的样本外趋势，但是额外的假设必然会影响预测的可靠性，而加入时间趋势变量 ln $(time)$ 则较好地避免了这一问题。由于本章的一个重要目的是进行预测，因此，采用时间趋势变量更为合适。

从模型 3 的回归结果中可以看出，外生技术进步确实对人均 CO_2 的排放量有显著影响。系数符号为负，说明随着时间的推移，外生技术进步倾向于减少人均 CO_2 的排放量。这一结果是可以理解的，技术进步提高了我国能源的使用效率，导致能源强度（单位 GDP 能耗）的大幅度下降，从而使得人均 CO_2 排放量的显著降低。在控制了外生技术进步因素以后，重工业比重对人均 CO_2 排放量的影响进一步增强，而煤炭消费比重对 CO_2 排放量的影响则相对有所下降。人均 GDP 的一次项和二次项系数也有所变化，虽然系数符号仍然保持不变，但是二次项系数变得在 1% 水平显著。

随着社会经济的发展，我国人均私有汽车的拥有量不断提高，而汽车尾气则被认为是 CO_2 排放的一个重要来源。为此，模型 4 进一步控制了人均私人汽车拥有量对人均 CO_2 排放量的影响。回归结果显示，回归系数不但非常小，而且即使在 10% 水平也仍然不显著，这说明人均私人汽车拥有量对我国人均 CO_2 排放量的影响非常小，至少在目前可以忽略不计。出现这一结果可能是由于目前我国人均私有汽车拥有量尚非常低，其排放的 CO_2 相对于工业 CO_2 排放量而言，基本可以忽略不计。

模型 5 进一步考虑了人均 CO_2 排放量的一阶滞后项，其基本含义是上期人均 CO_2 排放量的多少对本期人均 CO_2 排放量有影响。正如 Auffhammer 和 Carson（2008）所指出的，考虑被解释变量滞后项的合理性在于资本调整的滞后性，任何资本设备的折旧都有一定的周期，特别是大型机器设备更是如此，通过加入滞后项，能较好地控制这一因素。从直觉上来说，上一期的人均 CO_2 排放量对本期的排放量应该具有正的影响，由于机器设备更新的滞后性，上期排放量越多，本期的排放量也应该越多。滞后项回归系数的大小表示资本调整速度快慢，系数越小则说明资本调整的速度越快，而系数大则意味着资本调整速度较慢，但是调整系数显然不应该大于 1。从模型 5 回归结果中可以看出，滞后项的系数为 0.413，且在 1% 水平显著，是符合我们的预期的。

随着我国工业化进程的加快，我国城市化水平也不断提高。从直觉上来说，城市化水平的提高将产生更多的 CO_2，因为城市化需要大量的钢筋水泥，而且城市人口的生活习惯也不同于农村人口，其能源消费将成倍增加，因此，城市化水平将是一个需要考虑的解释变量。遗憾的是，我们不能得到统计口径一致的城市化水平指标。城市化水平一般用城市化率来表示，其定义为城市人口占总人口的比重，这里的人口指的是常住人口。但是，我国在 2004 年改变了人口统计口径，2004 年以前没有各省的城市常住人口统计，而 2004 年以后则统计了常住人口。《中国人口统计年鉴》提供了口径一致按户籍统计的城市人口数和乡村人口数，因此，我们能得到的是按户籍人口统计的城市人口比重。必须指出的是，按户籍人口计算的城市化率水平和实际的城市化率相比要低得多，特别是人口流动较大的省份更是如此。作为比较，我们将城市化率作为解释变量分别纳入静态模型和动态模型之中，回归结果如模型 6 和模型 7 所示。从回归结果中可以看出，无论是静态模型还是动态模型，城市化率对 CO_2 排放有显著影响，城市化水平的提高确实倾向于增加 CO_2 的排放量，但是动态模型的系数要略微小一些。

二、模型识别与选择

一般来说，模型设定的优劣往往通过可决系数（R-squared 和 Adjusted R-squared）、赤池信息标准（Akaike Information Criterion，AIC）和舒瓦茨信息标准（Schwarz Criterion，也称 Bayesian Information Criterion，BIC）来判别，但是这几个判别标准都只适用于判别模型的样本内拟合优度，而对于样本外预测则并不一定有效。对于预测而言，更好的判别指标是用样本外预测的均方误根（Root Mean Squared Error，RMSE）和绝对平均误（Mean Absolute Error，MAE）这两个指标来判别。由于本章的一个重要目的在于预测未来一段时间我国人均 CO_2 排放量和排放总量，因此常用的样本内拟合标准可能并不是最理想的模型选择标准，而样本外预测标准可能更为实用，为此，本章同时报告了两种模型选择标准，当两者结论冲突时，以样本外预测标准为主。

样本外预测标准的基本思想是，在个体数为 N，每一个体观察值为 $n+m$ 次的数据中，将每一个体前 n 次观察值用来估计模型的系数，用后 m 次观察值来考察预测的精确度。不妨用 $f_{i,n+h}$ 表示真实值 $y_{i,n+h+1}$ 的超前一步预测（One-step-ahead Forecast），其中 $i = 1, 2, \cdots, N$，$h = 0, 1, \cdots, m-1$。对于个体 i 而言，真实值和预测值之差即为预测误差 $\hat{e}_{i,n+h+1} = y_{i,n+h+1} - f_{i,n+h}$，共可得 mN 项预测误差。RMSE 就是将这 mN 项预测误差的平方求均值后开方：

$$RMSE = \left(\frac{1}{mN} \sum_{i=1}^{N} \sum_{h=0}^{m-1} \hat{e}_{i,\,n+h+1}^2 \right)^{1/2} \tag{4-4}$$

MAE 则定义为：

$$MAE = \frac{1}{mN} \sum_{i=1}^{N} \sum_{h=0}^{m-1} \left| \hat{e}_{i,\,n+h+1} \right| \tag{4-5}$$

对于不同的计量模型而言，RMSE 和 MAE 越小则意味着模型的预测越精确，因此，RMSE 和 MAE 越小越好。本章将 2013 年数据中的前 9 年

用来估计回归模型系数，而将后 4 年数据用来计算 RMSE 和 MAE。从表 4
－3 报告的结果可以看出，各模型的 RMSE 和 MAE 选择结果是一致的，模
型 3 的结果相对更好。从样本内拟合标准来看，动态模型 5 和模型 7 的 R^2
明显高于静态模型，而且动态模型的 AIC 和 BIC 也相对小得多，这意味
着动态模型的拟合程度更高。但是对于预测而言，样本外预测标准更重
要，因此，在下文的预测中，本章将主要基于模型 3 进行预测。

第五节　预　测

本部分内容将基于上文估计的模型 3，对我国人均 CO_2 排放量和排放
总量进行预测。面板数据模型的预测可以基于每个省分别进行预测，然后
通过加总获得全国数值，也可以直接用全国数据进行预测。相对而言，分
省预测必须将预测期的全国平均 GDP 增长率、人口增长率、重工业比重
等解释变量指标在各省之间进行分解，这不但大大增加了工作量，而且指
标的分解很难做到完全合理，因此，很可能反而会降低预测的准确性，为
此，本章将基于全国平均值直接进行预测。党的十七大明确提出，至
2020 年我国人均 GDP 要比 2000 年翻两番，实现全面建设小康社会目标，
届时我国人均 GDP 将超过 3000 美元，达到中等收入国家水平，工业化和
城市化也将告一段落，为此，本章将预测期限设定为 2008 年至 2020 年。
虽然我们可以预测更长的时间跨度，但是考虑到预测的准确性和可信度，
我们认为预测 2008—2020 年这样一个较短的时期比较合适。

一、情景设定

对于模型 3 而言，由于解释变量和被解释变量是同期的，因此必须事
先假设解释变量的具体值才能对被解释变量进行预测。本章采用情景模拟
（Scenario Simulation）方法对解释变量进行事先设定，然后根据不同情景
设定进行预测，这也是预测中常用的方法。本章的不同情景设定如表 4－
4 所示。

表4-4　解释变量情景设定

变量名	2008—2010 年	2011—2015 年	2016—2020 年	增速
	8%	9%	8%	高
人均 GDP 增长率	7%	8%	7%	中
	6%	7%	6%	低
重工业比重变化率	0%	−0.5%	−0.5%	—
煤炭消费比重变化率	0%	−1%	−1%	—
人口自然增长率	5‰	5‰	5‰	—

人均 GDP 增长率：十七大明确提出 2020 年人均 GDP 比 2000 年翻两番，实现全面建设小康社会的目标。2000 年我国人均 GDP 为 7858 元，以此推算 2020 年应达到 31432 元，20 年中人均 GDP 年均增长率必须达到7.18%。2007 年我国人均实际 GDP 已经达到 14866 元（按 2000 年价格计算），2001—2007 年人均实际 GDP 年均增长率达到 9.54%，为此 2008—2020 年人均实际 GDP 的年均增长率只需不低于 5.93%，就能实现翻两番的目标。考虑到 2008 年以来的全球经济危机仍将持续一段时间，2011 年以后很可能进入新一轮经济增长期，本章将 2008—2010 年基准人均 GDP增长率设为 7%，2011—2015 年设为 8%，2016—2020 年设为 7%，同时在基准增长率的基础上分别调高和调低一个百分点作为高增长率和低增长率。

重工业比重：目前我国经济正处于重工业化阶段，重工业比重不断上升，从 1995 年的 56% 左右上升到 2007 年的 70% 左右。考虑到我国目前的发展阶段，同时考虑到各地方政府为应对当前的经济危机，保证 8% 的经济增长目标，重工业化过程仍可能持续较长一段时间，为此，本章假定2008—2010 年重工业比重没有变化，仍将维持在 70%，2011 年以后则将有所下降，每年降低 0.5 个百分点，到 2020 年降为 65%。

能源消费结构：我国的能源消费以煤炭为主，自 1995 年以来，煤炭消费占能源消费总量的比重一直保持在 70% 左右，石油消费比重保持在

20%左右，天然气消费比重约为3%上下，而核电、水电和风电等清洁能源比重约为7%左右。值得指出的是，最近几年国家鼓励风电、水电、太阳能等可再生能源以及核电的发展，未来几年可再生能源及核电比重将会有较大幅度上升，在情景模拟中必须考虑这一情况。根据发改委《可再生能源中长期发展规划》的目标，到2010年和2020年，我国可再生能源开发利用量将分别达到3亿吨标准煤和6亿吨标准煤，占能源消费总量的比重分别达到10%和16%。发改委《核电中长期规划》的目标则显示，到2020年我国核电运行装机容量将达到4000万千瓦，年发电量达到2800亿千瓦时，折合成标准煤相当于9000多万吨标准煤，届时核电占能源消费总量的比重将从目前的不到1%上升到3%左右。可再生能源和核电比重的增长将替代部分煤炭和石油的消费。综合这些情况，本章假定2008—2010年，我国煤炭消费比重没有变化，仍将保持在70%，2011—2020年则每年降低1个百分点，至2015年将降至65%，2020年则进一步降至60%。

人口自然增长率：根据国家人口发展战略研究课题组发布的《国家人口发展战略研究报告》，而到2020年我国人口总量将达到14.5亿。2007年我国总人口为13.21亿，按照《国家人口发展战略研究报告》预测的人口数量，2010—2020年的年均人口自然增长率应为6.4‰。但是从实际情况来看，自2004年以来我国人口自然增长率就低于6‰，并且仍然有进一步下降的趋势，2007年为5.17‰，2008年为5.08‰，为此，本章简单假设2009—2020年我国人口自然增长率为5‰[①]。

二、预测结果及分析

表4-5报告了2008—2020年我国人均 CO_2 排放量和全国 CO_2 排放总量的预测结果。从表中结果可以看出，在2008—2020年期间，我国人均

---

① 由于统计口径的原因，各省人口加总人数和全国人口总数稍有差异，2007年全国人口总数为13.21亿，而各省加总人数为12.96亿（不包括西藏）。由于本章模型是在省级数据基础上估计的结果，因此，在预测过程中使用2007年各省加总人数作为基期人口数。

CO_2的排放量和排放总量都将持续上升，而且不同情景预测的结果相当接近。这一结果是可以理解的，经济的快速增长推动了我国工业化和城市化进程，而工业化和城市化水平的提高必然会增加能源、水泥等资源的消费，从而推动CO_2排放的增加。而且从能源消费结构来看，当前以化石能源为主的能源消费结构短期内不可能有大幅度改变，这显然也不利于CO_2减排。

从人均CO_2排放量来看，即使在最悲观的情况下，到2020年我国人均CO_2排放量仍将只有9.67吨，而在最乐观的情况下，则只有8.09吨。对此做一个国际比较是有益的，根据荷兰环境评估机构的报告，2007年美国人均CO_2排放量为19.4吨，俄罗斯为11.8吨，欧盟为8.6吨。相对而言，我国的人均CO_2排放量远远低于发达国家，即使到2020年也只相当于欧盟2007年的水平。但是从CO_2排放总量来看，2008年我国排放总量就将到达70亿吨。在最悲观的情况下，2014年我国CO_2排放总量就将突破100亿吨，即使在最乐观的情况下，2017年也将超过100亿吨。

表4－5　CO_2排放量预测结果

年份		2008	2009	2010	2011	2012	2013	2014	2015	2016	2017	2018	2019	2020
人均	高	5.52	5.81	6.12	6.40	6.74	7.10	7.47	7.86	8.25	8.59	8.95	9.30	9.67
	中	5.48	5.72	5.97	6.20	6.48	6.78	7.09	7.41	7.73	8.01	8.29	8.57	8.86
	低	5.43	5.62	5.82	6.00	6.23	6.47	6.71	6.97	7.23	7.44	7.65	7.87	8.09
总量	高	71.89	76.05	80.51	84.62	89.56	94.81	100.25	106.01	111.83	117.02	122.53	127.96	133.72
	中	71.38	74.87	78.54	81.97	86.10	90.54	95.15	99.94	104.78	109.12	113.50	117.92	122.52
	低	70.72	73.57	76.56	79.33	82.78	86.40	90.05	94.01	98.00	101.35	104.74	108.29	111.87

注：人均排放量单位：吨，排放总量单位：亿吨。

对于低人均排放量和高排放总量这一结果，应该辩证地来看。相对美国等发达国家而言，我国的人均CO_2排放量仍然较低，如果算上历史排放量，则两者的差距将进一步扩大，但是由于我国人口数目庞大，排放总量必然也将相对较大，因此某些国家片面指责我国CO_2排放总量过大是不客观的。但是人均排放量低并不意味着我国可以不关注减排问题，毕竟气候变化是全球性问题，我国国土辽阔、人口众多，气候变化对我国的危害必然也最大，必须加以重视。可以肯定的是，在后京都温室气体国际减排谈判中，国际社会对我国的减排要求必然会进一步提高，对此我国政府必须有所准备。

虽然直到 2020 年我国的 CO_2 排放都将持续上升，但是这并不意味着我国对 CO_2 的减排无能为力，从本章的模型结果来看，至少有几条途径可以控制和减少 CO_2 的排放。第一，改变目前的能源消费结构，减少煤炭的使用比率，增加水电、风电、太阳能等可再生能源以及核电的使用比率是有效的途径。目前，我国的煤炭消费比率仍然接近 70%，而可再生能源和核电等清洁能源的使用比率只占 7.5% 左右，仍然有很大的提升空间。事实上，最近几年我国政府也正大力提倡和扶持新能源的发展，如果新能源开发技术有较大突破，开发成本有大幅度降低，则 CO_2 排放将得到较好的控制。第二，通过技术进步降低能源强度（单位 GDP 能源消费量），从而减少 CO_2 排放。虽然我国的能源效率已经有了较大的提高，从 1995 年每万元 GDP 能耗 4.01 吨标准煤，降低到 2007 年的 1.16 吨，但是和发达国家相比，仍然还有较大的提升空间，这无疑是降低 CO_2 排放量的另一个有效途径。最后，优化产业结构，降低重工业比重。重工业往往是高能耗产业，在当前化石能源为主的能源消费结构下，产业结构的重化必然会增加 CO_2 的排放。当前我国正处于工业化中后期，重工业比重仍然比较高，但是随着经济的进一步发展，产业结构的进一步调整，CO_2 排放问题将在一定程度上获得缓解。

第六节　结论及政策建议

随着全球变暖问题日趋加剧，CO_2 的国际减排问题备受关注，中国作为 CO_2 年排放量最多的国家之一，其减排政策也格外引人注目。科学客观地评估我国 CO_2 排放现状和未来趋势，深入分析影响我国 CO_2 排放的主要因素，对我国政府制定相关的减排政策具有重要的政策意义。本章首次较为精确地估算了1995—2007年我国各省的CO_2排放量，构建了省级CO_2排放面板数据库，并运用面板数据计量方法对我国CO_2排放的影响因素进行了深入分析，并通过样本内拟合标准和样本外预测标准进行模型选择，确定最优的计量模型，进而通过情景模拟对直到2020年我国的人均CO_2排放量和排放总量进行了预测。本章的研究结论总结如下。

（1）自1995年以来，我国人均CO_2排放量有较大幅度的提高，从1995年的2.45吨上升到2007年的5.1吨。各省之间的人均CO_2排放量差异较大，且其分布有逐年分散的趋势。不同地区之间人均CO_2排放也不均衡，东部地区人均CO_2排放量最高，中西部地区则要小得多。从排放结构来看，煤炭消费是我国CO_2排放的主要来源，石油消费和水泥生产次之，而天然气消费则差异较大，西部地区相对较高，而东部和中部地区则基本可以忽略不计。

（2）无论是静态模型还是动态模型，计量结果都显示，经济发展水平、重工业比重、能源消费结构、城市化水平和技术进步是影响我国CO_2排放的最主要因素。降低煤炭消费比重和重工业比重有利于降低人均CO_2排放量，而技术进步则通过提高能源使用效率等途径降低CO_2排放量。

（3）情景模拟预测显示，直到2020年，我国人均CO_2排放量和排放总量都将持续上升。从人均排放量来看，2015年很可能超过7吨，2020年则将进一步达到9吨左右，但是相对于发达国家而言，我国的人均CO_2排放量仍然是很低的。从排放总量来看，2015年以后我国CO_2排放总量很可能超过100亿吨，而2020年则可能进一步达到120亿吨以上。

本章的研究结果具有重要的政策含义。

首先，在未来十几年时间里，我国的人均CO_2排放量和CO_2排放总量都将持续上升，这和我国目前的经济发展阶段是分不开的，工业化和城市化推动了能源消费的持续增长，从而必然加剧CO_2的排放。我国政府在后京都国际减排谈判中，必须考虑到这一因素，在国际减排谈判中为我国争取一个既不妨碍经济发展又不损害负责任大国形象的减排结果。

其次，虽然目前我国的CO_2排放总量已经相当高，但是人均排放量却仍然相对较低，即使到 2020 年我国人均 CO_2 排放量仍然将只有 9 吨左右，远远低于 2007 年美国的人均排放量（19.4 吨），和欧盟 2007 年水平基本持平（8.6 吨），如果考虑到历史排放量，则差距将进一步扩大。发达国家片面强调我国 CO_2 排放总量是有失客观和公正的。中国 CO_2 排放量大不仅和人口多有关系，也和社会经济发展阶段有关系，发达国家与其一味指责中国排放总量过大，不如在技术和资金上给予中国更多的支持，帮助中国更好地进行 CO_2 减排。

最后，虽然我国人均排放量仍然很低，但这并不意味着我国在 CO_2 减排中无所作为，事实上我国政府已经为此做出了许多努力。在进一步的减排中，我国政府可以从能源消费结构、产业结构和技术进步入手，大力发展可再生能源替代传统的化石能源，限制高能耗重工业的发展，加强科研投入提高能源使用效率，从而控制和降低 CO_2 排放量。

第五章　我国生产性部门 CO_2 排放的定量评价分析[①]

    根据《中华人民共和国气候变化初始国家信息通报》核算，1994 年我国化石能源活动排放的 CO_2 为 27.95 亿吨，其中工业部门占 44.36%，能源加工转换部门占 34.42%，交通部门占 5.94%，其他如农业、居民生活、服务业等占 15.42%（国家发展和改革委员会，2004）。2007 年世界资源研究所的数据显示，在所有化石能源活动排放的 60.28 亿吨 CO_2 中，电力与热力部门贡献了 48.5%，制造业和建筑业排放比重为 28.2%，交通占 6.1%（WRI，2011）。可以看出，我国的工业，尤其是能源消耗部门已成为我国温室气体排放的主要来源。未来为了减缓和适应气候变化带来的影响，我国应该积极调整国民经济产业结构，因此，首先需要客观评价各经济部门的实际能源消费和 CO_2 排放水平，并在此基础上识别出 CO_2 排放的主要影响因素，从而为科学制定相应的气候政策提供依据。

    本章选择了农业、工业、能源部门、建筑、交通、商业共 6 个主要的化石能源消费部门作为研究对象，研究时段为 1996—2009 年，将分别估计各部门的 CO_2 排放量，并基于对数平均迪氏指数分解（LMDI）对总的 CO_2 排放进行分解，从而定量计算出产业结构、产出规模、部门能耗强度、能源碳排放结构等因素的相对贡献率。本章结构安排如下：第一部分介绍 Kaya 恒等式分解模型及计算方法，第二节构造相关变量，第三节介绍整个加总温室气体排放影响因素的分解，第四节则针对每个具体产业进

[①]　本章内容是在魏楚、余冬筠合作发表的论文"生产性行业温室气体排放的产业结构效应研究，《产业经济研究》2013 年第 1 期"的基础上修改而成的。

行细致分析，最后是结论部分。

第一节　模型与方法

Kaya 恒等式是日本学者 Kaya 在 IPCC 的研讨会上提出的，通常用于国家层面上的 CO_2 排放量变化的驱动力因子分析（Kaya，1989）。表达式如下：

$$C = \frac{C}{E} \cdot \frac{E}{Y} \cdot \frac{Y}{P} \cdot P \tag{5-1}$$

其中，C 为各种类型化石能源消费导致的 CO_2 排放总量，E 为各种类型化石能源消费的总量，Y 为 GDP 总量，P 为人口总数。根据我们的研究目的和数据类型，对上式进行扩展，可以得到：

$$C = \sum_{i,j} C_{i,j} = \sum_{i,j} Y \cdot \frac{Y_i}{Y} \cdot \frac{E_i}{Y_i} \cdot \frac{E_{i,j}}{E_i} \cdot \frac{C_{i,j}}{E_{i,j}} = \sum_{i,j} Y \cdot S_i \cdot I_i \cdot f_{i,j} \cdot CC_{i,j} \tag{5-2}$$

各变量含义为：

$C_{i,j}$ 表示第 i 个部门在消费第 j 种化石能源时所导致的 CO_2 排放

Y 是所有部门的产出总和，Y_i 表示第 i 个部门的产出水平

E_i 表示第 i 个部门消费的化石能源总量，$E_{i,j}$ 是第 i 个部门消费第 j 种能源量

S_i 表示部门 i 占总产出的比重，用于衡量产业结构，$S_i = Y_i/Y$

I_i 表示部门 i 的能源消费强度，用于刻画部门单位产出所消耗的能源数量，$I_i = E_i/Y_i$

$f_{i,j}$ 表示在部门 i 中，能源品 j 的消费比重，用来刻画部门的能源结构，$f_{i,j} = E_{i,j}/E_i$

$CC_{i,j}$ 表示在部门 i 中，第 j 种能源排放的 CO_2 量，用来刻画不同能源品的碳排放结构，$CC_{i,j} = C_{i,j}/E_{i,j}$

其中，碳排放量在基期 $t=0$ 和当期 $t=T$ 发生的变化可以计为：

$$\Delta C_{tot} = G_T - C_0 = Y_T \cdot S_{i,T} \cdot I_{i,T} \cdot CC_{i,j,T} - Y_0 \cdot S_{i,0} \cdot I_{i,0} \cdot f_{i,j,0} \cdot$$
$$CC_{i,j,0} = \Delta G_Y + \Delta C_{str} + \Delta C_{int} + \Delta C_{fuel} + \Delta C_{coef} \tag{5-3}$$

也即是，在时期 0—T 之间，CO_2 排放量的变化可分解为五部分：产出规模效应（ΔC_Y）、产业结构效率（ΔC_{str}）、部门能耗强度效应（ΔC_{int}）、能源结构效应（ΔC_{fuel}）和能源碳排放系数效应（ΔC_{coef}）。

其中，ΔC_Y、ΔC_{str}、ΔC_{int}、ΔC_{fuel}、ΔC_{coef} 分别可通过下式计算：

$$\Delta C_Y = \sum_{i,j} L(C_{i,j,T}, C_{i,j,0}) \times ln(\frac{Y_{i,T}}{Y_{i,0}}) \tag{5-4}$$

$$\Delta C_{str} = \sum_{i,j} L(C_{i,j,T}, C_{i,j,0}) \times ln(\frac{S_{i,T}}{S_{i,0}}) \tag{5-5}$$

$$\Delta C_{int} = \sum_{i,j} L(C_{i,j,T}, C_{i,j,0}) \times ln(\frac{I_{i,T}}{I_{i,0}}) \tag{5-6}$$

$$\Delta C_{fuel} = \sum_{i,j} L(C_{i,j,T}, C_{i,j,0}) \times ln(\frac{f_{i,T}}{f_{i,0}}) \tag{5-7}$$

$$\Delta C_{coef} = \sum_{i,j} L(C_{i,j,T}, C_{i,j,0}) \times ln(\frac{CC_{i,T}}{CC_{i,0}}) \tag{5-8}$$

其中 $L(C_{i,j,T}, C_{i,j,0})$ 定义为从基期（$t=0$）到第 T 年间 CO_2 排放量的对数平均数，即：

$$L(C_{i,j,T}, C_{i,j,0}) = (C_{i,j,T} - C_{i,j,0})/ln(\frac{C_{i,j,T}}{C_{i,j,0}}) \tag{5-9}$$

第二节　变量构造与数据

一、部门选择、研究时期与数据来源

由于统计部门没有公布分行业的 CO_2 数据，因此需要通过不同部门的终端化石能源消费来进行估计。现有的《中国能源统计年鉴》中涉及行业部门的实物能源消费主要有三种类型的报表，一是历年的能源平衡表，包含了 20 种不同能源品（其中 17 种化石能源）的加工转换量、损失量和在 7 个部门的终端消费量；二是针对 11 种能源品（其中 10 种化石能源）的平衡表，同样涉及 7 个部门；三是工业分行业终端能源消费量，公布了工业 39 个部门的 20 种能源品终端消费数据。需要注意的是，对于发电部门在发电过程中转换的一次能源，如煤炭，并未被计入到发电部门自身的终端消费中，而是体现在能源平衡表的"加工转换"部分，因此需要对加工转换能源（如火力发电、供热）等能源活动所产生的 CO_2 加总到电力部门，此外，为了同国外权威机构的估计数据进行比较，我们将工业行业中的"电力、煤气、水生产和供应业"单独列举为"能源转换部门"，其能源消费量和相应的 CO_2 排放根据"工业分行业终端能源消费量（实物量）"进行估计，并将历年"中国能源平衡表（实物量）"表格中用于火力发电和供热的"加工转换量"调整为"能源转换部门"所消费的能源。相应的，工业行业减掉了"电力、煤气、水生产和供应业"的相应能源消费。

根据数据可得性以及便于计算结果的比较，最终确定研究时期为 1996—2009 年共 14 年，部门选择了消费化石能源的 6 个主要经济部门：

农业：即第一产业，或者指农、林、牧、渔及水利业；

工业：包括采矿业和制造业，不含电力、煤气、水生产和供应业；

建筑业：即第二产业中的建筑业；

交通业：包含交通运输、仓储及邮电通讯业；

商业：第三产业中的批发和零售贸易业、住宿和餐饮业；

能源部门：主要指利用化石能源发电和生产热力的电力、煤气、水生产和供应业，不包含诸如煤炭开采等一次能源生产部门。

各部门的经济产出数据来源于历年《中国统计年鉴》中的"分行业增加值"，但仅包括 2004 年以后的数据，1996—2003 年间仅公布了工业的加总数据，缺失采矿业、制造业和电力燃气及水生产和供应业的工业增加值数据。通过中经网查询得到这一时期"全部国有及规模以上非国有工业企业增加值"。由于中国工业部门的统计口径发生过几次大的变化，例如：1998 年以前统计口径为独立核算企业；1998—2005 年，口径变为全部国有及年主营业务收入在 500 万元以上非国有工业企业；2007—2010 年，口径为主营业务收入 500 万元以上的工业企业。为了数据前后一致性，我们按照工业各部门当年占整个工业的比重乘以这一时期工业加总的增加值数据来进行调整。之后按照前文的部门设置，将"电力、燃气及水的生产和供应业"的工业增加值单独作为"能源部门"产出，并相应的将其从工业中剔除。各部门的产出平减指数参照《中国统计年鉴》中公布的各行业"国内生产总值指数"和"第三产业增加值指数"，其中电力部门的工业增加值按照"分行业工业品出厂价格指数"进行平减，最后所有部门的经济产出均转换为 2005 年不变价格（单位为亿元）。

二、能源消费及 CO_2 排放估计

根据 17 种化石能源的平均发热量，将其折算和加总为标准煤，并按照其特性分为三类：煤炭类燃料、石油类燃料和天然气燃料，不同的能源品分类标准和折标系数参见文后附录表 5-1。

温室气体排放量一般通过化石能源消费来进行测算。根据《中国气候变化初始国家信息通报》中有关温室气体清单的编制方法、IPCC 公布的不同化石能源消费的温室气体排放系数，以及《中国能源统计年鉴》公布的我国不同化石能源的低位发热量，化石能源消费活动导致的 CO_2 排放量可以根据以下公式进行计算：

$$C = \sum_{j=1}^{17} C_j = \sum_{j=1}^{17} E_j \times CC_j \times D_i \tag{5-10}$$

其中，C 表示 CO_2 的排放总量；j 表示不同的化石能源燃料；E_j 是分行业各种能源消费总量；CC_j 表示缺省的 CO_2 排放因子，单位是千克 CO_2/千卡；D_i 表示中国能源产品的平均低位发热量，单位是千卡/千克或千卡/立方米。其中 $CC_i \times D_i$ 被称为 CO_2 排放系数。各种能源品的 CO_2 排放系数参见文后附录表 5-1。

三、产业经济规模、能源消费与 CO_2 排放走势

依照上述方法分别计算出各部门经济产出、化石能源消费和排放的

CO$_2$ 数量，具体数据参见本章附录表 5-2。其中，不同产业的经济产出规模走势见图 5-1 所示。可以看出，在六个产业中，工业部门仍然是国民经济的主要组成部分且增长速度最快。按照 2005 年不变价格计算，2009 年中国全年 GDP 为 284844.8 亿元，上述六部门经济总产出为 211509.8 亿元，占当年全国总产出的 74%。

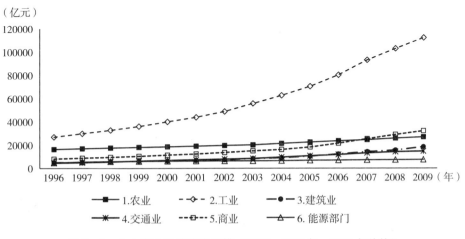

图 5-1　六大产业经济产出规模（1996—2009 年，2005 年价格）

图 5-2 描述了六大产业在 1996—2009 年间的化石能源消费量，可以看出，能源部门在 1999 年之后超过了工业部门，成为化石能源消费的大户，而且能源部门和工业部门在 2002 年之后呈现加速增长趋势。按照《中国能源统计年鉴》公布的数据，2009 年全国能源消费总量为 2829.75 百万吨标准煤，上述六大产业加总的能源消费为 2480.5 百万吨标准煤，占当年全国能源消费的 87.7%。

图 5-3 给出了六大产业部门在 1996—2009 年间由于消费化石能源所产生的 CO$_2$ 排放量，显然图 5-3 与图 5-2 呈现很强的相关性，能源部门在 1999 年之后超过工业部门成为温室气体排放的最大贡献行业，所占排放比重超过了 50%，工业部门和能源部门的 CO$_2$ 排放在 2002 年之后呈现加速上扬趋势，交通部门的温室气体排放也有显著增加。

由于统计部门尚未公布我国近期温室气体排放数据，因此我们首先将

（百万吨标准煤）

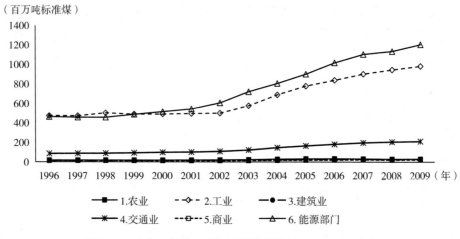

图 5－2　六大产业化石能源消费量走势（1996—2009 年）

（百万吨）

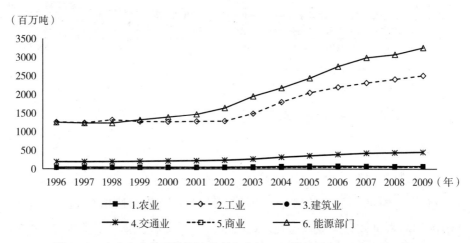

图 5－3　六大产业化石能源消费所产生的 CO_2 排放量（1996—2009 年）

本章估计的六大产业所排放的 CO_2 总量与国际权威机构进行比较，参见图 5－4 所示。由于此处仅选择了经济部门进行估计，而其他研究则包含了诸如生活消费所排放的 CO_2，因此本章估计出来的总量略低于其他结论，但同其他研究结论在水平上较为接近，且走势一致。如果参照美国能源信息管理局（Energy Information Administration，EIA）的估计，2009 年中国化石能源相关的 CO_2 为 7706.8 百万吨，全球共排放 30398.42 百万吨（EIA，2011）。本书估计的六大产业部门合计排放为 6410 百万吨 CO_2，占当年全国化石能源相关的 CO_2 排放的 83%，占全球化石能源相关的 CO_2 排放的 21.1%。

（百万吨）

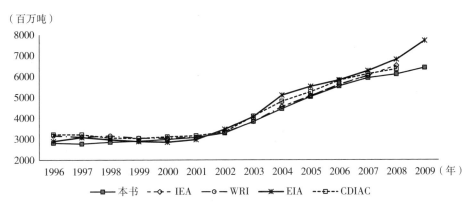

图 5-4　不同机构对中国 CO_2 排放量预测结论比较（1996—2009 年）

注：IEA、WRI 和 EIA 数据为化石能源燃烧排放的 CO_2 数量（EIA, 2011；IEA, 2009、2010；WRI, 2011），CDIAC 数据包含了水泥生产所产生的 CO_2，将其扣出后计算得到化石能源相关的 CO_2 排放数据（Boden 等，2011）。

第三节　对加总温室气体排放影响因素的分析

首先分析 CO_2 排放的时间趋势。图 5-5 描述了加总后的 CO_2 排放量、经济产出、能源消费、总的能耗强度以及总的能源品碳排放系数在 1996—2009 年间的走势，为了便于理解，所有变量在 1996 年的值单位化为 1。从图 5-5 可以看出，中国的 CO_2 排放除了在 1997 年曾经出现短暂下降外，在其他年份一直处于上升趋势，尤其是 2002 年开始，CO_2 排放显著开始快速增加，到 2009 年其总排放量为 1996 年水平的 2.27 倍；能源消费和 CO_2 排放走势非常一致，而 GDP 同期则从 66160 亿元增加至 211510 亿元，增长了 3.2 倍。能源碳排放系数的变动相对最小，1996 年每百万吨标准煤排放 2.63 百万吨 CO_2，2009 年下降为 2.58 百万吨 CO_2，相对 1996 年仅下降了 1.8%，表明能源消费中低碳能源比重仍偏低，未出现显著性改善。能耗强度的变化幅度也较大，从 1996 年的 0.016（百万吨标准煤/亿元）降至 2009 年的 0.012 （百万吨标准煤/亿元），累计降幅为 27%，表明宏观经济的能源利用效率有显著提升，但是在 2002—2005 年间出现了反弹。

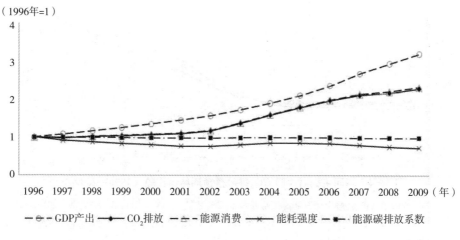

（1996年=1）

图 5-5　我国 GDP、能源及 CO_2 排放走势（1996—2009 年）

基于模型（5-4）、（5-5）、（5-6）、（5-7）、（5-8），对我国 1996—2009 年间 CO_2 排放变动逐年分解为：经济产出规模效应、产业结构效应、部门能耗强度效应、能源消费结构效应和能源品碳排放系数效应，各种因素对 CO_2 变动的绝对贡献值见图 5-6 所示。

从分解后的各影响因素来看，产出规模效应（Y）是最主要的正向影响因素，国民经济产出的增加一直推动着 CO_2 排放的增加，而且近年来有逐渐增加的趋势；产业结构效应（S）对碳排放的贡献在大多数年份均为负值，表明产业结构的变化是抑制 CO_2 增长的主要因素，而且产业结构效应也在逐渐增加；能耗强度效应（I）对碳排放的贡献在大多数年份均为负值，但在 2002—2006 年间其效应由负转为正，说明从 2002 年开始，能源效率出现了恶化，并进一步加剧了 CO_2 排放的增加，这一趋势直至 2006 年之后才有所好转；此外，能源消费结构效应（f）和能源品的碳排放结构效应（CC）也能在一定程度上减缓 CO_2 的排放，但在研究时段内其影响程度很小，表明我国能源消费结构和能源品的低碳化并未出现显著改善。

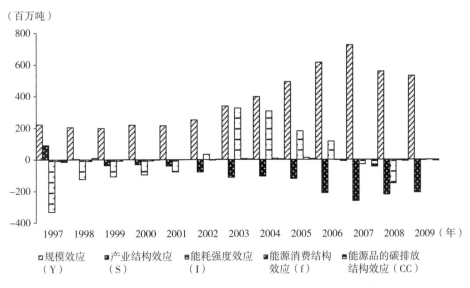

图 5-6　温室气体排放影响因素的绝对贡献（1996—2009 年）

　　为了进一步了解不同时期各种影响因素的相对贡献程度，我们将研究时期划分为：1996—2000、2000—2002、2002—2005、2005—2009 四个时期，其中 2002 年、2005 年是两个重要时点，因为 2002 年开始我国 CO_2 排放出现了加速上升态势，而能耗强度也出现了上升；2005 年则是我国政府实施节能减排的时间，如果政府宏观调控政策有效的话，这一时期 CO_2 排放的驱动因素可能会和其他时期有所不同。最终分解得到的各因素的相对贡献率见图 5-7 所示。

　　可以看出，在 2000 年之前，规模效应的正向影响非常大，而这一时期的能源效率改善速度也相当显著，足以抵消由于规模效应带来的 CO_2 排放增量，同时产业结构效应为正，表明产业结构的调整呈现了"高碳化"趋势，一定程度上助推了 CO_2 排放的增加，此外，能源结构效应也较为显著，减缓了温室气体的排放；在 2000—2002 年间，产业结构效应为负，成为减缓 CO_2 排放的主要因素，但规模效应的相对贡献超过了所有其他效应，因此温室气体持续增加；2002—2005 年间，能耗强度效应发生了逆转，从此前的负效应转变为正效应，也即是能源效率不仅没有改善，反倒出现了退化，从而加剧了CO_2排放；在 2005 年之后，能源效率恶化的情况才有所好转，但其相对贡献很小，对CO_2的遏制主要依赖于产业结构效应，但仍不足以弥补由于规模扩张所带来的CO_2增量。

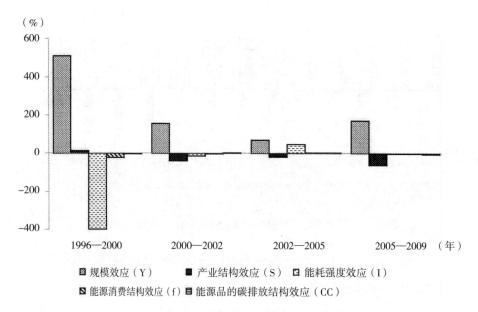

图 5-7　分时期 CO_2 影响因素相对贡献率

此外，为了解不同影响因素中不同产业的相对影响规模，我们分别以 1996 年和 2009 年作为比较的起始点，计算了六大产业的CO_2排放量变化，以及在规模效应、产业结构效应、能耗强度效应、能源消费结构效应和能源品的碳排放结构效应中的绝对贡献量，详细的分解见图 5-8 所示。

可以看出，2009 年同 1996 年相比增加了 3596 百万吨 CO_2 排放量，其中能源部门和工业贡献了 90% 以上的 CO_2 增量排放，交通部门贡献了 7.2%；从分解的因素来看，规模效应是 CO_2 排放量增加的主要引擎，上述六大产业由于生产规模扩张共新增 5037 百万吨 CO_2，其中又以能源部门、工业和交通业的影响最大，共导致 2417 百万吨 CO_2；产业结构效应在一定程度上减缓了 CO_2 的排放，其中能源部门在国民经济中相对比重的下降是产业结构效应呈现负效应的主要原因，工业经济比重的增加则削弱了产业结构调整对温室气体减排的力度；能耗强度效应主要受工业、能源部门和交通业影响，其中，工业和交通业的能耗强度效应为负，表明这两个产业的能源利用效率获得了改善，并有助于减缓温室气体排放；与之相反，能源部门的能耗强度效应则是正效应，表明在能源加工、转换过程中，能源利用效率有一定退步，并由此导致了新增温室气体排放。此外，工业的能源结构效应、碳排放系数效应均为正，表明这一时期工业能源消费中可再生能源和低碳能源利用水平不高，能源部门的能源结构效应是唯一较为显著的负效应，表明发电部门的能源结构有一定改善，越来越多地采用非煤炭类化石燃料。

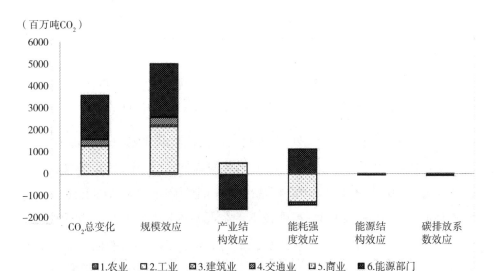

图 5-8　不同部门对 CO$_2$ 变化的效应分解（1996、2009 年）

为了详尽了解产业结构效应中，不同产业在不同时期的影响，我们对所有六大产业的产业结构变动所导致的 CO$_2$ 绝对量进行了逐年分解，见图5-9所示。可以看出，工业的产业结构效应始终为正，表明工业经济比重的不断上升导致了 CO$_2$ 排放的增加；而农业和能源部门所占经济比重的下降则减缓了温室气体的排放；交通业在 2005 年前基本为正效应，在2006—2009 年则由于相对比重的下滑出现了减缓效应；建筑业和商业在大多年份呈现正效应。从不同产业结构变化所致的绝对 CO$_2$ 变化量来看，能源部门和工业两个产业比重的变动对温室气体排放影响最大，从各产业影响 CO_2 排放变动的方向来看，调整工业经济结构应成为重点。

（百万吨CO_2）

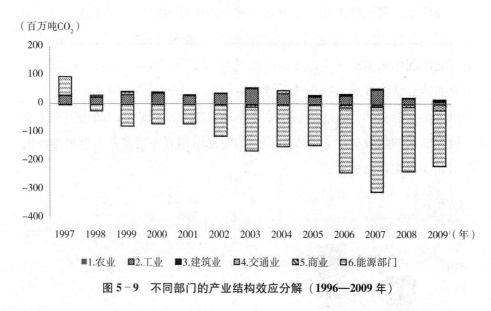

图5-9　不同部门的产业结构效应分解（**1996—2009 年**）

总体来看，我国1996—2009 年间经济产出规模的快速扩张是这一时期 CO_2 排放增加的主要因素，而产业结构的调整、部门能源效率的改善则减缓了 CO_2 的增加，此外，能源消费结构和能源碳排放系数的变化也对温室气体有一定影响，但影响程度较小。在六大产业中，工业、能源部门和交通业经济规模的扩张、工业经济比重的上升、发电部门能耗强度的增加是导致 CO_2 排放量增加的重要因素，而能源部门所占经济比重的相对下降、工业和交通业能源效率的改善、能源部门化石燃料结构的优化则在一定程度上减缓了 CO_2 排放。

第四节　对不同产业的进一步考察

以下将对六个产业进行单独考察，从而识别不同产业温室气体排放的主要影响因素和时间变化趋势，具体分解数据见附录表5-3。

一、农业温室气体排放的影响因素

从农业的化石能源相关的温室气体排放分解来看（见图 5 - 10），农业生产规模的扩张是推动 CO_2 排放的主要因素，而产业结构和能耗强度则是最关键的两个减排渠道，其中由于农业所占国民经济比重的持续下降而导致的减排量呈现逐年上升趋势，而能耗强度则波动较大，在 2002—2005 年重化工业时期能源效率有所下滑，反而助推了温室气体排放，在此之后由于节能减排战略的实施，能耗强度效应逐渐发挥了较大效应，并超越产业结构效应而成为减排的最重要途径。能源结构效应同样在不同时期有不同表现，在 2002 年之前农业能源结构的优化使得减缓了部分 CO_2 排放，但其后影响程度很小，在 2007 年、2008 年甚至出现了对 CO_2 排放的正效应。

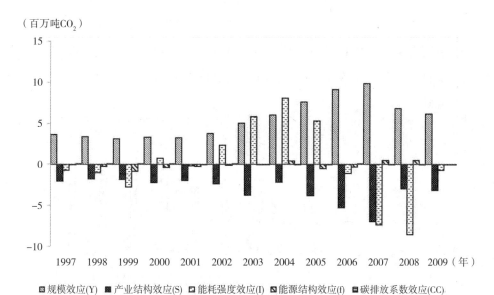

（百万吨CO_2）

■规模效应(Y) ■产业结构效应(S) ▨能耗强度效应(I) ▦能源结构效应(f) ▤碳排放系数效应(CC)

图 5 - 10　农业温室气体排放影响因素分解（1996—2009 年）

值得说明的是，由于化石能源消费导致的 CO_2 只是农业温室气体排放的一部分，更大部分的排放源来自于农业生产过程中产生的甲烷和氧化亚氮，根据我国向联合国提交的《中华人民共和国气候变化初始国家信息通报》的数据，农业活动产生的甲烷和氧化亚氮分别占全国甲烷和氧化亚氮排放量的50.15%和92.47%，农业源温室气体排放占全国温室气体排放总量的17%。因此，对农业温室气体排放的分析不应仅仅局限于化石能源燃料的消费，还要综合考虑农产品、畜牧产品生产等环节。

二、工业温室气体排放的影响因素

工业温室气体排放的影响因素主要包括产出规模效应、能耗强度效应和产业结构效应，图5－11描述了各自影响因素的绝对贡献量。其中，工业经济规模的不断扩张导致了大量温室气体排放，是造成工业温室气体增加的主要原因，而同时期工业经济所占国民经济比重的上升也进一步增加了CO_2排放量；工业部门内部能源效率的不断改善则发挥了积极作用，减缓了温室气体排放，但在2003—2005年间，由于大量投资重化工业，能耗强度不降反升；此外，由于工业部门技术应用的特殊性，无法短期内转换化石能源类型，因此能源结构效应影响很小，但能源品质量的改进则促成了碳排放系数效应在某些时期发挥了积极作用，譬如在2007年由于采

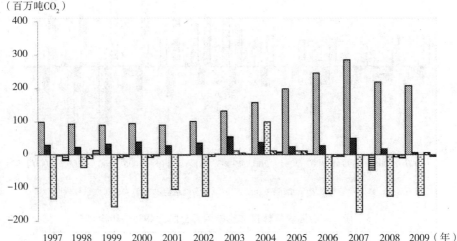

图5－11　工业温室气体排放影响因素分解（1996—2009年）

用更低碳含量的能源品，使得碳排放系数效应较大程度地减缓了 CO_2 排放。

从整体来看，为控制工业温室气体排放，控制当前的工业生产规模、调整工业所占 GDP 比重以及进一步提高能源利用效率将是最主要手段，此外，还应促进工业生产中能源消费的低碳化。

三、建筑业温室气体排放的影响因素

如图 5-12 所示，在建筑业温室气体排放的影响因素中，规模效应同样是导致 CO_2 排放量增加的主要动因之一，而产业结构效应则有所波动，在 2005 年之后呈现了正效应，说明由于房地产业的蓬勃发展，导致了建筑业比重的上升并进而推动了 CO_2 排放，能耗强度效应除了部分年份，其他时期主要呈现出较强的温室气体减缓效应，能源结构效应和碳排放系数效应同样有助于控制 CO_2 排放，但是影响较小。

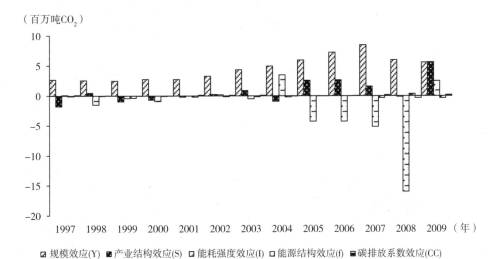

图 5-12　建筑业温室气体排放影响因素分解（1996—2009 年）

需要注意的是，在居民消费中，部分温室气体排放也与建筑业相关，譬如建筑供热供暖等，采用节能环保技术的建筑不仅在施工过程中可以有效减少温室气体排放，同时还在建筑本身的使用过程中节约能源和减少

CO_2排放，因此，对建筑业进行考察时需要站在产品生命周期视角进行全局分析。从该部门自身温室气体排放影响因素的方向和大小来看，需要一方面控制该行业规模和比重，另一方面要积极改善能源利用效率。

四、交通业温室气体排放的影响因素

图 5-13 描述了 1997—2009 年间交通业温室气体排放的主要影响因素分布。可以看出，交通业规模的扩张是导致温室气体排放增加的最主要原因，在控制 CO_2 排放的因素中，能耗强度效应和产业结构效应都发挥了积极作用，其中能耗强度效应在 2002—2005 年间有所反弹，助推了温室气体排放，在其他时期呈现较显著的负效应；而产业结构效应则有所波动，在 2002 年之前交通业占 GDP 比重上升，在此之后除了 2004 年、2005 年以外，交通业比重的下降有效地减少了碳排放。此外，化石燃料的改善在所有时期都呈现了负效应，但相对其他因素而言其影响较小。

需要说明的是，我国现有能源统计口径中，对交通运输部门的统计与 IPCC 的定义存在一定差异，我国能源平衡表中的交通业仅考察了交通运

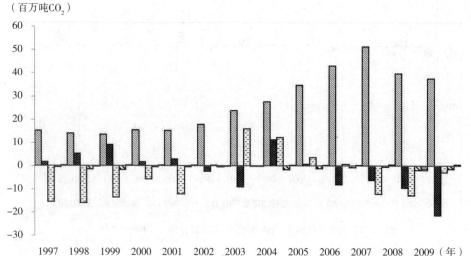

（百万吨CO_2）

图例：规模效应(Y)　产业结构效应(S)　能耗强度效应(I)　能源结构效应(f)　碳排放系数效应(CC)

图 5-13　交通业温室气体排放影响因素分解（1996—2009 年）

输企业的消耗，没有包括私人交通工具与各部门的运输工具，而 IPCC 则包括了全社会运输车辆在内的交通运输部门的消耗，并分列航空、公路、铁路、水运和管道运输业等细项进行移动源温室气体排放估计，因此在因素分解时可能存在一定误差，但总体来看，控制交通业温室气体排放的主要途径应包括：控制产业规模和比重、提高燃料效率和清洁能源。

五、商业温室气体排放的影响因素

商业温室气体排放影响因素的分解见图 5-14 所示，可以看出，规模效应同样是推动温室气体排放增加的主要因素，此外，在大多数时期，由于商业比重的增加也造成了相应 CO_2 排放数量的增加，但其效应低于规模效应大小；从减缓 CO_2 排放的因素来看，能耗强度效应是控制温室气体的主要因素，除了 2004 年和 2009 年以外，其他时间均呈现负效应，而且其影响力度很大，在部分年份如 2008 年，它甚至超过了规模效应、产业结构效应之和，并使得当年的排放总量出现下降。由于商业大多采用二次能源或者天然气，因此，其能源结构变化和效应作用不大。

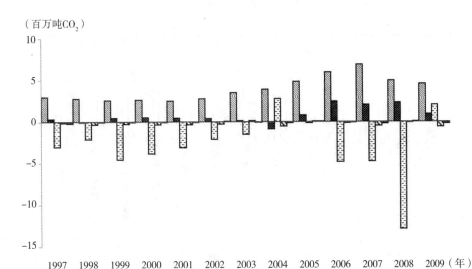

图 5-14　商业温室气体排放影响因素分解（1996—2009 年）

总体来看，未来我国产业结构将逐渐过渡到以第三产业为主，因此，商业的发展规模、产业比重还会继续上升，这两种效应将推动温室气体的进一步增加，因此，减缓温室气体排放将主要依赖于能源效率的改善，以及进一步优化能源结构。

六、能源部门温室气体排放的影响因素

能源部门温室气体排放的模式同其他产业有较大区别。从图 5－15 的分解可以看出，能源生产、转换行业规模的扩张是推动 CO_2 排放的原因之一，另一个主要因素则是能耗强度效应，其大小与规模效应相当，甚至在部分年份超过了规模效应大小，这表明在能源部门内，能源效率不仅没有出现改善，而且有恶化的趋势，并进一步加速了 CO_2 的排放；在控制温室气体的影响因素中，产业结构调整发挥了积极而且越来越显著的效应，由于能源部门所占 GDP 比重的下降，使得在一定程度上大大减缓了由于规模扩张和效率下降所导致的 CO_2 排放，此外，能源结构效应和碳排放系数效应在多数年份呈现正效应，这表明在能源部门，高碳的传统化石能源比重越来越高，一定程度上加剧了温室气体排放。

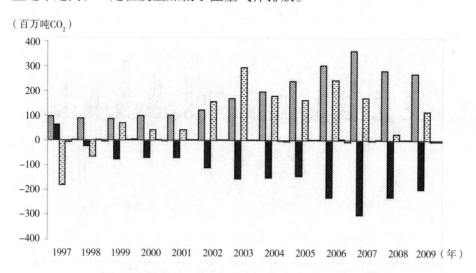

图 5－15　能源部门温室气体排放影响因素分解（1996—2009 年）

由于能源部门，尤其是电力生产部门是我国温室气体排放的主要来源，因此，需要对该产业予以高度关注，重点需要控制我国电力的生产规模，并致力于提高一次能源向二次能源转换中的利用效率，减少电网传输和配送过程中的损耗，并优化发电结构中清洁低碳能源比重。

第五节　结　论

本章基于扩展的 Kaya 恒等式，将 CO_2 变化分解为规模效应、产业结构效应、部门能耗强度效应、能源消费结构效应和能源碳排放结构效应。选择了中国 1996—2009 年间农业、工业、建筑业、交通业、商业和能源部门六大产业部门为研究对象，构建了相应的经济产出、能源消费和化石能源相关的 CO_2 面板数据序列。在此基础上，利用对数平均迪氏分解法（LMDI）对加总 CO_2 排放量变化进行了分解。主要研究结论包括以下三个方面。

1. 2009 年六大产业部门合计排放 6410 百万吨 CO_2，其中，能源部门排放量最大，占全部排放量的 51%，能源部门、工业和交通业三部门占全部排放的 97%。

2. 1996—2006 年间新增了 3596 百万吨 CO_2 排放量，其中，经济产出的增加是导致 CO_2 排放量上升的主要原因，其贡献率为 140%；产业结构调整、部门能源效率的改善在一定程度上抑制了 CO_2 的排放，其相对贡献率分别为-31%和-7.6%，但不足以抵消产出规模效应；能源结构和能源品碳排放效应也减缓了温室气体排放，但影响程度很小，贡献率仅为-0.31% 和-1.4%。

3. 未来为减缓温室气体排放，不仅需要了解其影响因素，而且还要掌握各产业的相对影响程度。需要重点考虑工业、能源部门和交通业的经济规模扩张的速度，调整工业经济所占国民经济比重，优化其他产业比重，此外，还要大力促进能源部门和工业能源利用效率，并提高清洁能源的利用水平。

表5-1 化石能源品分类标准、折标系数及 CO_2 排放系数

能源品类别	能源品名称	单位	折算标准能源系数（百万吨标准煤）	CO_2 排放系数（百万吨 CO_2）
煤炭能源	原煤	万吨	0.00714	0.01980
	洗精煤	万吨	0.00900	0.02495
	其他洗煤	万吨	0.00525	0.00792
	型煤	万吨	0.00600	0.02042
	焦炭	万吨	0.00971	0.03048
	焦炉煤气	亿立方米	0.05930	0.07430
	其他煤气	亿立方米	0.02880	0.02322
	其他焦化产品	万吨	0.01107	0.02693
石油能源	原油	万吨	0.01429	0.03070
	汽油	万吨	0.01471	0.02988
	煤油	万吨	0.01471	0.03083
	柴油	万吨	0.01457	0.03163
	燃料油	万吨	0.01429	0.03239
	液化石油气	万吨	0.01714	0.03169
	炼厂干气	万吨	0.01571	0.02651
	其他石油制品	万吨	0.01310	0.03070
天然气能源	天然气	亿立方米	0.13300	0.21867

表5-2 六大产业经济产出、化石能源消费及 CO_2 排放量

行业	年度	GDP（亿元，2005年不变价格）	化石能源（百万吨标准煤）	煤炭	石油	天然气	CO_2排放（百万吨）	煤炭	石油	天然气
1.农业	1996	16392.82	18.13	9.51	8.59	0.03	44.95	26.40	18.50	0.05
	1997	16966.57	18.47	9.60	8.87	0.00	45.80	26.69	19.11	0.00
	1998	17560.40	18.70	9.27	9.44	0.00	46.15	25.83	20.32	0.00
	1999	18052.09	18.08	7.63	10.45	0.00	43.78	21.28	22.50	0.00
	2000	18485.34	18.83	7.32	11.50	0.00	45.22	20.44	24.78	0.00

行业	年度	GDP（亿元，2005年不变价格）	化石能源（百万吨标准煤）	煤炭	石油	天然气	CO_2排放（百万吨）	煤炭	石油	天然气
	2001	19002.93	19.28	7.05	12.23	0.00	46.02	19.66	26.36	0.00
	2002	19554.01	20.83	7.37	13.45	0.00	49.59	20.59	29.00	0.00
	2003	20042.86	23.81	8.39	15.43	0.00	56.65	23.41	33.25	0.00
	2004	21305.57	28.79	10.82	17.97	0.00	68.84	30.12	38.72	0.00
	2005	22420.00	32.57	11.38	21.18	0.00	77.25	31.61	45.64	0.00
	2006	23541.00	33.72	11.24	22.48	0.00	79.66	31.23	48.42	0.00
	2007	24422.38	31.81	11.37	20.44	0.00	75.57	31.59	43.98	0.00
	2008	25735.93	29.81	11.34	18.48	0.00	71.19	31.43	39.76	0.00
	2009	26812.60	30.76	11.67	19.09	0.00	73.36	32.28	41.08	0.00
2.工业	1996	26950.30	473.91	411.72	49.12	13.06	1257.78	1132.54	103.76	21.48
	1997	29862.70	472.02	405.63	52.38	14.01	1232.98	1099.95	110.01	23.03
	1998	32711.38	501.71	411.47	77.48	12.75	1314.02	1124.83	168.23	20.97
	1999	35942.03	488.43	388.95	85.70	13.78	1268.29	1060.38	185.25	22.66
	2000	39906.63	489.76	379.58	94.67	15.51	1262.51	1033.47	203.54	25.50
	2001	43770.20	494.46	382.32	95.74	16.39	1272.46	1039.86	205.65	26.95
	2002	48723.23	499.12	379.49	102.24	17.39	1280.52	1032.13	219.79	28.60
	2003	55710.82	575.54	447.63	106.50	21.41	1484.17	1219.40	229.56	35.20
	2004	62697.04	687.92	552.28	114.92	20.72	1795.48	1512.21	249.20	34.07
	2005	70436.22	777.80	644.00	110.66	23.14	2044.76	1768.34	238.38	38.04
	2006	80190.28	837.80	690.03	117.06	30.72	2193.60	1890.67	252.43	50.50
	2007	93031.66	900.62	744.05	120.54	36.03	2311.19	1991.53	260.42	59.24
	2008	102850.45	944.29	771.43	132.12	40.75	2407.94	2056.00	284.94	67.00
	2009	112297.33	981.15	813.28	128.07	39.80	2505.27	2163.88	275.96	65.43
3.建筑业	1996	5148.28	13.75	4.76	8.79	0.20	33.17	13.17	19.67	0.33
	1997	5282.14	14.14	4.46	9.68	0.00	34.10	12.35	21.74	0.00
	1998	5757.53	14.76	4.54	10.20	0.02	35.53	12.59	22.92	0.03
	1999	6005.10	15.21	4.03	11.10	0.09	36.20	11.15	24.90	0.15
	2000	6347.39	15.68	4.00	11.57	0.11	37.19	11.07	25.94	0.18

续表

行业	年度	GDP（亿元，2005年不变价格）	化石能源（百万吨标准煤）	煤炭	石油	天然气	CO_2排放（百万吨）	煤炭	石油	天然气
	2001	6779.02	16.74	3.83	12.82	0.10	39.61	10.63	28.82	0.16
	2002	7375.57	18.30	3.88	14.33	0.09	43.24	10.78	32.31	0.15
	2003	8268.01	20.29	3.95	16.25	0.09	47.86	10.95	36.76	0.15
	2004	8937.72	23.47	4.24	19.04	0.18	55.07	11.79	42.97	0.30
	2005	10367.31	25.25	4.49	20.57	0.20	59.16	12.46	46.37	0.33
	2006	12153.38	27.62	4.83	22.57	0.22	64.69	13.43	50.90	0.36
	2007	14120.51	29.71	4.56	24.87	0.28	69.40	12.66	56.29	0.46
	2008	15462.24	25.36	4.40	20.83	0.13	59.25	12.19	46.85	0.22
	2009	18331.31	31.23	4.58	26.52	0.13	72.77	12.66	59.89	0.21
4.交通业	1996	4604.92	86.15	11.37	74.62	0.16	191.36	31.42	159.67	0.27
	1997	5028.63	86.88	10.63	76.09	0.16	192.63	29.44	162.92	0.26
	1998	5561.11	88.48	8.63	79.56	0.30	194.53	23.84	170.20	0.49
	1999	6238.01	92.71	6.71	85.50	0.50	202.40	18.50	183.07	0.83
	2000	6773.24	97.96	6.39	91.03	0.53	213.47	17.63	194.96	0.87
	2001	7369.79	100.80	6.11	93.86	0.82	219.24	16.88	201.01	1.36
	2002	7894.95	108.12	6.19	100.40	1.54	234.50	17.10	214.88	2.53
	2003	8378.62	122.36	6.96	113.58	1.83	265.17	19.27	242.90	3.01
	2004	9591.56	146.16	5.94	137.56	2.66	315.01	16.44	294.18	4.38
	2005	10666.16	164.32	5.81	154.42	4.09	353.46	16.09	330.64	6.73
	2006	11729.37	181.09	5.55	170.48	5.06	388.97	15.29	365.37	8.31
	2007	13113.60	196.48	5.28	185.83	5.38	422.26	14.53	398.90	8.84
	2008	14074.11	204.64	4.76	191.48	8.40	436.18	13.09	409.27	13.81
	2009	14600.52	210.95	4.58	195.53	10.84	448.90	12.57	418.51	17.82
5.商业	1996	8138.06	14.51	11.40	2.98	0.13	37.91	31.55	6.15	0.21
	1997	8888.30	14.64	11.31	3.20	0.13	37.95	31.16	6.57	0.22
	1998	9552.39	14.90	11.21	3.36	0.34	38.30	30.88	6.87	0.55
	1999	10363.64	14.32	10.49	3.44	0.39	36.57	28.85	7.07	0.64
	2000	11337.86	14.11	9.90	3.75	0.46	35.65	27.21	7.69	0.75

续表

行业	年度	GDP（亿元，2005年不变价格）	化石能源（百万吨标准煤）	煤炭	石油	天然气	CO_2排放（百万吨）	煤炭	石油	天然气
	2001	12333.41	14.08	9.57	3.84	0.67	35.25	26.29	7.87	1.09
	2002	13508.02	14.55	9.59	4.15	0.81	36.18	26.34	8.51	1.33
	2003	14922.04	15.45	10.39	4.14	0.91	38.49	28.51	8.48	1.50
	2004	16094.00	17.84	11.29	5.33	1.22	43.78	30.94	10.84	2.01
	2005	18161.89	20.07	12.90	5.74	1.44	49.38	35.34	11.68	2.36
	2006	21407.65	21.52	13.75	6.02	1.75	52.80	37.71	12.21	2.88
	2007	25234.73	23.26	14.41	6.57	2.28	56.43	39.40	13.30	3.74
	2008	28910.92	20.98	13.13	5.49	2.36	50.96	35.73	11.34	3.88
	2009	32033.98	24.15	14.51	6.45	3.19	57.86	39.30	13.32	5.24
6.能源部门	1996	4925.13	462.91	434.60	27.24	1.07	1248.25	1186.35	60.14	1.76
	1997	5614.65	456.31	420.53	32.68	3.10	1226.39	1149.34	71.96	5.09
	1998	5923.45	456.49	425.05	28.42	3.02	1225.52	1157.87	62.68	4.97
	1999	5976.76	486.66	456.79	26.72	3.15	1312.54	1248.47	58.89	5.18
	2000	6120.21	514.43	483.75	26.51	4.17	1387.21	1322.15	58.20	6.86
	2001	6260.97	542.39	511.13	27.06	4.20	1463.88	1397.46	59.51	6.91
	2002	6311.06	605.10	573.29	27.79	4.02	1637.01	1569.31	61.08	6.61
	2003	6367.86	719.43	683.88	31.37	4.19	1949.12	1873.18	69.06	6.88
	2004	6520.69	804.42	762.00	36.46	5.97	2172.15	2082.37	79.96	9.81
	2005	6794.56	900.12	859.99	32.18	7.95	2436.14	2352.37	70.70	13.07
	2006	6984.80	1016.24	978.70	28.93	8.62	2749.27	2672.16	62.95	14.17
	2007	7138.47	1102.80	1066.40	22.13	14.27	2984.04	2912.83	47.74	23.47
	2008	7266.96	1132.33	1098.85	18.90	14.57	3069.63	3005.69	39.98	23.96
	2009	7434.10	1202.24	1164.89	15.70	21.65	3251.79	3183.35	32.85	35.59

表 5-3 六大产业温室气体排放分解

行业	年度	CO₂变动	产出规模效应	产业结构效应	能耗强度效应	能源结构效应	碳排放系数效应
1. 农业	1997	0.85	3.61	-2.05	-0.70	-0.04	0.03
	1998	0.35	3.35	-1.77	-1.01	-0.28	0.07
	1999	-2.36	3.10	-1.86	-2.77	-0.86	0.03
	2000	1.44	3.32	-2.26	0.75	-0.39	0.02
	2001	0.80	3.24	-1.98	-0.17	-0.28	-0.01
	2002	3.57	3.77	-2.41	2.32	-0.15	0.03
	2003	7.06	5.05	-3.74	5.80	-0.02	-0.02
	2004	12.19	6.00	-2.18	8.05	0.39	-0.08
	2005	8.41	7.58	-3.86	5.27	-0.50	-0.08
	2006	2.41	9.14	-5.31	-1.10	-0.33	0.02
	2007	-4.09	9.82	-6.97	-7.37	0.49	-0.06
	2008	-4.38	6.81	-2.97	-8.60	0.44	-0.07
	2009	2.18	6.13	-3.17	-0.70	-0.02	-0.07
2. 工业	1997	-24.80	99.16	28.63	-132.76	-3.25	-16.57
	1998	81.04	92.77	23.07	-38.28	-10.05	13.53
	1999	-45.73	89.15	32.41	-156.19	-7.38	-3.73
	2000	-5.78	94.34	38.04	-128.93	-6.79	-2.45
	2001	9.96	89.98	27.15	-105.03	-0.88	-1.26
	2002	8.05	100.82	36.01	-124.86	-4.08	0.16
	2003	203.65	131.33	53.56	11.65	4.72	2.39
	2004	311.31	156.92	36.17	98.42	11.38	8.42
	2005	249.28	199.11	23.98	12.28	10.91	2.99
	2006	148.84	246.83	27.88	-117.30	-4.91	-3.66
	2007	117.59	285.08	49.40	-171.67	-0.28	-44.95
	2008	96.75	219.19	17.52	-125.01	-5.84	-9.11
	2009	97.33	208.44	7.39	-121.78	7.13	-3.85

行业	年度	CO_2变动	产出规模效应	产业结构效应	能耗强度效应	能源结构效应	碳排放系数效应
3. 建筑业	1997	0.93	2.67	−1.81	0.09	−0.10	0.08
	1998	1.44	2.54	0.46	−1.51	−0.07	0.02
	1999	0.66	2.47	−0.97	−0.42	−0.38	−0.04
	2000	0.99	2.74	−0.70	−0.93	−0.09	−0.02
	2001	2.42	2.72	−0.20	−0.01	−0.21	0.11
	2002	3.63	3.27	0.22	0.19	−0.14	0.09
	2003	4.62	4.33	0.87	−0.49	−0.17	0.09
	2004	7.21	4.93	−0.93	3.47	−0.20	−0.06
	2005	4.09	5.93	2.54	−4.29	−0.04	−0.05
	2006	5.54	7.21	2.63	−4.28	−0.04	0.02
	2007	4.71	8.48	1.57	−5.17	−0.34	0.17
	2008	−10.15	5.96	−0.14	−15.99	0.35	−0.34
	2009	13.52	5.58	5.61	2.50	−0.36	0.19
4. 交通业	1997	1.27	15.29	1.61	−15.29	−0.52	0.17
	1998	1.90	14.12	5.35	−15.93	−1.43	−0.20
	1999	7.87	13.69	9.08	−13.52	−1.50	0.11
	2000	11.07	15.50	1.61	−5.67	−0.42	0.05
	2001	5.77	15.36	2.90	−12.07	−0.42	0.00
	2002	15.26	17.91	−2.30	0.30	−0.53	−0.11
	2003	30.67	23.75	−8.92	16.03	−0.07	−0.13
	2004	49.84	27.76	11.33	12.29	−1.56	0.01
	2005	38.46	34.67	0.77	3.66	−1.02	0.37
	2006	35.51	43.22	−7.98	0.79	−0.76	0.24
	2007	33.29	51.32	−6.10	−12.14	−0.38	0.59
	2008	13.91	39.86	−9.53	−12.88	−1.80	−1.73
	2009	12.72	37.55	−21.30	−2.81	−1.26	0.55

续表

行业	年度	CO₂变动	产出规模效应	产业结构效应	能耗强度效应	能源结构效应	碳排放系数效应
5. 商业	1997	0.04	3.02	0.32	−3.00	−0.14	−0.17
	1998	0.35	2.78	−0.03	−2.09	−0.29	−0.02
	1999	−1.73	2.58	0.47	−4.53	−0.23	−0.02
	2000	−0.91	2.69	0.55	−3.79	−0.33	−0.04
	2001	−0.41	2.52	0.47	−3.06	−0.30	−0.03
	2002	0.93	2.82	0.43	−2.07	−0.26	0.01
	2003	2.32	3.55	0.16	−1.48	0.12	−0.04
	2004	5.29	3.94	−0.84	2.80	−0.52	−0.09
	2005	5.60	4.83	0.79	−0.14	0.11	0.01
	2006	3.41	5.95	2.45	−4.82	−0.13	−0.03
	2007	3.64	6.91	2.07	−4.74	−0.45	−0.15
	2008	−5.48	4.98	2.31	−12.84	−0.04	0.11
	2009	6.90	4.61	0.96	2.07	−0.54	−0.20
6. 能源部门	1997	−21.85	98.48	63.57	−179.83	−5.34	1.26
	1998	−0.87	89.45	−23.82	−65.15	2.33	−3.68
	1999	87.02	87.62	−76.25	69.82	1.89	3.94
	2000	74.67	100.63	−68.62	42.89	0.01	−0.24
	2001	76.66	101.18	−68.77	43.03	0.67	0.55
	2002	173.13	122.33	−109.99	157.10	1.92	1.77
	2003	312.12	170.25	−154.23	293.51	1.43	1.15
	2004	223.03	197.64	−148.82	181.04	−2.03	−4.81
	2005	263.99	239.05	−144.38	163.98	3.13	2.21
	2006	313.14	301.73	−230.22	242.68	4.21	−5.26
	2007	234.77	362.60	−300.27	171.78	−0.05	0.71
	2008	85.59	281.19	−227.20	25.98	2.34	3.27
	2009	182.16	268.12	−196.28	117.44	−3.83	−3.29

第六章 我国工业部门 CO_2 排放的定量评价分析[①]

　　第五章主要从宏观角度定量评价了六大生产性行业对温室气体排放的影响，其结论表明，工业是温室气体排放的重要来源，工业部门的扩张、工业所占经济比重的持续上升都对 CO_2 排放有正向反馈作用，此外，工业部门内部能源效率的改善一定程度上缓解了温室气体排放。本章将聚焦于工业部门，具体来说，是以采矿业、制造业的 33 个部门为研究对象，根据其化石能源终端消费量估计出各部门在 1996—2009 年间的 CO_2 排放量，基于对数平均迪氏分解法对 CO_2 排放的变化进行分解，从而识别出工业内部各部门排放的规律、CO_2 排放的影响因素，以及需要重点关注的部门。

　　由于本章采用模型和方法与上一章相同，因此不再单独介绍。其结构安排如下：首先构造相应变量和介绍数据，第二节描述工业部门的经济增长、能源消费及 CO_2 排放特征，第三节对分解结果进行讨论，最后是结论部分。

第一节　变量构造与数据

　　对中国工业部门 CO_2 排放量的估计主要基于各部门的终端化石能源消费量，有些部门在工业生产过程中也会有非化石能源相关的温室气体排

---

　　① 本章内容基于魏楚、余冬筠合作发表的论文"中国工业温室气体排放特征与影响因素研究"，该文收录于李善同主编的《环境经济与政策》（第三辑），经济科学出版社 2012 年版。内容略有删改。

放，譬如水泥、石灰、钢铁、电石生产过程的 CO_2 排放；此外，一些能源活动也会产生非燃烧性温室气体，如煤炭开采和矿后活动的甲烷排放、石油和天然气系统的甲烷逃逸排放等。由于现有的统计系统中缺乏详尽数据，因此无法对这部分排放量进行精确估计，此处估算的温室气体主要是化石能源燃烧消费过程中所产生的 CO_2。各部门的化石能源终端消费数据来源于《中国能源统计年鉴》中的"工业分行业终端能源消费量"报表，其涵盖了工业 39 个部门 20 种能源品终端消费数量。本章主要考察其中的采矿业（5 个部门）和制造业（28 个部门），没有选择"电力、煤气及水生产和供应业"有几个原因：首先，电力和热力部门产生的温室气体有两部分，一是将煤炭、石油等一次能源转换为二次能源过程中排放的温室气体，二是其部门本身在生产经营过程中消费化石能源所排放的温室气体，按照逻辑，应该将能源转化部分的温室气体计入该部门；其次，国际其他研究机构在采用部门法估计温室气体排放时，也是将其单独作为一个排放源进行计算，我们在上一章中已经将能源部门单独作为产业来进行了研究，因此本章将其排除在工业部门以外，重点考察其他非能源性生产行业同温室气体之间的联系。此外，由于工业部门用能更加详细，为了细致分析不同能源品的消费与排放特征，本章将所有化石能源划分为四类：煤炭类、焦炭类、石油类和天然气类，并按照第四章所介绍的计算方法，分别对不同能源品折算为标准能源，并估计出化石能源相关的 CO_2 排放量。

所有工业部门的经济产出数据参考了历年《中国统计年鉴》和中经网数据库，其统计口径为"全部国有及规模以上非国有工业企业工业总产值"，其中 2004 年缺失数据可以从《第一次经济普查年鉴》中获取。在统计年鉴中没有公布详细分部门的总产出平减指数，我们参考了中经网数据库的"分行业工业品出厂价格指数"，其包括了诸如冶金工业、煤炭工业、化学工业等大类工业的出厂价格指数，基于该信息对历年工业总产出进行价格平减，最后得到了所有工业部门基于 2005 年不变价格的产出值。

需要注意的是，由于 2003 年国家统计局采用了新的工业行业分类标准，因此，部分工业部门如"其他采矿业""工艺品及其他制造业""废弃资源和废旧材料回收加工业"缺失 2003 年之前的数据，考虑到上述三个部门在 2003 年所占工业经济比重和排放 CO_2 比重皆不足 0.9%，对整个工业产出、能源消费和排放影响较小，因此，将这三个部门排除，最终确定了 5 个采掘业部门和 28 个制造业部门，按照 Fisher-Vanden 等（2004）对中国工业部门的划分，整理为 10 个大类行业，最终选择的 33 个工业部门和所属大类划分标准可参见本章后表 6-1 所示，研究时间段为 1996—2009 年共 14 年。

第二节　我国工业部门主要特征

一、我国工业部门生产结构特征

1996 年，样本所涵盖的 10 个产业 33 个工业部门加总的工业总产值为 60225 亿元，2009 年增加至 479495 亿元，年均增速 17.3%。我们首先基于 10 个工业大类绘制了各工业行业在 1996—2009 年间的工业总产值走势，见图 6-1 所示。可以看出，大多数行业从 2002 年开始进入了加速增长期，其中尤以"机械设备业"和"金属制品业"增长速度最为显著，此外，"化工业""纺织业"和"食品业"也增长迅速。

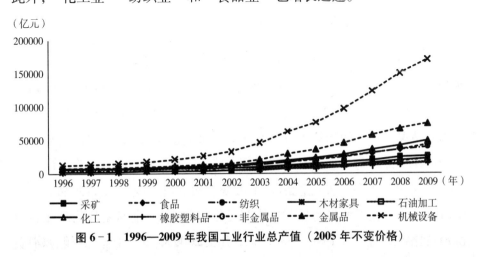

图 6-1　1996—2009 年我国工业行业总产值（2005 年不变价格）

图 6-2 描述了 1996—2009 年间工业经济中不同部门的相对比重和分布。机械设备制造业、金属制品业、化工业等重工业所占工业经济比重相对较高，这三个行业所占工业经济比重达到了 58% 以上，而轻工业，如食品业、纺织业等则相对规模较小。具体到 33 个部门，在 1996—2009 年间，其部门占工业累计生产总值前五位的分别是："通信设备、计算机及其他电子设备制造业"（9.96%）、"黑色金属冶炼及压延加工业"（8.39%）、"交通运输设备制造业"（7.33%）、"化学原料及化学制品制造业"（7.32%）和"电气机械及器材制造业"（6.22%）。其他部门工业生产总值及所占比重可参见本章后表 6-2 所示。

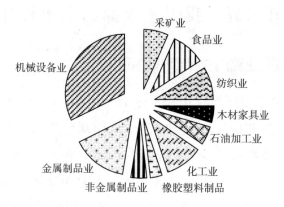

图 6-2 1996—2009 年我国工业总产值的行业分布

二、我国工业部门能源消费特征

我国工业部门在 1996 年共计消费化石能源 534.5 百万吨标准煤，2009 年增加至 1086.8 百万吨标准煤，化石能源消费量的年均增幅为 5.6%，远低于工业总产值增速。图 6-3 绘制了 10 个工业行业的化石能源消费情况。从时间趋势上看，大多数工业行业在 2002 年之前能源消费较为稳定，部分行业，如化工业在该时期甚至出现了轻微下降，但到了 2002 年之后，部分行业耗能出现了大幅攀升，其中又以金属制品业、非金属制品业、化工业最为显著。从部门分布来看，"金属制品业"化石能源消费比重最高，从 1996 年的 27% 上升至 2009 年整个工业化石能源消费

的 40%；从全时期累计化石能源消费比重来看，排名前五位的部门分别
包括："黑色金属冶炼及压延加工业"（31.2%）、"非金属矿物制品业"
（18.1%）、"化学原料及化学制品制造业"（16.4%）、"石油加工、炼焦
及核燃料加工业"（8.9%）和"煤炭开采和洗选业"（4.3%）。其他部门
累计能源消费及所占比重可参见附录表 6-2。

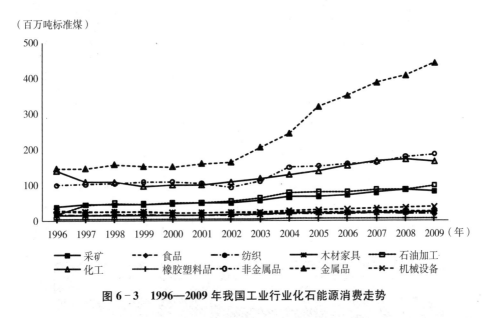

（百万吨标准煤）

图 6-3　1996—2009 年我国工业行业化石能源消费走势

图 6-4 是不同工业行业的累计化石能源消费中不同燃料消费的相对
比重（不包括电力、热力等二次能源），可以看出，大多数行业仍以煤炭
类能源为主，如食品、纺织、木材家具业、非金属制品业等行业的煤炭消
费比重超过了 80%；金属制品业主要消耗焦炭类燃料，石油类燃料主要
应用于石油加工业、化工业、橡胶塑料制品业和机械业；此外，化工业、
采矿业和机械设备制造业的天然气消费也占一定比重。

图 6-5 是我国工业化石能源消费中的消费结构走势，可以看出，煤
炭类燃料在所有化石能源消费中的比重在逐渐下降，从 1996 年占所有化
石燃料的 55% 下降到 2009 年的 41%，但是在 2002—2005 年间煤炭比重有
所反弹；焦炭类燃料的消费比重在逐渐增加，这主要是由于以焦炭消费为
主的金属制品业生产规模一直在扩张；石油类燃料的消费比重在 2002 年

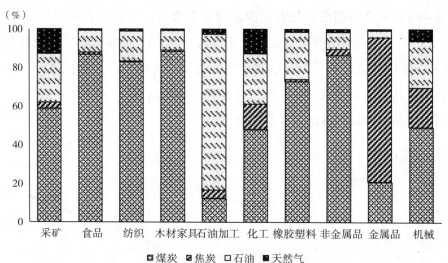

图 6-4 我国工业行业中各类化石能源结构

之前有所上升，但在 2002—2005 年之间逐渐萎缩，直到 2005 年之后才逐渐保持稳定；天然气的消费比重变化不大，保持在 3%—5% 之间。

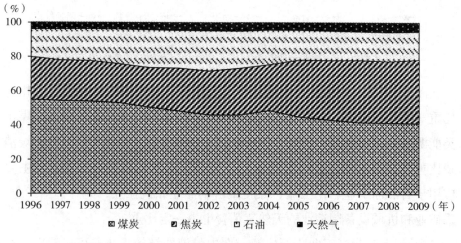

图 6-5 1996—2009 年我国工业行业化石能源消费结构

三、我国工业部门温室气体排放特征

1996 年我国工业部门由于化石能源消费所产生的 CO_2 排放为 1405 百

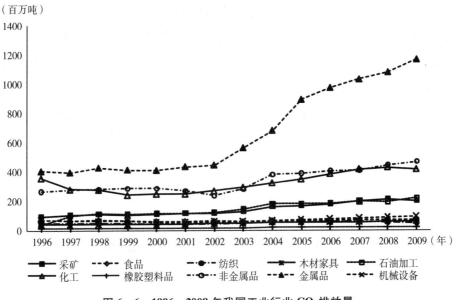

图 6-6 1996—2009 年我国工业行业 CO_2 排放量

万吨，到 2009 年排放量增加到 2760 百万吨，年均增加 5.3%。图 6-6 首先描述了我国 10 个工业行业的 CO_2 排放量排放走势。可以看出，各行业的温室气体排放趋势与化石能源消费走势非常一致。2002 年大多数工业行业排放量开始迅速攀升，其中又以金属制品业最为显著，化工业、非金属制品业、采矿业和石油加工业的温室气体排放也增长较快。

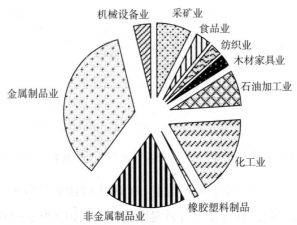

图 6-7 1996—2009 年我国工业 CO_2 排放的行业分布

图 6-7 展示了我国工业温室气体排放的行业分布。可以发现：金属制品业、非金属制品业和化工业是工业温室气体排放的主要来源，这三个行业排放的 CO_2 占整个工业温室气体排放的 71%，此外，石油加工业和采矿业的排放比重也较高。按部门比较的话，比重最高的前五位分别是：黑色金属冶炼及压延加工业（32.9%）、非金属矿物制品业（18%）、化学原料及化学制品制造业（16%）、石油加工、炼焦及核燃料加工业（7.7%）和煤炭开采和洗选业（4.5%）。其他部门累计 CO_2 排放量及所占比重可参见本章后表 6-2 所示。

第三节　我国工业 CO_2 排放分解

我国工业 33 个部门在研究期内产出呈现持续增长态势，相较 1996年，2009 年工业总产值增长了近 7 倍，而同期化石能源消费和 CO_2 排放量仅增加了 1 倍左右。其中，1997 年、1999 年、2000 年出现过排放量相比前一年下降的现象，其他时间均有一定增长，到 2009 年排放总量为 2760百万吨，见图 6-8 所示。

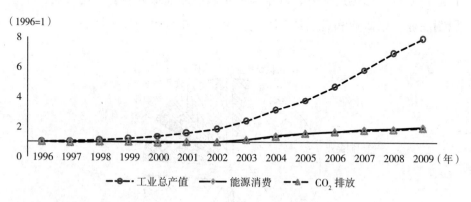

图 6-8　我国工业总产值、化石能源消费及 CO_2 排放走势（1996—2009 年）

我国工业经济以较少的能源消费和 CO_2 排放获得了高速的产出，其驱动力何在？为了识别出其背后的影响机制，将我国 1996—2009 年间 33 个工业部门的 CO_2 排放逐年分解为：部门产出规模效应、部门结构调整效应、部门能耗强度效应、能源消费结构效应和能源品碳排放结构效应，各种因素对 CO_2 变动的绝对贡献量见图 6-9 所示。

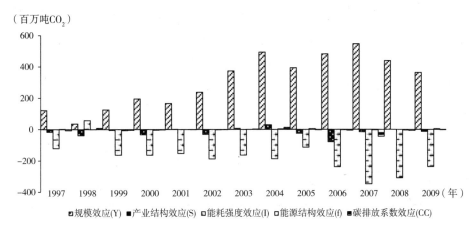

（百万吨 CO_2）

图 6-9　我国工业 CO_2 排放的影响因素贡献量（1996—2009 年）

从分解后的各影响因素来看，产出规模效应（Y）是最主要的正向影响因素，也即是产出规模的扩大导致了 CO_2 排放量的增加。产业结构效应（S）对碳排放的贡献在大多数年份均为负值，表明产业结构的变化同 CO_2 的变动方向是相反的，也即是产业结构是抑制温室气体排放增长的动力之一。能耗强度效应（I）对碳排放的变动也是负相关的，而且能耗强度效应导致的 CO_2 减少量较大，成为减缓 CO_2 排放的主要因素。但需要关注的是，在 1998 年能耗强度效应为正值，这表明当年能源效率出现了恶化情况，反而助推了 CO_2 的排放。此外，能源消费结构效应（f）和每种能源品的碳排放结构效应（CC）也能在一定程度上减缓 CO_2 的排放，但其绝对贡献量较小。如果仅将 1996 年和 2009 年起始两年进行比较，那么，整个工业增加的 CO_2 排放中，产出规模效应的相对贡献率为 299%，是导致工业 CO_2 排放增加的唯一正向因素，而工业内部结构的调整、能耗强度的下降、能源结构的改善和低碳能源的使用都减缓了 CO_2 排放，其相对贡献率依次为：-8.97%、-186.3%、-0.7% 和 -3.1%。从相对贡献率大小来看，能源效率的改善和产业结构的调整是控制工业 CO_2 排放的两个主要途径。

从此前的分析得知，2003 年大部分工业部门的化石能源消耗量和 CO_2 排放都出现了显著增加，而 2005 年国家开始实施节能减排战略，为了了解不同时期工业各部门排放的区别，以及检验是否在关键年份排放模式是否有显著变化，我们将研究期限划分为 4 个时期：1996—2000 年、2000—2003 年、2003—2005 年和 2005—2009 年。按不同时期进行分解的结果见图 6 - 10 所示。

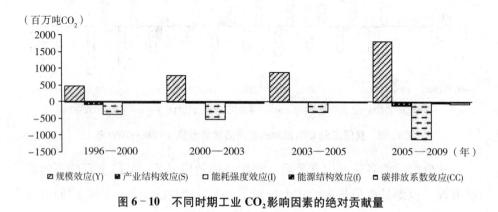

（百万吨 CO_2）

■规模效应(Y)　■产业结构效应(S)　□能耗强度效应(I)　■能源结构效应(f)　□碳排放系数效应(CC)

图 6 - 10　不同时期工业 CO_2 影响因素的绝对贡献量

从图 6 - 10 可以看出，产出规模效应在逐渐变大，持续推动着 CO_2 排放的增加，产业结构效应在 2000 年之前和 2005 年之后较为显著，但是在 2000—2005 年之间起作用很小，表明这一时期工业部门间的结构调整并没有朝着"低碳化"方向发展，甚至在 2003—2005 年间产业结构效应绝对贡献为正，表明这一时期工业部门结构有重型化、高排放的特征，不仅没有减缓温室气体，反而发展了更多的高排放型部门，促成了 CO_2 排放的增加；能耗强度效应在不同时期均有效削减了温室气体，但在 2003—2005 年重化工业抬头阶段有所遏制，其温室气体减缓效应有所下降，但在 2005 年之后随着国家节能减排政策的出台，能耗强度效应开始发挥更为积极的作用，其减缓 CO_2 排放的程度也越来越大；能源结构的变化在各个时期始终贡献较小，这主要是由于工业部门均有其自身的技术发展特征，不可能短期内实现从能源投入要素的转变，也无法短期内利用清洁可再生能源。

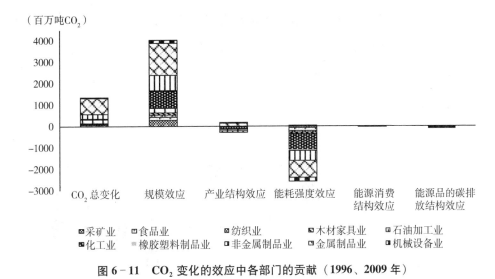

（百万吨CO_2）

图例：
採矿业　食品业　纺织业　木材家具业　石油加工业
化工业　橡胶塑料制品业　非金属制品业　金属制品业　机械设备业

图 6-11　CO_2 变化的效应中各部门的贡献（1996、2009 年）

图 6-11 单独考察 1996 年和 2009 年工业 CO_2 排放变化的影响因素中各部门所占相对规模，可以看出，在总的 CO_2 排放变化中，金属制品业、非金属制品业和石油加工业三个部门贡献了 84% 的 CO_2 增量排放。从影响因素来看，规模效应是导致温室气体增加的主要动因，其中，由于金属制品业、非金属制品业和石油加工业产出规模的扩张导致的温室气体增量占规模总效应的 74%；在产业结构效应中，金属制品业、机械设备制造业、化工业和木材家具业由于相对经济比重上升，导致增加了 168 百万吨 CO_2 排放，而其他产业部门由于相对经济比重下降而减缓了 290 百万吨 CO_2 排放，最后由于工业内部产业结构变动减少了 122 百万吨 CO_2 排放，在所有部门中，金属制品业、机械设备业的扩张最显著增加了 CO_2 排放，而采矿业、石油加工业、非金属制品业等部门所占经济比重的相对萎缩则促进了 CO_2 减排。在能耗强度效应中，金属制品业、化工业和非金属制品业的能源效率的提高有效地控制了 CO_2 的减少，但石油加工业则出现了能源效率退步，额外产生了部分 CO_2 增量；能源结构效应和能源品碳排放系数效应尽管总体影响有限，但部门内部的改善却有很大差异性，譬如：非金属制品业、机械设备制造业和采矿业能源结构呈现出优化趋势，并有效遏制了部分 CO_2 排放，但金属制品业和石油加工业则更加依赖于传统高碳型化石

能源。基于 33 个工业部门的分解数据可参见本章后表 6－3 所示。

最后，我们单独考察在历年的产业结构调整效应中，各工业行业的相对贡献，具体见图 6－12 所示。

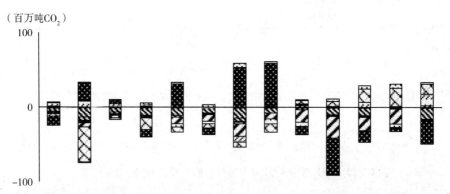

图 6－12　产业结构调整效应中不同行业的贡献值

可以发现，在 2004 年之前，金属制品业在工业经济中的相对比重上升导致了该行业对温室气体排放的巨大贡献，这一时期，非金属制品业、石油加工业、采矿业和化工业所占工业比重的逐渐萎缩则减缓了温室气体排放；在 2004 年之后，工业内部结构发生了较为显著的变化，金属制品业的产业结构效应表现为负值，也即是说明该行业所占工业比重出现了下降，并由此导致了相当规模的温室气体减排效应，石油加工业、采矿业同样由于部门相对比重下降而产生了 CO_2 排放的负效应，但是非金属制品业、化工业则出现了反转，其部门所占工业比重出现了较大上升，并由此产生了较大规模的 CO_2 增量排放。此外，机械设备制造业在经济中的地位一直处于上升态势，因此，其产业结构效应在大多时期保持为正值，但与其他部门的产业结构调整效应相比，其影响规模较小。基于更为详尽的 33 个部门的分解数据可参见本章后表 6－4 所示。

第四节　结　论

本章对 1996—2009 年间的工业 10 个行业 33 个部门进行了详尽考察,对各部门的经济产出、能源消费和温室气体排放进行了统计分析,并基于对数平均迪氏分解法将工业 CO_2 分解为不同效应。主要结论包括以下六个方面。

1. 1996—2009 年间,我国工业总产值保持 17.3% 的年均增长速度,其中,机械设备制造业、金属制品业、化工业等行业占工业经济比重较高;化石能源消费年均增幅为 5.6%,在 2002 年之后,部分行业耗能出现了大幅攀升,其中,金属制品业、化石能源消费比重最高,2009 年占整个工业化石能源消费的 40%;从化石能源消费结构看,煤炭类比重在逐渐下降,但是在 2002—2005 年间有所反弹;焦炭类消费比重受金属制品业生产规模扩大影响而有所增加;石油类燃料的消费比重在 2002 年之前有所上升,但在 2002—2005 年之间逐渐萎缩,直到 2005 年之后才逐渐保持稳定;天然气的消费比重变化不大,保持在 3%—5% 之间。工业行业温室气体排放年均增加 5.3%,其中 2002 年大多数工业行业排放量开始迅速攀升,金属制品业、非金属制品业和化工业是工业温室气体排放的主要来源,这三个行业排放的 CO_2 排放占整个工业温室气体排放的 71%。

2. 2009 年同 1996 年相比较,工业 CO_2 排放增加了 1355 百万吨,其中产出规模效应的相对贡献率为 299%,产业结构效应、能耗强度效应、能源结构效应和碳排放系数效应分别为: -8.97%、-186.3%、-0.7% 和 -3.1%。在影响工业 CO_2 排放的因素中,部门生产规模的扩张是导致工业 CO_2 排放增加的主要因素,而工业部门内部能源效率的改善,以及部门结构的调整是减缓温室气体排放的两个主要途径。由于工业生产技术短期无法采用清洁能源替代传统化石能源,因此,能源结构的改善、燃料碳排放系数低碳化对工业 CO_2 排放的相对贡献较小。

3. 产出规模效应在考察期内逐渐变大,并持续推动着 CO_2 排放的增加。在所有行业中,金属制品业、非金属制品业和石油加工业产出规模的扩张导致的温室气体增量占产出规模总效应的 74%。

4. 产业结构效应在 2000 年之前和 2005 年之后较为显著，但是在 2003—2005 年之间起作用很小，且绝对贡献为正，表明这一时期工业部门结构呈现重型化、高排放的特征，不仅没有减缓温室气体，反而发展了更多的高排放型部门，促成了 CO_2 排放的增加。在所有行业中，金属制品业、机械设备业的扩张最显著增加了 CO_2 排放，而采矿业、石油加工业、非金属制品业等部门所占经济比重的相对萎缩则促进了 CO_2 减排。

5. 能耗强度效应在不同时期均有效削减了温室气体，但在 2003—2005 年重化工业抬头阶段有所遏制，其温室气体减缓效应有所下降，2005 年之后能耗强度效应开始发挥更为积极的作用，其减缓 CO_2 排放的程度也越来越大。在所有行业中，金属制品业、化工业和非金属制品业的能源效率的提高有效地控制了 CO_2 排放的减少，但石油加工业则出现了能源效率退步并导致了部分 CO_2 增量。

6. 能源结构、燃料碳排放系数效应在各个时期贡献较小，但部门间存在一定差异性。非金属制品业、机械设备制造业和采矿业能源结构呈现出优化趋势，并有效遏制了部分 CO_2 排放，但金属制品业和石油加工业则更加依赖于传统高碳型化石能源。

表 6-1　工业部门分类对照表

大类行业名称	部门代码	部门名称
采矿业	6	煤炭开采和洗选业
	7	石油和天然气开采业
	8	黑色金属矿采选业
	9	有色金属矿采选业
	10	非金属矿采选业
食品和饮料业	13	农副食品加工业
	14	食品制造业
	15	饮料制造业
	16	烟草制品业

续表

大类行业名称	部门代码	部门名称
纺织皮革制品业	17	纺织业
	18	纺织服装、鞋、帽制造业
	19	皮革、毛皮、羽毛（绒）及其制品业
木材家具制造业	20	木材加工及木、竹、藤、棕、草制品业
	21	家具制造业
	22	造纸及纸制品业
	23	印刷业和记录媒介的复制
	24	文教体育用品制造业
石油加工业	25	石油加工、炼焦及核燃料加工业
化工业	26	化学原料及化学制品制造业
	27	医药制造业
	28	化学纤维制造业
橡胶塑料制品业	29	橡胶制品业
	30	塑料制品业
非金属制品业	31	非金属矿物制品业
金属制品业	32	黑色金属冶炼及压延加工业
	33	有色金属冶炼及压延加工业
	34	金属制品业
设备机械仪表业	35	通用设备制造业
	36	专用设备制造业
	37	交通运输设备制造业
	39	电气机械及器材制造业
	40	通信设备、计算机及其他电子设备制造业
	41	仪器仪表及文化、办公用机械制造业

表 6-2 工业部门在 1996—2009 年间累计工业总产值、化石能源消费及 CO_2 排放量

部门	1996—2009 年间累计绝对量			部门所占比重（%）		
	工业总产值（亿元，2005年价格）	化石能源消费（百万吨标准煤）	CO_2排放量（百万吨）	工业总产值	化石能源消费	CO_2排放
加总	2664955.9	10109.5	26004.0	100.00	100.00	100.00
煤炭开采和洗选业	66984.5	436.7	1168.8	2.51	4.32	4.49
石油和天然气开采业	73781.4	291.5	583.7	2.77	2.88	2.24
黑色金属矿采选业	13497.8	28.3	76.4	0.51	0.28	0.29
有色金属矿采选业	14624.2	17.7	47.3	0.55	0.17	0.18
非金属矿采选业	10691.0	52.4	139.2	0.40	0.52	0.54
农副食品加工业	127099.3	144.6	381.4	4.77	1.43	1.47
食品制造业	44370.4	90.8	243.3	1.66	0.90	0.94
饮料制造业	40626.3	81.9	222.0	1.52	0.81	0.85
烟草制品业	33524.8	20.4	52.8	1.26	0.20	0.20
纺织业	139822.4	209.0	560.1	5.25	2.07	2.15
纺织服装、鞋、帽制造业	60382.6	26.3	67.6	2.27	0.26	0.26
皮革、毛皮、羽毛（绒）及其制品业	38892.7	14.9	38.1	1.46	0.15	0.15
木材加工及木、竹、藤、棕、草制品业	24157.5	38.3	103.9	0.91	0.38	0.40
家具制造业	16047.6	7.0	17.9	0.60	0.07	0.07
造纸及纸制品业	46949.0	192.3	520.0	1.76	1.90	2.00
印刷业和记录媒介的复制	17129.1	10.2	25.1	0.64	0.10	0.10
文教体育用品制造业	16411.4	6.7	16.1	0.62	0.07	0.06
石油加工、炼焦及核燃料加工业	135680.1	900.1	2007.6	5.09	8.90	7.72
化学原料及化学制品制造业	195050.7	1661.2	4168.4	7.32	16.43	16.03
医药制造业	51076.0	65.1	173.9	1.92	0.64	0.67
化学纤维制造业	28311.6	77.1	190.5	1.06	0.76	0.73
橡胶制品业	26528.6	45.9	122.6	1.00	0.45	0.47
塑料制品业	60459.2	39.0	98.5	2.27	0.39	0.38

续表

部门	1996—2009 年间累计绝对量			部门所占比重（%）		
	工业总产值（亿元，2005年价格）	化石能源消费（百万吨标准煤）	CO_2排放量（百万吨）	工业总产值	化石能源消费	CO_2排放
非金属矿物制品业	116105.4	1826.1	4679.3	4.36	18.06	17.99
黑色金属冶炼及压延加工业	223498.2	3153.9	8568.2	8.39	31.20	32.95
有色金属冶炼及压延加工业	100426.3	213.5	551.3	3.77	2.11	2.12
金属制品业	81397.8	69.3	182.8	3.05	0.69	0.70
通用设备制造业	127544.5	119.8	328.7	4.79	1.18	1.26
专用设备制造业	78002.3	77.9	195.7	2.93	0.77	0.75
交通运输设备制造业	195448.8	105.2	269.7	7.33	1.04	1.04
电气机械及器材制造业	165800.4	43.6	106.1	6.22	0.43	0.41
通信设备、计算机及其他电子设备制造业	265433.6	35.1	78.1	9.96	0.35	0.30
仪器仪表及文化、办公用机械制造业	29200.7	7.5	18.8	1.10	0.07	0.07

表6-3　工业部门 CO_2 排放变动分解（1996 年、2009 年）

部门	CO_2总变动 C_{total}	产出规模效应 ΔC_Y	产业结构效应 ΔC_{str}	能耗强度效应 ΔC_{int}	能源结构效应 ΔC_f	碳排放系数效应 ΔC_{cc}
加总	1354.97	4051.81	-121.55	-2524.01	-9.19	-42.09
煤炭开采和洗选业	78.26	176.81	-44.81	-55.86	0.07	2.05
石油和天然气开采业	23.30	71.70	-56.45	10.07	-1.88	-0.14
黑色金属矿采选业	3.01	12.04	5.66	-14.56	-0.22	0.10
有色金属矿采选业	-1.65	8.04	-0.76	-8.60	-0.32	-0.01
非金属矿采选业	3.83	20.61	-5.24	-11.08	-0.46	0.00
农副食品加工业	3.58	57.87	-3.61	-49.82	-0.33	-0.53
食品制造业	-0.49	40.37	-2.68	-38.23	-0.65	0.70
饮料制造业	-0.66	34.22	-9.21	-25.24	-0.42	-0.01

续表

部门	CO_2总变动 C_{total}	产出规模效应 ΔC_Y	产业结构效应 ΔC_{str}	能耗强度效应 ΔC_{int}	能源结构效应 ΔC_f	碳排放系数效应 ΔC_{cc}
烟草制品业	−2.31	5.96	−2.32	−5.81	−0.11	−0.03
纺织业	−1.48	84.00	−10.61	−75.30	0.56	−0.12
纺织服装、鞋、帽制造业	2.64	9.25	−1.46	−4.95	−0.19	−0.02
皮革、毛皮、羽毛（绒）及其制品业	0.52	5.05	−0.83	−3.54	−0.17	0.01
木材加工及木、竹、藤、棕、草制品业	3.38	15.48	2.31	−14.32	−0.08	−0.01
家具制造业	0.07	2.47	0.47	−2.69	−0.18	0.00
造纸及纸制品业	15.34	81.33	−0.10	−65.39	−0.27	−0.24
印刷业和记录媒介的复制	−0.04	3.39	−0.32	−3.00	−0.17	0.06
文教体育用品制造业	0.23	2.27	−0.09	−1.87	−0.09	0.01
石油加工、炼焦及核燃料加工业	180.91	211.49	−89.97	50.53	0.14	8.73
化学原料及化学制品制造业	64.08	749.55	16.23	−696.20	−1.32	−4.19
医药制造业	−0.42	25.92	0.48	−26.47	−0.24	−0.12
化学纤维制造业	−3.10	17.78	−4.31	−17.17	0.36	0.24
橡胶制品业	0.16	18.97	−1.97	−16.55	−0.23	−0.05
塑料制品业	2.41	15.42	0.28	−13.17	−0.11	−0.01
非金属矿物制品业	198.66	739.12	−66.24	−452.46	−4.09	−17.66
黑色金属冶炼及压延加工业	729.46	1362.23	95.20	−707.17	6.26	−27.05
有色金属冶炼及压延加工业	33.24	86.46	15.95	−65.96	−0.57	−2.64
金属制品业	0.11	28.56	3.70	−30.70	−1.36	−0.10
通用设备制造业	5.30	61.58	14.22	−69.69	−0.13	−0.67
专用设备制造业	2.61	32.63	4.55	−33.40	−0.51	−0.67
交通运输设备制造业	9.20	40.53	10.86	−41.25	−1.15	0.21
电气机械及器材制造业	0.78	17.17	4.61	−20.13	−0.89	0.02

续表

部门	CO_2 总变动 C_{total}	产出规模效应 ΔC_Y	产业结构效应 ΔC_{str}	能耗强度效应 ΔC_{int}	能源结构效应 ΔC_f	碳排放系数效应 ΔC_{CC}
通信设备、计算机及其他电子设备制造业	4.10	10.80	4.36	−10.84	−0.28	0.05
仪器仪表及文化、办公用机械制造业	−0.06	2.73	0.55	−3.18	−0.16	0.00

表 6−4　1996—2009 年间产业结构效应中各部门绝对贡献值

产业结构效应 ΔC_{str}	1997	1998	1999	2000	2001	2002	2003	2004	2005	2006	2007	2008	2009
加总	−16.6	−38.8	−5.5	−33.1	1.3	−31.1	6.6	29.5	−24.8	−78.8	−16.3	0.5	−14.0
煤炭开采和洗选业	−4.8	−9.0	−5.0	−5.0	−0.1	−1.2	−5.8	6.7	−1.3	−3.7	−3.6	2.8	−0.5
石油和天然气开采业	−0.8	0.2	−1.1	−4.1	−10.0	−5.9	−7.5	−5.5	−3.0	−7.6	−8.0	−4.6	−15.2
黑色金属矿采选业	0.3	−0.2	−0.3	−0.2	0.1	0.1	0.6	1.6	0.4	0.7	0.9	2.4	0.2
有色金属矿采选业	0.2	−0.3	0.1	−0.2	−0.2	−0.1	−0.3	−0.3	0.3	0.5	0.0	−0.3	0.2
非金属矿采选业	0.4	−3.8	−0.2	−0.8	−0.6	−0.3	−0.9	−1.2	0.6	1.0	0.6	0.9	0.8
农副食品加工业	0.1	−2.6	−1.5	−1.0	−0.7	−0.3	−0.1	−0.8	1.2	−0.3	0.1	1.6	1.2
食品制造业	0.7	−1.4	−0.3	0.6	−0.1	0.4	−1.6	−1.5	1.1	0.2	−0.7	−0.4	1.2
饮料制造业	0.7	−0.6	−0.1	−0.7	−1.2	−1.1	−2.1	−3.8	0.7	0.3	−0.5	−0.9	1.0
烟草制品业	0.0	0.2	−0.2	−0.3	0.1	0.1	−0.8	−0.7	−0.3	−0.3	−0.4	−0.2	−0.1
纺织业	−2.5	−3.0	−0.9	0.5	0.0	−0.2	−0.8	1.0	1.0	−1.0	−1.1	−2.1	−1.5
纺织服装、鞋、帽制造业	−0.3	0.3	−0.2	−0.1	0.1	−0.2	−0.4	−0.6	0.2	0.0	−0.1	0.2	−0.2
皮革、毛皮、羽毛（绒）及其制品业	0.0	0.0	−0.1	−0.1	0.0	−0.1	0.0	−0.3	0.0	−0.1	−0.1	−0.2	−0.1
木材加工及木、竹、藤、棕、草制品业	0.7	−1.3	0.3	0.1	0.0	0.0	−0.3	−0.4	0.3	0.6	0.5	1.1	1.0	0.5
家具制造业	0.1	−0.1	0.0	0.0	0.1	0.0	0.1	0.2	0.0	0.1	0.0	0.0	0.0

续表

产业结构效应 ΔC_{str}	1997	1998	1999	2000	2001	2002	2003	2004	2005	2006	2007	2008	2009
造纸及纸制品业	-0.3	1.1	0.6	1.2	0.3	-0.2	-1.3	0.0	0.4	-1.1	-0.1	-0.3	-1.3
印刷业和记录媒介的复制	0.1	0.0	0.0	-0.2	0.1	0.0	0.0	-0.2	0.0	-0.1	0.0	0.0	0.0
文教体育用品制造业	0.0	0.2	0.0	0.0	0.0	0.0	0.0	0.0	0.0	0.0	0.0	0.0	-0.1
石油加工、炼焦及核燃料加工业	-0.7	-5.3	-3.4	-1.7	-8.8	-9.3	-16.8	-7.9	-16.7	-29.0	-17.2	-19.8	-0.1
化学原料及化学制品制造业	3.5	7.0	2.0	0.8	0.3	-2.2	-5.5	-3.4	-6.0	2.7	6.6	-1.6	12.8
医药制造业	0.6	1.6	0.4	0.3	0.5	0.1	-0.9	-2.9	0.2	-0.6	-0.2	-0.3	1.7
化学纤维制造业	0.4	0.1	2.2	1.8	-5.7	-1.1	-0.2	-0.5	0.3	-0.1	0.0	-2.4	-0.7
橡胶制品业	0.0	0.2	-0.3	-0.9	0.0	0.0	-0.5	-0.2	-0.6	0.0	-0.2	-0.4	0.6
塑料制品业	0.2	0.5	0.2	0.0	0.1	0.0	-0.3	-0.2	-0.5	0.1	-0.1	-0.4	0.5
非金属矿物制品业	-3.3	-46.6	-2.3	-15.2	-6.6	-5.9	-6.9	-10.5	5.9	6.2	18.2	24.2	13.2
黑色金属冶炼及压延加工业	-11.5	19.6	2.9	-10.9	30.8	-6.5	54.7	54.3	-11.6	-63.1	-18.3	1.4	-30.0
有色金属冶炼及压延加工业	-0.8	4.3	1.6	0.7	-0.7	-1.6	0.1	3.4	1.3	11.9	1.5	-7.2	0.1
金属制品业	0.0	0.5	-0.4	0.3	0.4	0.2	-0.7	0.3	0.7	0.6	0.9	1.3	-0.6
通用设备制造业	-0.6	-1.9	-0.3	0.1	0.9	1.1	1.4	2.5	0.9	1.2	1.9	3.2	-0.1
专用设备制造业	-0.4	-1.0	-0.4	-0.2	-0.2	0.5	1.1	0.1	0.1	0.8	1.0	2.2	0.6
交通运输设备制造业	0.3	0.4	0.7	0.4	1.6	2.1	1.3	-1.1	-1.0	1.0	1.4	0.7	2.9
电气机械及器材制造业	0.2	0.6	0.3	0.5	0.2	-0.1	0.3	0.6	0.2	0.4	0.4	0.5	0.0
通信设备、计算机及其他电子设备制造业	0.7	0.9	0.5	0.6	0.4	0.5	0.7	0.4	0.1	-0.1	-0.4	-0.5	-0.7
仪器仪表及文化、办公用机械制造业	0.1	0.2	-0.1	0.1	0.0	0.0	0.3	0.0	0.1	0.0	0.0	0.0	-0.1

第七章 工业 CO_2 排放及影响因素分析（以浙江省为例）[①]

近年来，全球气候变暖问题引起了国际上的关注，我国作为一个负责任的发展中国家，积极采取措施应对气候变化。作为东部沿海发达省份，浙江省高度重视应对气候变化工作，在国家的统一指导下，于2007年专门成立了浙江省应对气候变化领导小组，领导小组下设办公室，承担应对气候变化的日常工作。2010年，浙江省公布了《浙江省应对气候变化方案》，明确了浙江省到2012年应对气候变化的目标、原则及政策措施。根据《浙江省应对气候变化方案》，工业部门能源消费是温室气体排放主要来源。2007年浙江省排放的3.85亿吨 CO_2 当量中，能源活动和工业生产部门所占比重高达93.55%。因此，对工业行业不同部门的碳排放进行系统核算和统计分析，是了解浙江省工业部门温室气体排放现状、发展趋势、所处水平的基础。

本章以浙江省工业部门为研究对象，基于浙江省第二次经济普查数据，对浙江省2008年37个工业部门的温室气体排放进行测算和统计；为了解浙江省在同类省份和全国所处位置，分别同北京、上海、江苏、广东四省以及全国进行相关指标的横向对比；为了解浙江省工业部门温室气体的发展趋势，同2004年浙江省第一次经济普查数据进行纵向对比。此外，利用因素分解法定量测度了经济产出、能耗强度、产业结构、产业规模、

---

① 本章内容是在魏楚完成的研究报告"浙江省温室气体排放状况研究——基于浙江省第二次经济普查资料的分析"基础上修改而成的，该文收录于浙江省第二次经济普查领导小组办公室主编的《浙江省第二次经济普查课题选编》，浙江工商大学出版社2011年版。

能源结构等不同因素对浙江省工业温室气体增长的相对贡献。

本章结构安排如下，第一节对研究的主要概念、计算方法和数据来源进行界定和说明；第二节对浙江省工业部门温室气体排放进行核算，并对其基本分布、特征进行横向和纵向对比；第三节对工业温室气体排放的影响因素进行识别和分解；最后是研究结论和对策。

第一节　主要概念、计算方法及数据来源

一、概念及研究范围界定

根据《中国气候变化初始国家信息通报》中有关温室气体清单的编制范围，本章计算的温室气体主要包括以下三种：CO_2（CO_2）、甲烷（CH_4）和氧化亚氮（N_2O），并在各自的排放量基础上折算成相应的 CO_2 当量。

鉴于规模以下工业企业的温室气体排放比重较小，所以将研究范围界定为规模以上工业企业。此外，为便于分析和阅读，本章将经济普查中的 37 个工业部门分为 12 个大类：采矿业、食品和饮料业、纺织皮革制品业、木材家具造纸业、石油加工业、化工业、橡胶塑料制品业、非金属制品业、金属制品业、设备机械仪表业、电力业、其他行业。具体分类标准详见本章后表 7 - 1 所示。

二、计算方法

温室气体排放量一般通过化石能源消费来进行测算。根据《中国气候变化初始国家信息通报》中有关温室气体清单的编制方法、政府间气候变化专门委员会（IPCC）公布的不同化石能源消费的温室气体排放系数，以及《中国能源统计年鉴》公布的我国不同化石能源的低位发热量，化石能源消费活动导致的 CO_2 排放量可以根据以下公式进行计算：

$$CO_2 = \sum_{i=1}^{19} CO_{2i} = \sum_{i=1}^{19} E_i \times C_i \times D_i \tag{7-1}$$

其中，CO_2表示 CO_2 的排放总量；下标 i 表示浙江省经济普查中所涉及的 19 种化石能源品；E_i 是分行业各种能源消费总量；C_i 表示缺省的 CO_2 排放因子，单位是千克 CO_2/千卡；D_i 表示中国能源产品的平均低位发热量，单位是千卡/千克或千卡/立方米。其中 $C_i \times D_i$ 被称为 CO_2 排放系数。其他温室气体的排放量计算同公式（7-1），在此不一一列举。各种能源品的 CO_2 排放系数参见本章后表 7-2 所示。

三、数据来源

浙江省规模以上工业行业能源消费量、规模以上工业企业工业总产值，来自 2004 年浙江省第一次经济普查数据和 2008 年浙江省第二次经济普查数据。其中 2004 年的工业总产值利用"浙江省规模以上工业企业出产品价格指数"平减为 2008 年不变价格，价格平减指数来自 2009 年《浙江省统计年鉴》。

北京、上海、广东、江苏和全国的规模以上工业行业能源消费量、规模以上工业企业工业总产值，来自 2008 年全国第二次经济普查主要数据公报。北京、上海、广东、江苏、浙江、全国年末总人口数，来自 2009 年《中国统计年鉴》。

第二节　浙江省工业温室气体排放状况

一、工业温室气体排放总量与分布

利用公式（7-1）的计算方法和 2008 年浙江省第二次经济普查数据进行估算，2008 年浙江省规模以上工业企业的二氧化碳（CO_2）排放量约为 3.54 亿吨，甲烷（CH_4）排放量为 0.64 万吨，氧化亚氮（N_2O）约为 0.47 万吨。折合温室气体总量约为 3.56 亿吨 CO_2 当量。其中 CO_2 所占比重为 99.57%，说明浙江省工业部门温室气体排放以 CO_2 为主。

从工业温室气体排放的部门分布来看（见图 7-1），排放量占前五位

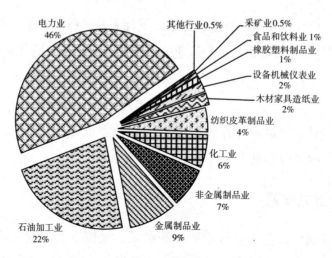

图 7-1 浙江省工业温室气体排放部门分布（2008 年）

的行业分别是：电力业排放（16424.8 万吨）、石油加工业（7942.4 万吨）、金属制品业（3046.2 万吨）、非金属制品业（2481.6 万吨）和化工业（2072.5 万吨）；上述五个行业占全省规模以上工业排放的 90%，其中电力业排放所占比重最高，达到 46%。其他行业部门，如橡胶塑料制品业、食品饮料业、采矿业、其他行业所占比例较小。

具体到 37 个工业部门，排放量占前五位的部门分别是：电力、热力的生产和供应业（16424.8 万吨）、石油加工、炼焦及核燃料加工业（7942.4 万吨）、黑色金属冶炼及压延加工业（2749.7 万吨）、非金属矿物制品业（2481.6 万吨）和化学原料及化学制品制造业（1714.3 万吨）；上述五个部门占全省规模以上工业部门排放的 88%。37 个工业部门的主要温室气体排放数据参见本章后表 7-3。

二、工业温室气体排放所处水平

基于 2008 年全国第二次经济普查数据公报，本章选取了中国几个主要发达省份，包括北京、上海、江苏、广东以及全国的平均数据，同浙江省的相关指标进行比较，旨在了解浙江省与其他省份的差别以及在全国所处的位置，相关数据参见本章后表 7-4、表 7-5、表 7-6。

1. 工业温室气体排放总量对比

2008 年，全国规模以上工业温室气体排放量为 100.54 亿吨 CO_2 当量，其中，北京、上海、浙江、江苏、广东规模以上工业行业的温室气体排放量从高到低依次排列为：江苏（6.57 亿吨）、广东（4.69 亿吨）、浙江（3.56 亿吨）、上海（2.49 亿吨）、北京（1.15 亿吨）。上述五省市占全国规模以上工业排放总量的 18.36%。

从相对规模上来看（图 7-2），浙江省规模以上工业部门化石燃料燃烧的 CO_2 排放量约占全国总量的 3.54%，虽然这一比重高于北京（1.14%）和上海（2.48%），但低于广东（4.66%）和江苏（6.54%）。

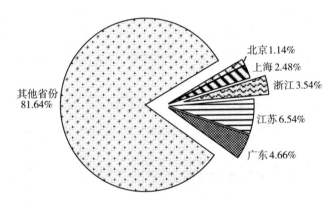

图 7-2　主要省市规模以上工业温室气体排放规模对比（2008 年）

2. 工业温室气体行业分布对比

图 7-3 绘制了五省市 2008 年规模以上工业温室气体排放的行业分布对比。可以看出，由于各地区产业结构差异，各部门对地区工业温室气体排放量的相对贡献也不同。譬如，石油加工业是北京、上海两地工业温室气体排放贡献最大的部门，其比重分别为 45.4% 和 35.9%，而对于浙江、江苏和广东三省而言，电力业所占工业温室气体排放的比重最高，分别为 46.2%、36% 和 40%。

尽管不同部门的贡献程度有别，但总体而言，电力、石油加工、金属制品、化工、非金属制品这五个部门的温室气体排放量占据了很大比重。如北京这五个部门所占工业温室气体排放比重为95.5%，上海为95.8%，浙江为89.9%，江苏为89%，广东为87.3%。其他部门所占的比重则相对较小。

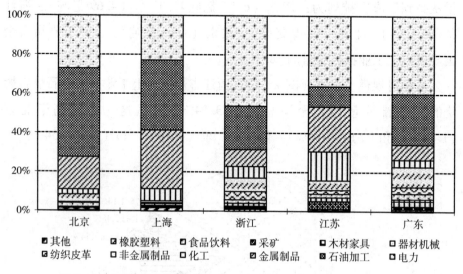

图例：其他、橡胶塑料、食品饮料、采矿、木材家具、器材机械、纺织皮革、非金属制品、化工、金属制品、石油加工、电力

图7-3　主要省市规模以上工业温室气体行业分布对比（2008年）

3. 人均工业温室气体排放量对比

人均CO_2排放量是衡量一个国家或地区CO_2排放高低的重要指标。由于缺乏其他部门能源消费以及碳汇数据，因此，这里比较的是人均规模以上工业温室气体排放量，而非该地区的人均温室气体排放总量。

图7-4反映了2008年全国及主要省市的人均工业温室气体排放量。其中，全国的人均工业温室气体排放水平为7.57吨CO_2当量/人，上海、江苏高于全国平均水平，分别为13.20吨CO_2当量/人和8.56吨CO_2当量/人；北京、浙江和广东则低于全国平均水平，分别为6.79吨CO_2当量/人、6.95吨CO_2当量/人和4.91吨CO_2当量/人。其中，浙江省的人均工业温室气体排放量是全国平均水平的91.8%。

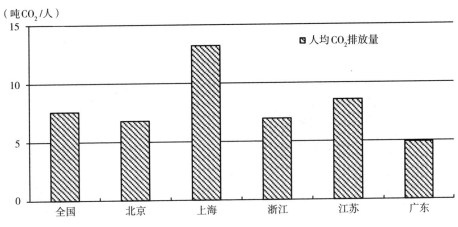

图 7-4　主要省市人均工业温室气体排放量对比（2008 年）

4. 工业 CO_2 排放强度对比

CO_2 排放强度是用来衡量经济同碳排放量之间关系的一个指标，表示单位产值的 CO_2 排放量。"十二五规划"中已经明确将 CO_2 强度作为约束指标，因此，评估各工业部门的 CO_2 排放强度水平及变动趋势，对于未来的 CO_2 强度目标分解具有十分重要的意义。

从总体来看，2008 年全国规模以上工业每亿元工业产值平均产生 2.01 万吨 CO_2，北京、上海、浙江、江苏和广东的工业 CO_2 强度都普遍低于全国平均水平。其中，广东最低，为 0.729 万吨 CO_2 当量/亿元，最高的是北京，为 1.115 万吨 CO_2 当量/亿元，浙江相对于其他几个省市较低，为 0.867 万吨 CO_2 当量/亿元，相当于全国平均水平的 43.1%。

此前在图 7-3 的分析中已经指出：电力、石油加工、金属制品、化工、非金属制品这五个行业对工业温室气体排放影响很大，因此，图 7-5 主要针对这五大行业进行工业 CO_2 排放强度的横向比较。

可以看出，电力业、石油加工业的 CO_2 排放强度显著高于其他部门。对电力行业而言，全国的平均 CO_2 排放强度为 8.45 万吨 CO_2 当量/亿元，除了江苏省高于全国平均水平外，其他四个省市都普遍低于全国平均水平，其中北京的 CO_2 强度显著低于其他省市仅为 2.5 万吨 CO_2 当量/亿元，

（万吨CO_2当量/亿元）

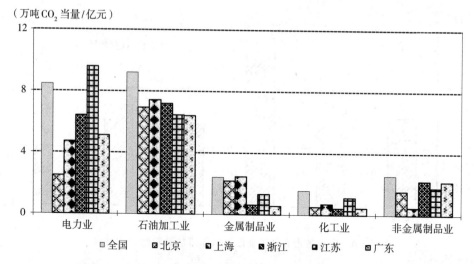

图 7－5　主要省市重点工业部门 CO_2 排放强度对比（2008 年）

浙江省电力业的 CO_2 排放强度为 6.412 万吨 CO_2 当量/亿元，是北京电力业 CO_2 排放强度的 2.56 倍，表明仍有很大的下降空间。在石油加工业中，全国平均 CO_2 排放强度为 9.2 万吨 CO_2 当量/亿元，五省市之间的 CO_2 排放强度差异不大，最高的是上海，最低的是广东，浙江石油加工业的 CO_2 排放强度为 7.192 万吨 CO_2 当量/亿元。此外，图 7－5 还揭示出：在金属制品业、化工业中，浙江的 CO_2 排放强度均低于全国平均水平，并在五省市中最低，表明其 CO_2 的生产效率较高。在非金属制品业，上海的 CO_2 排放强度远低于其他省市，浙江的碳排放强度接近全国平均水平。

总体而言，浙江的工业 CO_2 排放强度低于全国平均水平，尤其是在金属制品业和化工业具有一定效率优势，但在电力业、非金属制品业，同其他省市仍有一定差距。

5. 能源品排放结构对比

能源排放结构用于测度单位化石能源燃烧所产生的 CO_2 排放量，该指标可以用来衡量一个地区或行业的能源消费结构。根据不同化石能源品的 CO_2 排放系数，将能源品划分为三组：高碳能源（排放系数大于 3）、中碳能源（排放系数大于 2 小于 3）和低碳能源（排放系数小于 2）。如果能源品排放结构指标变大，表示该行业或地区的能源消费结构中，高碳能源的使用比例增加，反之则表示低碳能源的使用比例增加。

从总体来看，2008 年全国规模以上工业部门每消费万吨标准煤，需要排放 2.415 万吨当量的 CO_2，在比较的五省市中，江苏的规模以上工业部门单位化石能源燃烧的 CO_2 排放量最高，为 2.27 吨 CO_2 当量/吨标准煤，浙江则最低，为 2.148 吨 CO_2 当量/吨标准煤，这说明浙江省规模以上工业企业消费的能源品结构中，低碳能源所占比例要高于其他省市。

（吨 CO_2 当量 / 吨标准煤）

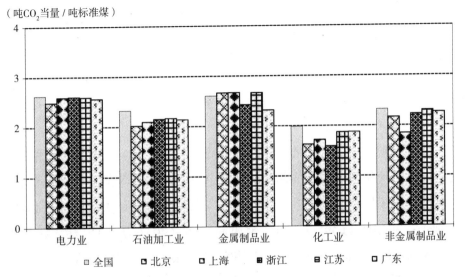

图 7-6　全国及主要省市重点工业部门能源排放结构对比（2008 年）

图 7-6 比较了五个重点行业的能源排放结构。在电力业中，浙江省的能源排放结构偏"高碳化"，其单位能源消费排放的 CO_2 量最高，为 2.601 吨 CO_2 当量/吨标准煤，但仍然低于全国平均水平。在石油加工业中，浙江省仅低于江苏省。金属制品业中，浙江省显著低于全国及其他三个省市，仅略高于广东；化工业中则是浙江最低，表明在金属制品业和化工业中，浙江省的能源结构同其他省市相比，更加"低碳化"；此外，在非金属制品业，浙江省的能源结构同全国平均水平接近，但显著高于上海。

总体而言，浙江的工业能源结构具有一定"低碳化"特征，尤其在金属制品业和化工业的单位能源温室气体排放水平较低，但在非金属制品业同其他省市仍有一定差距。

三、工业温室气体排放变化趋势

基于 2004 年浙江省第一次经济普查数据、2008 年浙江省第二次经济普查数据，重点对规模以上工业的温室气体排放总量、行业分布、CO_2 排放强度、能源排放结构等指标进行比较，从而了解其动态趋势，2004 年浙江省规模以上工业的主要数据参见本章后表 7-7。

1. 排放总量及行业分布的变化趋势

2004 年，浙江省规模以上工业产生的温室气体排放量为 2.44 亿吨；2008 年，浙江省规模以上工业排放的温室气体为 3.56 亿吨，在 2004 年基础上增长了 45.6%。

从部门温室气体排放的变化趋势来看（见图 7-7），除了非金属制品业、其他行业出现了温室气体排放量减少的情况外，其他行业的温室气体排放都呈现不同程度的上升。按温室气体排放变动的绝对量排列，前五位分别是：电力业（6565 万吨）、金属制品业（2037 万吨）、石油加工业（1333 万吨）、化工业（888 万吨）和设备机械仪表业（107 万吨）。从相对变动的幅度来看，金属制品业的温室气体上升幅度最大，从 2004 年到 2008 年增加了 202%，其次是采矿业（+162%）、化工业（+75%）、电力业（+67%）；上升幅度最小的是纺织皮革制品业，同 2004 年相比，2008 年温室气体增加了 5.1%，而非金属制品业和其他行业分别在 2004 年基础上分别降低了 1.6% 和 8.8%。

2. CO_2 排放强度的变化趋势

2004 年，浙江省规模以上工业的 CO_2 排放强度为 1.103 万吨 CO_2/亿元，2008 年则下降为 0.867 万吨 CO_2/亿元，降幅为 21.4%。

图 7-8 比较了 2004 年和 2008 年浙江省规模以上工业行业的 CO_2 排

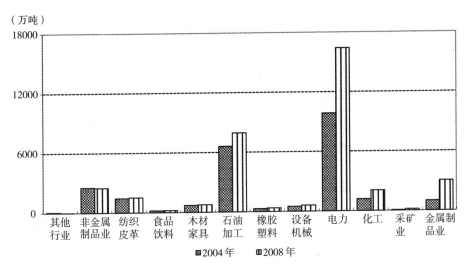

图7-7 浙江省规模以上工业行业温室气体排放量对比（2004年、2008年）

放强度。从绝对水平来看，石油加工业的 CO_2 排放强度最高，2004年为 11.89 万吨 CO_2/亿元，2008年下降为 7.19 万吨 CO_2/亿元；其次是电力业 2004年 5.1 万吨 CO_2/亿元，2008年 6.1 万吨 CO_2/亿元、非金属制品业 2004年 3.86 万吨 CO_2/亿元，2008年 2.21 万吨 CO_2/亿元。

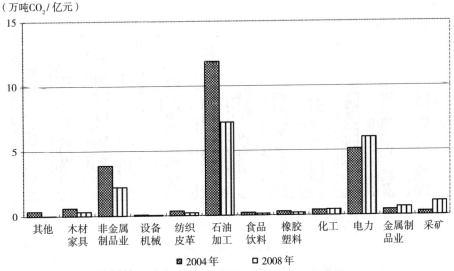

图7-8 浙江省规模以上工业行业 CO_2 排放强度对比（2004年、2008年）

此外，从图7-8可以看出，绝大部分行业的CO_2排放强度相比2004年都有所下降。从相对变化程度来看，其他行业的CO_2排放强度下降幅度最大，在2004年基础上降低了95%，其次分别为木材家具造纸业（-46.8%）和非金属制品业（-42.8%）；也有部分行业的CO_2排放强度出现反弹，其中采矿业增长幅度最大，其CO_2排放强度增加了280%，其次分别为金属制品业（+49.5%）、电力业（+17.4%）。

3. 能源排放结构的变化趋势

2004年，浙江省规模以上工业的单位化石能源燃烧的CO_2排放量为2.167万吨CO_2/万吨标准煤，2008年该指标下降为2.148万吨CO_2/万吨标准煤，降幅为0.88%，表明工业部门的能源结构有一定优化和改善。

图7-9比较了2004年、2008年浙江省规模以上工业行业的能源品排放结构。可以看出，大部分行业的能源品排放结构都呈现下降的态势，表明其能源投入结构逐渐呈现"低碳化"，从下降程度来看，其他行业在2004年每万吨标准煤产生1.54万吨CO_2，到2008年则降为0.36万吨

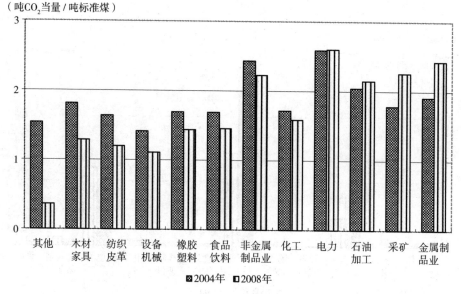

（吨CO_2当量／吨标准煤）

■2004年　□2008年

图7-9　浙江省规模以上工业行业能源排放结构对比（2004年、2008年）

CO_2，降幅高达 76.4%，其他依次是木材家具造纸业（-28.9%）、纺织皮革制品业（-26.9%）；此外，部分行业的能源品排放结构则呈现"高碳化"趋势，譬如金属制品业从 2004 年的 1.91 万吨 CO_2/万吨标准煤升至 2008 年的 2.43 万吨 CO_2/万吨标准煤，升幅为 27%，其他依次是采矿业（+26.5%）、石油加工业（+5.2%）。

第三节 浙江省工业温室气体排放的因素分解

一、方法简介

温室气体的变化可以通过 KAYA 恒等式进行分解，从而可以计算诸如产出规模、产业结构、能源结构、能源效率等因素对温室气体排放的相对贡献值，从而识别出影响温室气体的最主要因素。一个扩展的 KAYA 恒等式可表达为：

$$C = \sum_i \sum_j C_{ij} = \sum_i \sum_j \frac{C_{ij}}{E_{ij}} \times \frac{E_{ij}}{E_i} \times \frac{E_i}{Y_i} \times \frac{Y_i}{Y} \times \frac{Y}{P} \times P \qquad (7-2)$$

其中，C、E、Y 和 P 分别代表 CO_2 排放量、能源消费量、工业生产总值以及人口；C_{ij} 为第 i 产业第 j 种能源的 CO_2 排放量；E_{ij} 为第 i 种产业第 j 种能源的消费量；E_i 为第 i 产业能源消费量；Y_i 为第 i 产业的产出；Y 为所有产业产出总和。

公式（7-2）将能源消费导致的碳排放变化分解为以下六种效应：排放因子效应（ $\frac{C_{ij}}{E_{ij}}$ ）、产业能耗结构效应（ $\frac{E_{ij}}{E_i}$ ）、产业能耗强度效应（ $\frac{E_i}{Y_i}$ ）、产业结构效应（ $\frac{Y_i}{Y}$ ）、产出规模效应（ $\frac{Y}{P}$ ）以及人口规模效应（ P ）。

二、结果分析

基于公式（7-2），计算出浙江省 2004 年、2008 年规模以上工业部门温室气体排放变动的六种效应的相对贡献度，结果如图 7-10 所示。

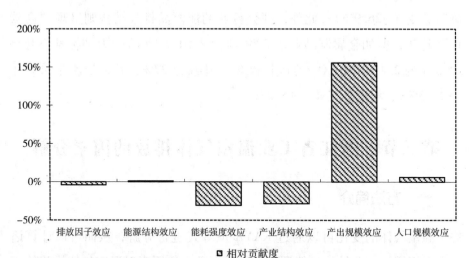

图 7-10　浙江省规模以上工业温室气体排放影响因素的相对贡献（2008 年）

从分解后的各影响因素来看，能源结构、产出规模和人口规模对温室气体排放的增加表现为正效应，而排放因子、能耗强度和产业结构表现为负效应。从各因素对温室气体排放变动的贡献率来看，产出规模效应的贡献率最大为 155.75%，其次按照绝对值的大小依次排列为：能耗强度效应-30.66%，产业结构效应-28.35%，人口规模效应 6.28%，排放因子效应-4.19%，能源结构效应 1.16%。这表明：浙江省规模以上工业部门工业总产值的增加是浙江省工业部门温室气体增加的主要推动引擎，而部门内部能耗强度的变动、浙江省工业行业内部结构的优化则减缓了温室气体的增加。此外，人口的增加、能源结构变动和能源品排放因子也对温室气体变化有一定影响。以下将进行相关因素的详细分析。

1. 产出规模效应

工业经济的快速发展是导致浙江省工业部门温室气体排放增长的主要原因。按照 2008 年不变价格计算，浙江省规模以上工业总产值从 2004 年的 22151.48 亿元增加到 2008 年的 41003.48 亿元，增幅为 85%；而同期能源消费量则从 2004 年的 11278.54 万吨标准煤增至 2008 年的 16559.7 万吨标准煤，能源消费量仅增加了 46.8%，相应的温室气体增幅同能源消费量接近，仅为 45.6%。这表明工业经济增长速度快于能源消费量和温室气体排放量的增速。

2. 能耗强度效应

工业部门内部能耗强度的降低是减少温室气体排放的重要途径。工业能耗强度指标一般用单位工业生产总值所需消耗的能源数量来表示，该指标可用来反映经济活动的能源效率。从整体上看，浙江省规模以上工业的能耗强度从 2004 年的 0.51 万吨标准煤/亿元下降为 2008 年的 0.4 万吨标准煤/亿元，其中，其他行业、石油加工业、非金属制品业的能耗强度降幅高达 79%、43% 和 38%，这表明这些行业的能源效率通过实施节能减排措施获得了巨大的改善，并对其行业温室气体减排起到了关键作用。但与此同时，部分行业的能耗强度不降反升，如采矿业能耗强度增加了 200%，对工业温室气体排放影响较大的部门，如金属制品业、化工业和电力业的能耗强度在 2004 年基础上分别增长了 17.7%、16.9% 和 16.8%，既然能耗强度的降低是减缓温室气体排放的重要途径，这表明未来控制温室气体需要重点考虑这些能耗强度"高位运行"的行业部门。

3. 产业结构效应

产业结构调整同样是减缓温室气体排放的重要手段。产业结构调整的效应体现在两个方面。一方面，高碳部门所占经济比重降低将会促进碳减排。譬如电力业，其温室气体排放比重为 40% 左右，由于其占工业经济的比重从 2004 年的 8.7% 下降到 2008 年的 6.7%，因此，对整体工业温室气体排放的绝对水平起到了减缓作用。另一方面，如果低碳部门在工业经济中的比重提高，则同样会促进温室气体减排。譬如设备机械仪表业，其温室气体排放量只占总排放量的 2% 左右，但是其占工业经济的比重从 2004 年的 28% 上升到了 2008 年的 32%，因此，也在一定程度上减缓了温室气体的增加。因此，大力实施产业结构调整、优化工业结构具有重大的现实意义和政策含义。

4. 能源结构效应

能源结构的优化和能源质量的改善也是影响温室气体排放的重要因素。能源结构效应对温室气体排放的增长表现为微弱的正效应，而排放因子效应则是微弱的负效应，两者效应之和为负效应。对于不同的能源产品，其单位能源消费的 CO_2 排放量是不同的，其潜在的政策含义在于，在保证能源投入量不变的情况下，可以通过调整、优化能源结构，发展清洁低碳型甚至"无碳型"能源来减少温室气体排放量。

5. 人口规模效应

人口规模效应也是影响温室气体排放的重要因素。从 2004 年到 2008 年，浙江省的人口从 0.457 亿人上升到了 0.469 亿人，人口的增加必然导致能源消费规模的扩大，因此，人口规模的增加对浙江省工业温室气体排放起到了正向推动作用，由此从降低温室气体排放量的角度来看，浙江省还是必须坚定实行计划生育政策。

第四节 主要结论及对策建议

考虑到未来一段时期，浙江省工业经济仍将持续增长，同时城市化、工业化进程进一步深化，为控制、减缓浙江省工业部门温室气体排放量和增速，提出以下建议：

首先，要加大研发力度，提高能源利用效率。从行业角度来看，电力部门不仅所占排放比重高，而且其能耗强度是北京等地区的两倍多，存在很大的效率改善空间，因此需要给予重点关注；此外，对于能耗强度不降反升的部门，如金属制品、采矿业等，应强化能耗强度的管理，对于能耗强度绝对水平较高的部门，如石油加工业、非金属制品业等行业，应继续实施节能减排政策，加快淘汰落后设备，引进先进技术设备，降低单位产值能耗，促进和改善能源效率。

其次，要优化产业结构，加快产业转型升级。产业结构的优化对减少 CO_2 排放的作用十分明显。要重点关注那些对温室气体排放影响较大，且经济比重较高的部门，大力实施产业的转型升级，如电力业、金属制品业、石油加工业、化工业等部门，尽量做到产业所占经济比重不显著增加或者一定程度减少；另一方面，要加快发展低能耗、低排放、高附加值的低碳型产业，譬如设备机械仪表业、废弃资源和废旧材料回收加工业等，尽量让这些产业规模所占比重逐渐上升。通过对工业结构做"减法"与"加法"来促进浙江省工业经济的低碳化发展。

此外，要优化能源结构，积极开发低碳型能源。要遏制金属制品业、采矿业、石油加工业能源消费高碳化的趋势，对电力行业、石油加工业、纺织业、非金属矿物制品业等能源消费量较大部门，要积极改善其能源利用结构，促进高质量能源品、清洁能源品的利用比重，同时加快新能源和可再生能源的开发利用，通过低碳型能源来减缓浙江省工业温室气体的排放速度。

表 7-1　主要工业部门行业分类

12 个大类行业名称	部门代码	部门名称
采矿业	6	煤炭开采和洗选业
	7	石油和天然气开采业
	8	黑色金属矿采选业
	9	有色金属矿采选业
	10	非金属矿采选业
	11	其他采矿业
食品和饮料业	13	农副食品加工业
	14	食品制造业
	15	饮料制造业
	16	烟草制品业

续表

12 个大类行业名称	部门代码	部门名称
纺织皮革制品业	17	纺织业
	18	纺织服装、鞋、帽制造业
	19	皮革、毛皮、羽毛（绒）及其制品业
木材家具制造业	20	木材加工及木、竹、藤、棕、草制品业
	21	家具制造业
	22	造纸及纸制品业
	23	印刷业和记录媒介的复制
	24	文教体育用品制造业
石油加工业	25	石油加工、炼焦及核燃料加工业
化工业	26	化学原料及化学制品制造业
	27	医药制造业
	28	化学纤维制造业
橡胶塑料制品业	29	橡胶制品业
	30	塑料制品业
非金属制品业	31	非金属矿物制品业
金属制品业	32	黑色金属冶炼及压延加工业
	33	有色金属冶炼及压延加工业
	34	金属制品业
设备机械仪表业	35	通用设备制造业
	36	专用设备制造业
	37	交通运输设备制造业
	39	电气机械及器材制造业
	40	通信设备、计算机及其他电子设备制造业
	41	仪器仪表及文化、办公用机械制造业
	42	工艺品及其他制造业
电力业	44	电力、热力的生产和供应业

12 个大类行业名称	部门代码	部门名称
其他行业	43	废弃资源和废旧材料回收加工业
	45	燃气生产和供应业
	46	水的生产和供应业

注：本报告中有关 12 个大类行业的划分标准参考 Fisher-Vanden et al.（2004）的划分。

表 7-2 主要能源品 CO_2 排放系数

能源品	单位	参考折标系数	碳含量缺省值（kgC/GJ）	平均低位发热量（Kcal/Kg），（Kcal/m³）	CO_2 排放系数（Kg CO_2/kg），（Kg CO_2/m³）
原煤	吨	0.7143	25.8	5000	1.980
洗精煤	吨	0.9	25.8	6300	2.495
其他洗煤	吨	0.2—0.7	25.8	2000	0.792
型煤	吨	0.5—0.7	26.6	5000	2.042
焦炭	吨	0.9714	29.2	6800	3.048
其他焦化产品	吨	1.1—1.5	25.8	6800	2.693
焦炉煤气	万立方米	5.714—6.143	12.1	4000	0.743
高炉煤气	万立方米	1.286	70.8	900	1.359
其他煤气	万立方米	1.7—12.1	12.1	1250	0.232
天然气	万立方米	11—13，3	15.3	9310	2.187
液化天然气	吨	1.7572	17.5	12000	3.224
原油	吨	1.4286	20.0	10000	3.070
汽油	吨	1.4714	18.9	10300	2.988
煤油	吨	1.4714	19.5	10300	3.083
柴油	吨	1.4571	20.2	10200	3.163
燃料油	吨	1.4286	21.1	10000	3.239
液化石油气	吨	1.7143	17.2	12000	3.169
炼厂干气	吨	1.5714	15.7	11000	2.651
其他石油制品	吨	1—1，4	20.0	10000	3.070

注：第 3 列"参考折标系数"数据来源于《中国能源统计年鉴》；第 4 列"碳含量缺省值"数据来源于 2006 IPCC Guidelines for National Greenhouse Gas Inventories，Volume 2 Energy，Table 2.2，2.3；第 5 列"平均低位发热量"数据来源于《中国能源统计年鉴》和国家发展改革委应对气候变化司"关于公布 2009 年中国区域电网基准线排放因子的公告"（2009 年 7 月 2 日）。

表 7-3　2008 年浙江省规模以上工业温室气体排放量、能源消费及工业总产值

部门代码	部门名称	CO_2排放（万吨）	CH_4排放（万吨）	N_2O排放（万吨）	CO_2当量（万吨）	能源消费（万吨标准煤）	工业总产值（亿元）
6	煤炭开采和洗选业	107.10	0.0011	0.0017	107.63	40.44	7.71
7	黑色金属矿采选业	7.77	0.0001	0.0001	7.80	3.89	25.17
8	有色金属矿采选业	1.96	0.0000	0.0000	1.97	2.41	29.61
9	非金属矿采选业	36.00	0.0008	0.0005	36.16	21.23	81.94
10	农副食品加工业	58.61	0.0009	0.0009	58.88	42.27	637.35
11	食品制造业	58.68	0.0008	0.0009	58.95	38.28	298.72
13	饮料制造业	82.23	0.0010	0.0013	82.63	55.42	377.73
14	烟草制品业	2.26	0.0001	0.0000	2.26	3.04	216.08
15	纺织业	1361.26	0.0157	0.0212	1367.90	1147.93	4482.06
16	纺织服装、鞋、帽制造业	84.12	0.0013	0.0012	84.51	68.95	1445.71
17	皮革、毛皮、羽毛（绒）及其制品业	62.09	0.0010	0.0009	62.38	47.77	1090.28
18	木材加工及木、竹、藤、棕、草制	22.45	0.0004	0.0003	22.56	40.62	372.15
19	家具制造业	15.31	0.0004	0.0002	15.37	16.02	449.91
20	造纸及纸制品业	689.02	0.0077	0.0108	692.40	498.62	865.27
21	印刷业和记录媒介的复制	13.84	0.0003	0.0002	13.90	14.15	256.19
22	文教体育用品制造业	11.47	0.0003	0.0001	11.52	17.08	386.93
23	石油加工、炼焦及核燃料加工业	7915.91	0.3108	0.0653	7942.38	3695.76	1104.41
24	化学原料及化学制品制造业	1706.60	0.0292	0.0237	1714.29	972.40	2644.82

续表

部门代码	部门名称	CO_2 排放（万吨）	CH_4 排放（万吨）	N_2O 排放（万吨）	CO_2 当量（万吨）	能源消费（万吨标准煤）	工业总产值（亿元）
25	医药制造业	114.98	0.0014	0.0018	115.53	97.63	615.49
26	化学纤维制造业	241.62	0.0041	0.0033	242.69	234.90	1546.34
27	橡胶制品业	100.92	0.0015	0.0015	101.39	68.82	398.18
28	塑料制品业	258.13	0.0035	0.0038	259.34	181.94	1498.65
29	非金属矿物制品业	2469.98	0.0324	0.0366	2481.56	1114.24	1123.68
30	黑色金属冶炼及压延加工业	2739.80	0.0247	0.0317	2749.74	1030.93	1643.93
31	有色金属冶炼及压延加工业	151.62	0.0028	0.0019	152.26	108.25	1399.08
32	金属制品业	143.60	0.0029	0.0018	144.20	115.90	1768.23
33	通用设备制造业	238.73	0.0045	0.0031	239.75	186.51	2974.16
34	专用设备制造业	55.68	0.0011	0.0007	55.93	43.07	941.98
35	交通运输设备制造业	138.55	0.0036	0.0015	139.09	111.90	2624.49
36	电气机械及器材制造业	87.45	0.0022	0.0008	87.74	106.05	3668.19
37	通信设备、计算机及其他电子设备	42.48	0.0009	0.0005	42.66	55.74	1705.58
39	仪器仪表及文化、办公用机械制造	9.72	0.0003	0.0001	9.76	15.45	513.21
40	工艺品及其他制造业	31.43	0.0006	0.0004	31.56	28.69	678.02
41	废弃资源和废旧材料回收加工业	5.17	0.0001	0.0001	5.19	4.21	228.11
42	电力、热力的生产和供应业	16345.17	0.1769	0.2554	16424.83	6313.25	2732.75
44	燃气生产和供应业	1.50	0.0000	0.0000	1.50	1.11	87.37

续表

部门代码	部门名称	CO₂排放（万吨）	CH₄排放（万吨）	N₂O排放（万吨）	CO₂当量（万吨）	能源消费（万吨标准煤）	工业总产值（亿元）
43	水的生产和供应业	0.63	0.0000	0.0000	0.64	14.84	84.01
总计		35414.4	0.6355	0.4744	35568.9	16559.7	41003.5

表7-4 2008年全国及五省市规模以上工业部门温室气体排放量（万吨CO₂当量）

部门代码	部门名称	全国	北京	上海	浙江	江苏	广东
6	煤炭开采和洗选业	142782	4	0	108	2386	0
7	黑色金属矿采选业	1880	5	0	8	21	20
8	有色金属矿采选业	564	0	0	2	0	5
9	非金属矿采选业	1795	6	0	36	151	27
10	农副食品加工业	6702	33	30	59	150	272
11	食品制造业	4294	29	34	59	100	159
13	饮料制造业	3588	76	23	83	247	145
14	烟草制品业	250	1	0	2	3	6
15	纺织业	7530	16	92	1368	1077	1229
16	纺织服装、鞋、帽制造业	999	22	28	85	183	266
17	皮革、毛皮、羽毛（绒）及其制品业	584	1	2	62	20	79
18	木材加工及木、竹、藤、棕、草制	1479	1	8	23	228	46
19	家具制造业	268	4	4	15	5	41
20	造纸及纸制品业	9894	23	67	692	1080	1573
21	印刷业和记录媒介的复制	278	11	8	14	9	76
22	文教体育用品制造业	250	4	10	12	24	77
23	石油加工、炼焦及核燃料加工业	208279	5222	8934	7942	6826	12170
24	化学原料及化学制品制造业	66435	265	1495	1714	9102	1501
25	医药制造业	2801	29	37	116	135	137

续表

部门代码	部门名称	全国	北京	上海	浙江	江苏	广东
26	化学纤维制造业	2452	1	6	243	496	55
27	橡胶制品业	1579	10	48	101	110	93
28	塑料制品业	1545	12	44	259	126	288
29	非金属矿物制品业	53150	456	231	2482	3177	4807
30	黑色金属冶炼及压延加工业	175559	1895	7387	2750	14519	2875
31	有色金属冶炼及压延加工业	17557	5	42	152	210	388
32	金属制品业	2163	15	51	144	318	346
33	通用设备制造业	4364	27	87	240	604	126
34	专用设备制造业	1897	44	38	56	91	71
35	交通运输设备制造业	3327	85	72	139	160	113
36	电气机械及器材制造业	2291	10	31	88	217	327
37	通信设备、计算机及其他电子设备	975	11	16	43	92	397
39	仪器仪表及文化、办公用机械制造	187	3	2	10	20	44
40	工艺品及其他制造业	1279	57	4	32	20	256
41	废弃资源和废旧材料回收加工业	109	2	3	5	7	15
42	电力、热力的生产和供应业	273085	3108	5682	16425	23689	18665
44	燃气生产和供应业	3093	12	399	2	117	172
43	水的生产和供应业	132	2	0	1	1	10
总计		1005398	11509	24918	35569	65719	46877

表7-5　2008年全国及五省市规模以上工业部门能源消费量（万吨标准煤）

部门代码	部门名称	全国	北京	上海	浙江	江苏	广东
6	煤炭开采和洗选业	53072	3	0	40	898	0
7	黑色金属矿采选业	1044	5	0	4	12	13

续表

部门代码	部门名称	全国	北京	上海	浙江	江苏	广东
8	有色金属矿采选业	427	0	0	2	1	6
9	非金属矿采选业	877	3	0	21	88	19
10	农副食品加工业	3741	17	16	42	105	214
11	食品制造业	2221	19	24	38	69	100
13	饮料制造业	1639	34	14	55	113	80
14	烟草制品业	140	1	1	3	5	4
15	纺织业	5035	10	50	1148	923	588
16	纺织服装、鞋、帽制造业	626	10	18	69	125	166
17	皮革、毛皮、羽毛（绒）及其制品业	385	0	4	48	15	81
18	木材加工及木、竹、藤、棕、草制	905	2	6	41	116	44
19	家具制造业	191	3	5	16	5	47
20	造纸及纸制品业	5304	11	38	499	580	727
21	印刷业和记录媒介的复制	213	12	10	14	11	62
22	文教体育用品制造业	186	2	8	17	16	78
23	石油加工、炼焦及核燃料加工业	89528	2587	4266	3696	3149	5689
24	化学原料及化学制品制造业	32998	164	860	972	4754	796
25	医药制造业	1571	17	27	98	95	70
26	化学纤维制造业	1503	1	8	235	364	38
27	橡胶制品业	895	6	26	69	87	58
28	塑料制品业	1162	10	48	182	118	276
29	非金属矿物制品业	22871	211	125	1114	1379	2123
30	黑色金属冶炼及压延加工业	63314	702	2724	1031	5260	1057
31	有色金属冶炼及压延加工业	10210	4	30	108	150	224
32	金属制品业	1404	12	48	116	235	276
33	通用设备制造业	2388	20	78	187	368	100
34	专用设备制造业	1156	25	30	43	84	74

续表

部门代码	部门名称	全国	北京	上海	浙江	江苏	广东
35	交通运输设备制造业	2080	53	81	112	154	110
36	电气机械及器材制造业	1559	10	39	106	193	323
37	通信设备、计算机及其他电子设备	1062	30	71	56	291	506
39	仪器仪表及文化、办公用机械制造	167	4	5	15	25	47
40	工艺品及其他制造业	601	23	4	29	16	126
41	废弃资源和废旧材料回收加工业	61	1	3	4	6	10
42	电力、热力的生产和供应业	104147	1249	2193	6313	9136	7289
44	燃气生产和供应业	1295	8	181	1	44	94
43	水的生产和供应业	257	8	9	15	17	48
总计		416235	5278	11048	16560	29005	21563

表 7-6 2008 年全国及五省市规模以上工业部门工业总产值（亿元）

部门代码	部门名称	全国	北京	上海	浙江	江苏	广东
6	煤炭开采和洗选业	14626	257	0	8	241	0
7	黑色金属矿采选业	3761	29	0	25	70	100
8	有色金属矿采选业	2728	0	0	30	6	93
9	非金属矿采选业	1869	4	0	82	142	150
10	农副食品加工业	23917	232	292	637	1536	1494
11	食品制造业	7717	148	333	299	303	746
13	饮料制造业	6250	136	175	378	408	489
14	烟草制品业	4489	30	330	216	275	256
15	纺织业	21393	64	347	4482	4880	1747
16	纺织服装、鞋、帽制造业	9436	98	472	1446	2159	1725
17	皮革、毛皮、羽毛（绒）及其制品业	5871	8	129	1090	369	1174

部门代码	部门名称	全国	北京	上海	浙江	江苏	广东
18	木材加工及木、竹、藤、棕、草制	4804	15	84	372	747	382
19	家具制造业	3073	48	198	450	158	831
20	造纸及纸制品业	7874	71	213	865	964	1324
21	印刷业和记录媒介的复制	2685	120	189	256	218	653
22	文教体育用品制造业	2498	17	166	387	398	873
23	石油加工、炼焦及核燃料加工业	22629	753	1203	1104	1057	1898
24	化学原料及化学制品制造业	33955	307	1862	2645	6582	3124
25	医药制造业	7875	264	278	615	873	499
26	化学纤维制造业	3970	4	45	1546	1257	154
27	橡胶制品业	4229	23	171	398	575	324
28	塑料制品业	9897	77	546	1499	1196	2423
29	非金属矿物制品业	20943	297	477	1124	1800	2221
30	黑色金属冶炼及压延加工业	44728	597	1639	1644	6420	1493
31	有色金属冶炼及压延加工业	20949	68	414	1399	2191	1817
32	金属制品业	15030	211	974	1768	2722	3095
33	通用设备制造业	24688	409	2216	2974	4559	1530
34	专用设备制造业	14521	434	854	942	2099	1151
35	交通运输设备制造业	33395	1153	2572	2624	3617	3453
36	电气机械及器材制造业	30429	387	1741	3668	5765	7145
37	通信设备、计算机及其他电子设备	43903	2386	5267	1706	9927	15374
39	仪器仪表及文化、办公用机械制造	4984	211	352	513	1145	1352
40	工艺品及其他制造业	4089	82	172	678	243	1067
41	废弃资源和废旧材料回收加工业	1138	0	0	228	0	0
42	电力、热力的生产和供应业	32316	1242	1206	2733	2470	3653

续表

部门代码	部门名称	全国	北京	上海	浙江	江苏	广东
44	燃气生产和供应业	1507	111	114	87	140	292
43	水的生产和供应业	913	26	35	84	71	213
总计		499078	10320	25065	41003	67582	64317

表 7-7　2004 年浙江省规模以上工业温室气体排放量、能源消费及工业总产值

部门代码	部门名称	CO_2 排放（万吨）	CH_4 排放（万吨）	N_2O 排放（万吨）	CO_2 当量（万吨）	能源消费（万吨标准煤）	工业总产值（亿元，2008 年价格）
6	煤炭开采和洗选业	13.48	0.0001	0.0002	13.54	5.96	3.59
7	黑色金属矿采选业	5.96	0.0001	0.0001	5.99	3.22	18.24
8	有色金属矿采选业	0.50	0.0000	0.0000	0.50	1.20	19.40
9	非金属矿采选业	38.49	0.0012	0.0004	38.64	22.47	168.45
10	农副食品加工业	59.46	0.0011	0.0008	59.72	35.84	394.73
11	食品制造业	61.90	0.0008	0.0009	62.19	33.65	169.45
13	饮料制造业	66.64	0.0009	0.0010	66.95	40.99	195.17
14	烟草制品业	2.24	0.0001	0.0000	2.25	2.59	156.59
15	纺织业	1296.00	0.0164	0.0198	1302.25	794.26	2519.52
16	纺织服装、鞋、帽制造业	72.81	0.0015	0.0010	73.13	47.70	753.42
17	皮革、毛皮、羽毛（绒）及其制品业	65.34	0.0013	0.0009	65.63	37.30	716.15
18	木材加工及木、竹、藤、棕、草制	52.45	0.0008	0.0008	52.69	35.19	193.74
19	家具制造业	11.43	0.0004	0.0001	11.48	8.55	202.33
20	造纸及纸制品业	607.79	0.0069	0.0095	610.76	322.04	414.07

187

续表

部门代码	部门名称	CO$_2$排放（万吨）	CH$_4$排放（万吨）	N$_2$O 排放（万吨）	CO$_2$当量（万吨）	能源消费（万吨标准煤）	工业总产值（亿元，2008 年价格）
21	印刷业和记录媒介的复制	16.09	0.0004	0.0002	16.16	10.94	143.37
22	文教体育用品制造业	10.84	0.0003	0.0001	10.88	10.51	197.43
23	石油加工、炼焦及核燃料加工业	6587.88	0.2619	0.0539	6609.86	3235.19	555.91
24	化学原料及化学制品制造业	922.75	0.0124	0.0139	927.14	479.27	1881.31
25	医药制造业	84.12	0.0010	0.0013	84.53	59.68	386.44
26	化学纤维制造业	171.95	0.0035	0.0022	172.70	150.48	700.76
27	橡胶制品业	91.05	0.0015	0.0013	91.47	51.19	205.92
28	塑料制品业	206.83	0.0035	0.0029	207.78	125.43	822.01
29	非金属矿物制品业	2508.92	0.0307	0.0382	2520.95	1036.78	652.89
30	黑色金属冶炼及压延加工业	774.14	0.0084	0.0111	777.62	375.53	565.59
31	有色金属冶炼及压延加工业	116.77	0.0025	0.0014	117.26	80.34	750.39
32	金属制品业	113.62	0.0024	0.0014	114.11	72.06	1066.23
33	通用设备制造业	219.83	0.0044	0.0028	220.77	132.41	1631.86
34	专用设备制造业	26.26	0.0007	0.0003	26.36	19.97	475.49
35	交通运输设备制造业	77.68	0.0024	0.0008	77.97	58.71	971.41
36	电气机械及器材制造业	85.25	0.0024	0.0008	85.54	71.60	1521.27
37	通信设备、计算机及其他电子设备	45.16	0.0011	0.0006	45.35	39.58	1110.02
39	仪器仪表及文化、办公用机械制造	9.97	0.0004	0.0001	10.01	10.00	170.90

续表

部门代码	部门名称	CO_2 排放（万吨）	CH_4 排放（万吨）	N_2O 排放（万吨）	CO_2 当量（万吨）	能源消费（万吨标准煤）	工业总产值（亿元，2008 年价格）
40	工艺品及其他制造业	33.45	0.0008	0.0004	33.58	20.47	327.31
41	废弃资源和废旧材料回收加工业	9.07	0.0002	0.0001	9.11	4.46	83.08
42	电力、热力的生产和供应业	9812.01	0.1136	0.1527	9859.81	3807.96	1925.88
44	燃气生产和供应业	49.48	0.0007	0.0004	49.62	23.85	22.30
43	水的生产和供应业	1.97	0.0000	0.0000	1.98	11.16	58.88
总计		24329.58	0.4869	0.3226	24436.27	11278.54	22151.48

三　减排分析篇

第八章　生产率框架下污染物
处置建模文献综述[①]

为了对 CO_2 减排进行定量研究，需要对污染物处置进行建模，因此，有必要首先通过文献回顾的形式对此前的相关模型进行述评，并选择相应的建模工具。本书在其后的定量分析中将主要基于生产率框架下的环境生产技术来建模。

传统的生产率分析往往集中于研究企业利用各种有价投入要素与有价可售产品的比率，其效率边界意味着产出不变而投入要素最少，或者在投入要素固定的条件下实现产出最大化。这种测算方法忽略了污染这一"非合意产出"（Undesirable Output）[②]，由此低估了在较强环境管制下的企业的真实生产率。因为企业在更强的环境管制下，需要为削减污染物投入额外的成本，或者为减少污染排放而相应降低产出，这部分用于削减污染的成本（或减少的产出）被计入了企业生产的投入端（或产出端），但削减污染物所带来的社会正效应却并未计入其生产率计算，从而低估了这些企业的真实生产率，而这将进一步影响到决策者的环境管制政策制定[③]。

经典生产理论和生产率测度中不包含污染物这一"非合意性产出"，主要原因是污染物的市场价格无法确定，传统的核算手段和生产理论无法

---

① 本章内容是在魏楚、黄文若、沈满洪合作发表的论文"环境敏感性生产率研究综述，《世界经济》2011 年第 5 期"的基础上修改而成的。

② 在 Fare 等人的文献中将之称为"Bad Output"，即坏的产出，此处遵循胡鞍钢等（2008）的做法，译为"非合意性产出"。

③ 这也是另一命题（争论）"环境管制将降低企业生产率（竞争力）"的由来。

对其进行直接处理，从而无法进行加权来测度其真实生产率[1]，最新的理论研究已将环境污染这一"非合意性产出"整合到生产框架中，从而测度出"环境敏感性生产率"[2]，本章即是对此理论发展脉络的一个综述。

本章结构安排如下：第一部分介绍现有的主要研究思路及理论模型；第二部分介绍各模型的具体估算方法；第三部分对现有的实证研究进行归纳与比较，并对现有研究的不足进行评述；最后是结论部分。

第一节　研究思路与理论发展

现有的环境敏感性生产率分析中，主要有三种思路：指数法、距离函数及方向性距离函数。

一、指数法

传统的生产率指数有 Fisher、Tornqvist 及 Malmquist 等，这些生产率指数主要通过对不同的投入要素或者产出要素进行加权[3]，从而构建出多要素的效率衡量指数。如果考虑"非合意产出"的话，需要借助污染排放交易价格或估计影子价格来设定"非合意产出"的价格，并基于同样的加权方法加总到各个生产率指数中。

Pittman（1983）最早对此问题进行了探索[4]。他指出："最大的困难

---

① 早期对于这一问题大多采取间接的处理方法，即通过单调递减函数形式，将非合意性产出进行转换，从而使得转换后的数据可以在技术不变的生产条件下包括到正常的产出函数中，其具体手段包括：将"非合意性产出"转换为投入要素（Liu and Sharp, 1999），将"非合意性产出"进行加法逆转换（Berg et al, 1992；Ali and Seliford, 1990）或者进行乘法逆转换（Golany and Roll, 1989；Lovell et al, 1995）等，详细可参见 Scheel（2001）对此问题的综述。

② 对于包含了"非合意产出"的生产率测度，一般文献采用 Environmental sensitive productivity, environmental productivity, environmental performance, environmental efficiency 等多种表述方式，此处沿用 Hailu and Veeman（2000），Kumar（2006）等人的用法，并译为"环境敏感性生产率"。

③ 投入或产出的权重一般通过其投入占成本份额或产出占收益份额来确定。

④ Pittman（1983）将 Caves, Christensen and Diewert（1982）的多要素生产率指数进行了扩展，以 1976 年威斯康星州和密歇根州 30 家造纸厂为研究对象，分别利用自己对边际成本的计量估计、美国环保局在 1977 年对于企业污染控制的成本估计，以及美国统计局 1976—1977 年对企业削减污染成

和挑战在于如何为非合意性产出分配影子价格"，尽管可以基于厂商减排成本的调研数据来估计污染物影子价格（Pittman，1983），或者通过评估非合意产出的外部损害价（Repetto et al.，1996）来进行计算①，但在实际中，由于难以区分用于生产和用于污染物减排的资本及其他投入（Deboo，1993），往往无法通过调研获取厂商真实的减排数量和减排支出；而污染物对社会的外部损害由于存在时间和空间的转移无法予以精确计算②。此外，现有评价方法的准确性也存在一定争议（Hailu and Veeman，2000）。

Malmquist 指数不需投入和产出要素的价格信息，但是正如 Chung et al.，（1997）指出的，传统的 Malmquist 指数在包括非合意产出时无法计算，随后，他在方向性距离函数（Directional Distance Function）的基础上，提出了 Malmquist-Luenberger 生产率指数（以下简称 ML 指数），该指数可以测度存在"非合意产出"时的全要素生产率，且同时考虑了"合意性产出"的增加和"非合意性产出"的减少，并具有 Malmquist 指数所具备的良好性质。因此，ML 指数在此后的研究中得到了较为广泛的应用。

二、距离函数

从 20 世纪 90 年代开始，理论界开始采用距离函数来包含非合意性产出，并推导出环境敏感性生产率和非合意产出的影子价格（Fare et al.，1993；Ball et al.，1994；Yaisawarng and Klein，1994；Coggin and Swinton，1996；Hetemaki，1996；Hailu and Veeman，2000）。距离函数实质上是前沿生产函数的一种应用，前沿生产函数与传统生产函数的最大区别在于前

本费用的普查数据，将污染物削减成本作为非合意性产出的影子价格进行加总，构建出一个包含了非合意性产出的多要素生产率指标，并将其与传统生产率指数进行了比较。

①　Repetto et al.，（1996）采用调整过的边际污染损害价值市场评价来计算调整后的生产率指数，并计算了美国三个产业包括造纸业的生产率。

②　典型的譬如空气污染，除了对污染源附近地区的居民有影响以外，还对其他地区居民造成了健康伤害。同样的，对于人体的健康伤害，有些是逐年累月的，因此，很难具体评价某一地区、某一年份的伤害价值。

者考虑了决策单位（Decision Making Unit，DMU）的无效率项，即在实际的经济运行中，基本单元在给定的投入条件下，受到外部不可控制因素的影响，会有一定的效率损失，因而可能达不到潜在的最大产出。这更加符合实际情形，因为生产无效率是普遍存在的，而完全有效的经济运行是少见的（岳书敬等，2009）。距离函数实际刻画的就是以前沿效率为最优效率，生产集内各单元到生产前沿的距离大小。

Fare et al.，（1993）较早运用距离函数进行了环境敏感性生产率研究，其基于产出的距离函数基本理论模型如下：

假设投入向量 $x \in R_+^N$，产出向量 $u \in R_+^M$，生产技术 $P(x) = \{u: x \ can \ produce \ u\}$，允许产出弱处置而非强处置[①]，根据 Shepard（1970），产出距离函数定义为：

$$D_o(x, u) = inf\{\theta: (u/\theta) \in P(x)\} \tag{8-1}$$

在这个定义下，需要求最小的 θ 值来达到扩张产出到前沿面的目的。$\theta \leqslant 1$，当且仅 $\theta = 1$ 时，该单元效率处于前沿面上。

同理，投入距离函数则是将产出固定，使投入最小化。令投入向量 $x \in R_+^N$，产出向量 $u \in R_+^M$，生产技术 $L(u) = \{x: x \ can \ produce \ u\}$，于是投入距离函数被定义为：

$$D_I(x, u) = sup\{\rho: (x/\rho) \in L(u)\} \tag{8-2}$$

这里要求 ρ 的最大值，从而最大限度地缩减固定产出下的投入。当 $\rho = 1$ 时，该点效率处于前沿面。

此外，基于投入或产出方向的距离函数，可以进一步推导出非合意性产出的影子价格，设产出价格 $r = (r_1, \cdots, r_M)$，假定 $r \neq 0$[②]，收入函数可以定义为

---

① 产出弱处置（weak disposability）定义为：如果 $u \in P(x)$，$\theta \in [0, 1]$，那么 $\theta \cdot u \in P(x)$；强处置（free/strong disposability）定义为：如果 $v \leqslant u \in P(x)$，那么 $v \in P(x)$。在弱处置下，减少非合意性产出只能同比例减少合意性产出，意味着削减非合意性产出必须要放弃有价值的合意性产出，也即是非合意性产出的影子价格非正；强处置下，可以自由处置非合意性产出而维持合意性产出不变。

② 此处并没有假定 r 为非负，但允许部分价格非正。

$$R(x，r) = sup\{ru：D_o(x，u) \leqslant 1\} \tag{8-3}$$

对于凸的产出集 P (x)，R $(x，r)$ 与 D_o $(x，u)$ 之间对偶（Shephard，1970；Fare，1988），构建拉格朗日函数并对产出一阶求导，可以得到非合意产出相对于合意产出的影子价格：

$$r_{m'} = R \cdot r_{m'}^*(x，u) = R \cdot \left[\frac{\partial\ D_o(x，u)}{\partial\ u_{m'}}\right] = r_m^o \cdot \frac{\partial\ D_o(x，u)/\partial\ u_{m'}}{\partial\ D_o(x，u)/\partial\ u_m} \tag{8-4}$$

其中，观察到的合意产出的价格 r_m^o 作为标准化价格，因为合意产出具备可观测、市场化的价格，而 $r_{m'}$ 即为非合意产出的绝对影子价格[①]，因此产出/投入距离函数也可用来计算污染物影子价格。

三、方向性距离函数

Chung et al.，（1997）最早提出方向性距离函数进行环境敏感性生产率分析。方向性距离函数与普通的距离函数的区别在于：对合意性、非合意性产出联合生产的假设不同。距离函数只考虑合意性产出的最大扩张，而方向性距离函数则在考查合意性产出增加的同时，还考查非合意性产出的减少，只有当合意性产出无法继续扩张、非合意性产出无法继续减少时，观测点才处于效率前沿。其模型为：

假定投入向量 $x \in R_+^N$，合意性产出向量 $y \in R_+^M$，非合意性产出 $b \in R_+^J$，生产技术定义为 $P(x) = \{(y，b)：x\ can\ produce(y，b)\}$，它有两个特性：

（i）合意产出是自由处置的，非合意产出弱处置

$$(y，b) \in P(x)，y' \leqslant y 时，则 (y'，b) \in P(x) \tag{8-5}$$

---

① 影子价格反映了合意产出和非合意产出在实际产出集中的替代（trade-off），在其后的研究中，Fare et al.，（1998）分别从生产、消费者角度，根据产出与收入最大化对偶关系、成本最小与利润最大化对偶关系以及消费者效用最大化等不同形式，利用生产理论和消费者效用函数推导出一般化的合意性产出和非合意性产出的影子价格表达式：$\frac{p_i}{p_j} = \frac{\partial\ U(y)/y_i}{\partial\ U(y)/y_j} = \frac{\partial\ D/\partial\ y_i}{\partial\ D/\partial\ y_j} = \frac{\partial\ C(y，w)/\partial\ y_i}{\partial\ C(y，w)/\partial\ y_j}$，其中 U (y)，D，C $(y，w)$ 分别表示效用函数、距离函数和成本函数。

$(y,\ b)\in P(x)$，$0\leqslant\theta\leqslant1$ 时，则 $(\theta y,\ \theta b)\in P(x)$ (8-6)

（ii）联合生产：

$(y,\ b)\in P(x)$，如果 $b=0$，那么 $y=0$ (8-7)

方向性距离函数首先需要构造 $g=(g_y,\ -g_b)$ 的一个方向向量，且 $g\in R^M\times R^J$，该向量用以约束合意性产出与非合意性产出的变动方向与变动大小，即在方向矢量所规定的路径上增加（减少）合意性（非合意性）产出，方向向量的具体选择则要根据研究需要或政策取向的偏好等因素。方向性产出距离函数可定义为：

$$\vec{D}_o(x,\ y,\ b;\ g_y,\ g_b)=sup\{\beta:\ (y+\beta g_y,\ b-\beta g_b)\in P(x)\}\quad(8-8)$$

β 表示与前沿生产面上最有效的单元相比，给定单元合意性产出（非合意性产出）可以扩张（缩减）的程度。如果 $\beta=0$，表示这个决策单元在前沿生产面上，也就是最有效率的。β 值越大，表明该决策单元合意性产出继续增加的潜力较大，同时非合意性产出缩小的空间也较大，因此其效率越低。

方向性距离函数是 Shephard 产出距离函数的一般形式（Chung et al.，1997）。当方向向量 $g=$（1，0）时，Shephard 产出距离函数即是方向性距离函数的特例。他们之间的主要关系与区别见图 8-1 所示。

在图 8-1 中，P（x^t）是生产可能集，产出距离函数沿着由原点与观测点 A 所确定的射线，将合意性产出 y^t 与非合意性产出 b^t 同比例扩张到前沿面上的 C 点；而方向性产出距离函数的思路则是：给定方向向量 $g=$（$g_y,\ -g_b$）的路径，扩张合意性产出 y^t，同时缩减非合意性产出 b^t，从而到达产出前沿面的 B 点上。显然，对于距离函数而言，从无效点 A 移动到前沿上的 C 点，要么存在"过度"的非合意性产出，要么存在合意性产出"不足"，而方向性距离函数则不仅考虑合意性产出的扩张，而且使得非合意性产出最大缩减，更能刻画其真实的生产率，因而近年来，采用方向性距离函数模型测度环境敏感性生产率的研究不断增加。

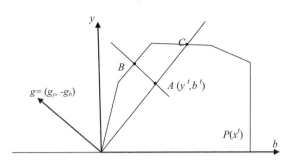

图 8-1　方向性距离函数与产出距离函数示意图

第二节　模型的求解方法

无论是距离函数还是后期发展而来的方向性距离函数，他们用以构建的生产边界都是利用多组投入—产出数据得出生产前沿，并将样本中各决策单位与该处于生产前沿的最优点相比较，从而解出各决策单位的相对效率值。目前对模型的求解一般可分为参数化和非参数化两种。参数化求解主要包括：参数化距离函数线性规划法（Parametric Line Program，简称 PLP）和随机前沿分析法（Stochastic Frontier Analysis，简称 SFA），其中，在参数化距离函数形式的设定上，一般采用超对数（Translog）、二次型（Quadratic）以及双曲线（Hyperbolic）函数；非参数化求解主要指数据包络分析法（Data Envelopment Analysis，简称 DEA）。以下主要介绍四种应用较为广泛的求解方法。

一、基于超对数（Translog）函数式的参数化距离函数求解

参数化的产出/投入距离函数法可以克服指数法的缺陷，其中 Fare et al.，（1993）最早采用参数化距离函数来研究环境敏感性生产率。其思路是：选择超对数函数将产出距离函数 $D_o(x, u)$ 参数化[①]，并通过线性规

---

① 产出距离函数的优点：首先，它能够完全表述技术，是一个标量值（与标量生产函数相比，它具有联合多产出特征）；其次，它满足产出弱处置；最后，产出距离函数与收益函数是对偶关系，可以由此求出影子价格。

划约束，最小化所有样本到生产前沿的距离和，求解的产出距离函数值即是其环境敏感性生产率。其超对数函数式设定为：

$$lnD_o(x, u) = \alpha_0 + \sum_{n=1}^{N} \beta_n lnx_n + \sum_{m=1}^{M} \alpha_m lnu_m + \frac{1}{2} \sum_{n=1}^{N} \sum_{n'=1}^{N} \beta_{nn'} (lnx_n) \ln(x_{n'})$$

$$+ \frac{1}{2} \sum_{m=1}^{M} \sum_{m'=1}^{M} \alpha_{mm'} (lnu_m) \ln(u_{m'}) + \sum_{n=1}^{N} \sum_{m=1}^{M} \gamma_{nm} (lnx_n) \ln(u_m) \qquad (8-9)$$

假定式（8-9）的函数具有一般的对称性和齐次性约束，参照 Aigner and Chu（1968）的方法，将样本与前沿的偏差最小化，即求解以下线性规划问题：

$$Max \sum_{k=1}^{K} [ln D_o(x^k, u^k) - ln1] \qquad (8-10)$$

s. t.

（1）$ln D_o(x^k, u^k) \leq 0, \ k = 1, \cdots, K$

（2）$\dfrac{\partial \ ln D_o(x^k, u^k)}{\partial \ ln u_m^k} \geqslant 0, \ m = 1, \cdots, i, \ k = 1, \cdots, K$

（3）$\dfrac{ln D_o(x^k, u^k)}{\partial \ ln u_m^k} \leqslant 0, \ m = i + 1, \cdots, M, \ k = 1, \cdots, K$

（4）$\sum_{m=1}^{M} \alpha_m = 1, \ n = 1, \cdots, N$

$\sum_{m'=1}^{M} \alpha_{mm'} = \sum_{m=1}^{M} r_{nm} = 0, \ m = 1, \cdots, M, \ n = 1, \cdots, N$

（5）$\alpha_{mm'} = \alpha_{m'm}, \ m = 1, \cdots, M, \ m' = 1, \cdots, M$

$\beta_{nn'} = \beta_{n'n}, \ n = 1, \cdots, N, \ n' = 1, \cdots, N$

其中 $k = 1, \cdots, K$ 代表不同的观测样本，前 i 个产出是合意性产出，后（$m - i$）个产出是非合意性产出。式（8-10）中的目标函数即是要"最小化"所有样本同最优前沿的偏差[①]。约束（i）保证每个样本位于前沿或在前沿下方；约束（ii）保证合意性产出的影子价格非负；约束（iii）保证非合意性产出影子价格非正；约束（iv）对产出施加一次齐次

---

① 由于产出距离函数小于等于1，因此其自然对数小于等于0，因此值取"最大"。

以保证生产技术满足产出弱处置假设；约束（v）是对称性约束。一旦利用（8-10）式求解出距离函数中的各参数值，也就可以计算出样本的环境敏感性生产率以及非合意产出的影子价格。

二、基于二次型（Quadratic）函数式的方向性距离函数求解

如果设定的是方向性距离函数而非距离函数，则一般不使用超对数函数，而采用二次型函数式，这是因为二次型函数式满足方向距离函数特性所要求的约束条件（Fare，2006）。一般可以设定方向向量 $g =$ （1，－1）[①]，假定 $k = 1，\cdots，K$ 代表不同的观测样本，二次型方向距离函数可表述为：

$$\vec{D}_o(x, g, b; 1, -1) = \alpha_0 + \sum_{n=1}^{N} \alpha_n x_n + \sum_{m=1}^{M} \beta_m g_m + \sum_{j=1}^{J} \gamma_j b_j + \frac{1}{2} \sum_{n=1}^{N} \sum_{n'=1}^{N}$$

$$\alpha_{nn}(x_n)(x_{n'}) + \frac{1}{2} \sum_{m=1}^{M} \sum_{m'=1}^{M} \beta_{mm}(u_m)(u_{m'}) + \frac{1}{2} \sum_{j=1}^{J} \sum_{j'=1}^{J} \gamma_{mm}(b_j)(b_{j'}) + \sum_{n=1}^{N} \sum_{m=1}^{M}$$

$$\delta_{nm}(x_n)(g_m) + \sum_{n=1}^{N} \sum_{j=1}^{J} \eta_{nj}(x_n)(b_j) + \sum_{m=1}^{M} \sum_{j=1}^{J} \mu_{nm}(g_n)(b_m) \tag{8-11}$$

其参数求解也是基于线性规划的思想，即最小化各观测值到边界的距离之和。

$$Min \sum_{k=1}^{K} [\vec{D}_o(x_k, g_k, b_k; 1, -1) - ln1] \tag{8-12}$$

s. t.

（1）$\vec{D}_o(x_k, g_k, b_k; 1, -1) \geqslant 0, k = 1, \cdots, K$

（2）$\dfrac{\partial \vec{D}_o(x_k, g_k, b_k; 1, -1)}{\partial g_m^k} \leqslant 0, m = 1, \cdots, i, k = 1, \cdots, K$

（3）$\dfrac{\partial \vec{D}_o(x_k, g_k, b_k; 1, -1)}{\partial b_j^k} \geqslant 0, j = 1, \cdots, J, k = 1, \cdots, K$

（4）$\dfrac{\partial \vec{D}_o(x_k, g_k, b_k; 1, -1)}{\partial x_n^k} \geqslant 0, n = 1, \cdots, N, k = 1, \cdots, K$

---

① 如此设定符合中性政策管制的意图，即同比例扩大合意性产出与缩减非合意性产出的数量。

(5) $\sum_{m=1}^{M} \beta_m - \sum_{j=1}^{J} \gamma_j = -1$,

$\sum_{m'=1}^{M} \beta_{mm'} - \sum_{j=1}^{J} \mu_{mj} = 0$, $m = 1, \cdots, M$

$\sum_{j=1}^{J} \gamma_{jj'} - \sum_{m=1}^{M} \mu_{mj} = 0$, $j = 1, \cdots, J$

$\sum_{m=1}^{M} \delta_{nm} - \sum_{j=1}^{J} \eta_{nj} = 0$, $n = 1, \cdots, N$

(6) $\beta_{mm'} = \beta_{m'm}$, $m = 1, \cdots, M$, $m' = 1, \cdots, M$

$\alpha_{nn'} = \alpha_{n'n}$, $n = 1, \cdots, N$, $n' = 1, \cdots, N$

$\gamma_{jj'} = \gamma_{j'j}$, $j = 1, \cdots, N$, $j' = 1, \cdots, N$

约束（i）保证每个样本处于前沿或在前沿下方；约束（ii）和约束（iii）分别保证了合意性产出和非合意性产出的单调性，同时约束（iv）也对投入进行了单调性的约束；约束（v）满足了方向距离函数的转换特性，而约束（vi）是对称性约束。利用（8-12）式求解出方向距离函数中的各参数值，即可得到不同样本的环境敏感性生产率，并测算出非合意产出的影子价格。

三、基于随机前沿分析法（SFA）求解

随机前沿生产函数最早由 Aigner et al.（1977）提出，在环境敏感性生产率研究中，也是运用较多的一种参数估计方法，该方法较决定性参数估计法而言，将不确定因素所造成的影响纳入考虑范围，从技术无效率或随机误差等方面，找出样本生产无效率而偏离生产边界的原因，更重要的是，随机前沿分析法能够给出待估变量的统计量，相较于其他参数估计法而言，其结论更为稳健。

Murty and Kumar（2000）曾运用随机前沿分析法以及产出距离函数来对生产效率进行评估，随机产出距离函数定义如下：

$D_0 = F(X, Y, \alpha, \beta) + \varepsilon$, $\qquad\qquad\qquad$ (8-13)

D_0 为距离函数值，$F(.)$ 表示生产技术，X 和 Y 分别为投入和产出

向量，α、β 为待估计参数，ε 为误差项。由于应变量 D_0 的数据无法直接获取[1]，为解决该问题，Lovell et al.（1990），Grosskopf and Hayes（1993），Coelli and Perelman（1996），以及 Kumar（1999）利用产出距离函数的一次齐次性特征进行变换，在忽略扰动项的情况下，将方程（8-13）变换为：

$$D_0(X, \lambda Y) = \lambda D_0(X, Y), \quad \lambda > 0. \tag{8-14}$$

一般可以任意地选择一个缩放变量，如选择第 M 个产出，令 $\lambda = \frac{1}{Y_M}$，则（8-14）式变为：

$$D_0(X, Y/Y_M) = D_0(X, Y)/Y_M \tag{8-15}$$

对上式（8-15）取对数，变成

$$ln(D_0/Y_M) = f\left(X, \frac{Y}{Y_M}, \alpha, \beta\right), \tag{8-16}$$

f 可以表示为对数形式的函数表达式，进一步转换变作：

$$-ln(Y_M) = f\left(X, \frac{Y}{Y_M}, \alpha, \beta\right) - ln(D_0) \tag{8-17}$$

在加入随机误差 v 和生产无效率误差 u（即$-ln(D_0)$ 项）后，随机边界产出距离函数表示为：

$$-ln(Y_M) = f\left(X, \frac{Y}{Y_M}, \alpha, \beta\right) + v + \mu \tag{8-18}$$

对（8-18）式进行估计，即可得到待估参数值及其统计量。

此外，还可以利用随机前沿函数方法估计方向性距离函数。Fare（2005）采用了 Kumbhakar and Lovell（2000）对随机前沿函数的设定，使用方向性距离函数进行计算，定义生产技术为：$T = \{(x, y, b) R_+^{N+M+J}, (y, b)P(x), xL(y, b)\}$，其函数式如下[2]：

---

[1]　如果将 D_0 设定为边界最效率点 1，则等式左边为非变量，截距就无法计算，参数估计有偏，对等式左边取对数使之变成 0 也无济于事。

[2]　在考虑非合意性产出因素在内的生产率时，由于方向性距离函数为向量式，当厂商达到生产边界时，其技术无效率值为 0，故将左侧的应变量设为 0。

$$0 = \vec{D}_o(x^k, \ y^k, \ b^k, \ 1, \ -1) + \varepsilon^k, \ k = 1, 2, \cdots, K \qquad (8-19)$$

其中，$\varepsilon^k = v^k - u^k$，$v^k$ 为随机统计误差，$v^k \sim N(0, \ \sigma_v^2)$，而 u^k 是由于技术非效率所引起的误差，$u^k \sim N(0, \ \sigma_u^2)$，$v^k$ 与 u^k 均独立同分布，且相互独立，再利用 $g=(1, \ -1)$ 时方向性距离函数的转换性，有：

$$\vec{D}_o(x^k, \ y^k + \alpha^k, \ b^k - \alpha^k, \ 1, \ -1) + \alpha^k = \vec{D}_o(x^k, \ y^k, \ b^k, \ 1, \ -1)$$

$$(8-20)$$

代入式（8-19）得：

$$-\alpha^k = \vec{D}_o(x^k, \ y^k + \alpha^k, \ b^k - \alpha^k, \ 1, \ -1) + \varepsilon^k \qquad (8-21)$$

一般取 $\alpha^k = b^k$，然后利用 OLS 或最大似然法对式（8-21）进行估计，即可计算出环境敏感性生产率，同时该方法还可以估计出各系数的统计量。

四、基于非参数数据包络法（DEA）求解

数据包络法在计算环境生产前沿函数有着大量的运用，近年来随着距离函数、方向性距离函数研究的不断深入，使得利用 DEA 方法测算环境敏感性生产率的研究不断涌现（Fare et al., 1989；Ball et al., 1994；Yaisawarng and Klein, 1994；Chung et al., 1997；Tyteca, 1997；Lee et al., 2002；Kumar, 2006；胡鞍钢等, 2008；涂正革, 2009）。

假定有 k 个样本的投入产出数据 $(y^k, \ b^k, \ x^k)$，$k = 1, \cdots, K$，当生产活动受到环境管制的情况下，第 k' 个样本的环境生产方程表达如下：

$$F(x^k; \ b^k) = max \sum_{k=1}^{K} z_k \, y_k \qquad (8-22)$$

s. t.

$$\sum_{k=1}^{K} z_k \, b_{kj} = b_{k'j}, \ j = 1, \cdots, J$$

$$\sum_{k=1}^{K} z_k \, x_{kn} \leq x_{k'n}, \ n = 1, \cdots, N$$

$$\sum_{k=1}^{K} z_k \geq 0, \ k = 1, \cdots, K$$

其中，z_k（$k=1$，$\cdots$，K）为强度变量，目的是在建立生产边界时赋予各个观测样本点权重，如不对 z_k 加以累加和限制的话，则模型为固定规模报酬，反之为可变规模报酬。目标方程在边界确立的基础上，最大化合意性产出，对非合意性产出的约束条件体现其弱处置性，即非合意性产出的减少必然导致合意性产出的削减。第二个约束条件不等式的右边代表实际生产中的投入，左边代表理论上的最有效率的生产投入，不等号说明理论的投入一定要小于或等于实际的生产投入，也说明了投入的自由处置性。

但上述方法的缺陷在于没有将非合意性产出的削减纳入考虑范围，只是追求合意性产出的最大化，Chung（1997）在方向性距离函数发展的基础上，利用 DEA 方法，在同时考虑合意性产出的增加与非合意性产出的减少的前提下进行生产效率问题的研究。

定义生产者 $k^{'}(x_{k^{'}}^{t}$，$y_{k^{'}}^{t}$，$b_{k^{'}}^{t})$，在参考技术 $P^{t}(x^{t})$ 下的方向性环境生产前沿函数可以表述为：

$$\vec{D}_o(x_{k^{'}}^{t}，y_{k^{'}}^{t}，b_{k^{'}}^{t}；y_{k^{'}}^{t}，-b_{k^{'}}^{t}) = \max\beta \tag{8-23}$$

s. t.

$$\sum_{k=1}^{K} z_k^t y_{k,m}^t \geqslant (1+\beta) y_{k^{'},m}^t，m = 1，\cdots，M$$

$$\sum_{k=1}^{K} z_k^t b_{k,j}^t = (1-\beta) b_{k^{'},j}^t，j = 1，\cdots，J$$

$$\sum_{k=1}^{K} z_k^t x_{k,n}^t \leqslant x_{k^{'},n}^t，n = 1，\cdots，N$$

$$z_k^t \geqslant 0，k = 1，\cdots，K$$

模型（8-23）同模型（8-22）相比，施加了对合意性产出的约束条件，从而使得"增加合意性产出"的同时，最大限度地减少"非合意性产出"成为可能，由于同时考虑了产出在两个不同维度的扩张和缩减，因此更能体现环境敏感性生产率的内涵。

参数化估计与非参数化估计法各有所长，一般来讲，参数法需要将距离函数预设为一定的函数表达式，其优势在于该参数表达式可以进行微分和代数处理（Hailu and Veeman，2000）。借助线性规划法、随机前沿分析等方法可以估计出距离函数中的参数值，并由此计算各决策单位的环境敏感性生产率值，以及非合意性产出的影子价格。但是，如果采用线性规划求解参数时，往往无法获得被估参数的统计量（Hailu and Veenman，2000）[①]；如果采用随机前沿法，则可以计算出参数值和相应的统计量，此外还能将无效率进一步分解为技术无效率、分配无效率与随机误差等因素，但是该方法同样需要预设函数形式，且对误差项的分布假设较强。

利用非参数 DEA 来估计生产前沿时，由于不需要对生产函数结构做先验假定，不需要对参数进行估计，允许无效率行为存在，且能对 TFP 变动进行分解，因此，在研究中受到了越来越多的关注和应用（Fare et al.，1998），此外，当利用时间序列或面板数据时，非参数 DEA 方法可以避免残差自相关问题（Fare et al.，1989；Yaisawarng and Klein，1994）。但是非参数 DEA 方法对样本数据较敏感，异常样本值误差会影响生产前沿的位置，并进而影响环境敏感性生产率的值，因此对样本数据的准确性要求较高，此外，非参数 DEA 方法一般只能用于生产率测度，很少用于估计非合意性产出的影子价格（Fare et al.，1998）。

第三节　现有实证研究评述

理论研究的发展离不开实证研究的不断验证，本节后表 8 - 1 列出部分重要的实证文献，通过对这些文献的梳理和归纳，可以总结出以下几个结论。

一、在研究对象上，国外以微观研究为主，国内侧重于宏观层面分析

国外大多数文献的研究对象以微观企业的生产活动为主。且其在选取

[①] Grosskopf，Hayes and Hirschberg（1995）采用 bootstrapping 方法来克服这一缺陷。

微观企业时，重点考虑那些在生产过程中由于大量投入或依赖于某些污染性原料的工业生产型企业，如火力发电站，由于生产过程中采用化石能源燃烧并排放大量污染性气体，如 SO_2 等，不仅对大气造成较大的污染，并影响人类健康，因此现有文献中，将发电站排放的 SO_2 作为非合意性产出进行环境敏感性生产率研究的研究占据多数（Gallop and Roberts，1985；Coggins and Swinton，1996；Lee et al. 2002；Fare et al. 2005；Fare et al. 2007）；此外，一些污染排放便于计量的工业生产企业，如造纸厂排放的 BOD/COD 等水体污染物（Fare et al. 1993；Chung et al. 1997；Hailu and Veeman，2000；Ha et al. 2008）、陶瓷厂排放的废油（Reig-Martinez et al. 2001）也被用于环境敏感性生产率研究。

随着各国对温室气体排放问题关注度持续上升，一些学者开始逐渐将视角转向宏观层面研究。他们通常选取经济发展水平相当（如 OECD、转型经济体）或地理相近的国家与地区（如 APEC、欧盟）的主要温室气体排放物，如 CO_2、NO_x 等进行环境敏感性生产率的测度和比较（Salnykov and Zelenyuk，2004；Kumar，2006；王兵等，2008）。

受限于国内企业层面数据的匮乏，尤其是污染物数据难以获取，对中国的研究大多基于宏观层面，主要是对不同省份或行业间的环境敏感性生产率、污染物边际减排成本进行测算和比较。如 Ke et al.（2008）较早利用产出距离函数和超对数函数形式，对 1996—2002 年中国大陆 30 个省份的环境敏感性生产率进行了测度，并估计了 SO_2 污染物的影子价格；胡鞍钢等（2008）则较早利用方向性距离函数，采用 CO_2、COD、SO_2、废水总排量和固体废弃物总排量作为非合意性产出指标，测算了中国大陆 30 个省份在 1999—2005 年间的环境敏感性生产率。在行业层面分析上，主要有涂正革（2008、2009），吴军（2009），岳书敬、刘富华（2009），杨俊、邵汉化（2009），周建、顾柳柳（2009），陈茹等（2010）学者基于中国省级工业部门的 SO_2 数据，利用方向性距离函数测算了各省工业部门的环境敏感性生产率；在区域层面分析上，王兵等（2010）、董锋等（2010）、吴军等（2010）则采用省级投入产出数据，其投入端除资本与劳动外，还包含了能源消费、人力资本等因素，产出端则包含了 COD 和 SO_2 两种"十一五"规划中要求强制减排的污染物，利用方向性距离函数计算了省级层面的环境敏感性生产率。此外，在涂正革（2008）、王兵等（2010）学者的研究中，还进一步地对影响环境敏感性生产率的因素进行了计量分析，并对"环境库兹涅兹曲线""污染天堂假说"等假说进行了实证检验。这些研究对于理解行业及地区间环境敏感性生产率差异有着重要的意义，但受限于数据因素，其微观机理往往无法得以揭示。

二、在理论假说上，需要放松原有部分假设，但模型求解难度增加

主要体现在两个方面。首先是对影子价格符号的假定。在现有的理论模型中，为保证模型的解具有经济意义，一般均设定"非合意性产出"的影子价格为非正值，特别是在进行参数化函数求解的过程中，就强制规定了非合意产出对距离函数方程的单调性。也有部分运用 DEA 方法进行求解的文献，在得出影子价格后，对于不同正负符号的影子价格做相应的解释或剔除样本。但正如 Ha et al.，（2008）所争议的，一些污染物，譬如造纸业流程中的废水中的悬浮颗粒（大多是木渣），尽管看起来属于"非合意性"的污染物，但是却能够通过不同的流程回收而成为原材料，从而将"副产出"变为"正产出"，其影子价格也变成正值，因此需要放松现有关于非合意性产出影子价格非正的假设。

其次是对"完全效率"和"无冗余"的假设。正如 Lee et al.，（2002）指出的，以往文献都假定了生产前沿完全有效率，但在技术一定的前提下，各决策单元的单位投入、产出，或单位合意性产出下，非合意性产出都是不相同的，如果考虑非完全效率，其环境敏感性生产率的结果必将有所差异。因此，基于完全效率假设前提下所计算出来的污染物影子价格，也会有别于当其他条件相同时非完全效率情况下的结果。如 Boyd et al.，（1996）所指出的，之所以理论估计出的污染物影子价格与实际观察到的交易市场上的污染物排放权交易价格之间存在差距，可能正是由于

存在非完全效率[①]。此外，Fukuyama and Weber（2009）更进一步地指出，现有的方向距离函数研究中，大多没有考虑到可能存在的冗余（slacks），而冗余也将导致非效率，从而使得最终的环境敏感性生产率评价有一定偏误。

三、在算法实现上，函数形式设定差别较大，计算过程仍较复杂

首先，函数形式及估计方法差别较大，且各有优劣。尽管在理论模型上主要有距离函数、方向性距离函数两种，但函数形式的设定和求解方法差别很大。正如前文已归纳的，参数法求解包括确定性函数分析与随机前沿分析两种主要形式，其中确定性函数又可设为超对数、二次型或双曲线型；而非参数法求解一般采用数据包络分析，需要利用一组线性规划的等式（不等式）来求得最优解。

距离函数的实证估计中常用的方法是确定性线性规划的方法，需要设定函数形式，仅有少量的采用计量估计的方法（Hetemaki，1996）[②]。线性规划的优点是不用任何分布假设，相对简便，即便在小样本情况下也可以计算大量参数；其缺点是参数是计算出来的而非估计出来的（Kumbhakar and Lovell，2000），因此无法提供结论一致性所需的统计准则，这就可能导致评价偏误，因为产出可能被随机扰动影响。有部分文献采取两步分析法来解决这个问题，即首先利用线性规划法计算出距离函数，其次利用距离函数值作为被解释变量，利用参数随机距离函数来估计参数[③]。非参数化方法虽然有无需设定函数形式的优点，但在计算污染物影子价格时，无法通过微分计算来得出影子价格，且无法提供统计量。此外，其生产前沿边界容易受到误差点的干扰，使其结果出现较实际情况较

---

① 根据 Lee et al.,（2002）的测算，非完全效率下所估算出来的影子价格大约要低于完全效率下该污染物的影子价格的 10%。
② Vardanyan and Noh（2006）论证了环境产出影子价格的估计依赖于距离函数形式的选择，以及参数化方法，而且没有一种方法优于现有的参数化方法。
③ 一般化的随机参数距离函数见 Aigner et al.（1977），Meenusen and Broeck（1977）。

大的偏离。

其次，在应用方向性距离函数时，方向性向量的选取较为单一。在一般的理论研究中都是采取比较中性的态度，将其确定为（1，-1），即合意性产出与非合意性产出的扩张与收缩比例为1。但是并不是所有的政府都是具有中性偏好的，根据不同的研究需要和政策制定偏好，方向性向量的具体选择上应该不固定为（1，-1）。但到目前为止还没有学者进行过非中性向量选取的研究，那么更偏重于合意性产出的扩大，或更偏向于非合意性产出的缩小的理论实证结果还有待探索。

最后，计算过程较复杂，一般需要编程实现。由于选取的研究对象的样本数量往往比较大，少者几十个、多者上百个的决策单元，再加上模型本身对每一个单位都有若干个的约束条件，其计算过程较为复杂，同时，由于方向性距离函数尚属较新研究领域，目前尚未有相关的求解软件和程序，一般需要研究者自行编程实现①，这也在一定程度上阻碍了相关研究的普及。

四、在研究结论上，同现实有一定差距，仍有待强化其政策意义

由于众多研究所采用的模型、数据、计算方法各不相同，其研究结论的差异性也较大，与理论预期和现实观测有一定差距。譬如在对发电厂SO_2排放的研究中，其环境敏感性生产率均值为0.9左右，且方差较小，表明尽管这些发电厂生产设备和技术水平可能存在差异，但都"靠近生产最佳前沿"，而这同实践中的观察有偏差；此外，根据环境敏感性生产率估计出来的SO_2影子价格跨度从167美元/吨到1703美元/吨，而同期美国SO_2许可证交易的市场价格为64—200美元/吨（Ellerman et al., 2000）。这些研究结论与现实的较大差异表明，现有模型的设定可能需要进一步修正与完善，如前文提到的完全效率的假定可能需要被进一步

———————————

① 较为流行的编程软件包括 Mathmatics，GAMS，LINDO/LINGO，MatLab 等，此外，对于一般的线性规划问题也可利用 Excel 实现，但其自带的求解器有一定限制，需要专业的 Solver。

放宽。

对于环境敏感性生产率研究结论的实践应用与政策意义，一般可以归结为三个方面：首先，对生产"非合意性产出"经济单元的环境绩效、环境生产率进行定量评价，从而验证"环境管制是否影响企业生产率和企业竞争力"这一命题；其次，借助环境敏感性生产率分析，可以测算出不同企业、部门的污染边际减排成本，从而为设定污染物交易市场的初始价格、征收环境税费提供依据；最后，环境敏感性生产率的研究结论还可以进一步扩展到对环境管制成本的估计，从而为污染物管制政策制定提供参考。关于不同产业、不同区域内环境绩效的考察可以引导低效率单位向高效率生产推进，环境管制成本的测定将指导政策制定者在预定的政策目标考量下，做出适当的环境管制政策。而影子价格的确定可以帮助管制者设定不同污染物排放的处罚费用，厂商也可以利用该信息来决定购买排污权是否合算，从而进行最有效率的生产活动。当然，这一切都以理论研究的结果具有可借鉴性、可重复性为前提条件。

第四节　结　论

通过对上述有关环境敏感性生产率研究的介绍与评价可以看出，随着对环境问题的关注，越来越多的学者在考察企业（地区、国家）生产率时，开始考察污染物等其他一些非合意性产出对真实生产率的可能影响，在原有的生产率理论基础上，发展出了如距离函数、方向性距离函数等理论模型，并借助参数法、非参数法进行求解和模拟。尽管在理论上取得了较大进展，但同现实及政策引导仍有一定差距，未来仍需要在以下方面展开更为深入细致的研究。

首先，需要在理论上进一步完善、放松现有假设，尤其是考虑在非完全效率、存在冗余的条件下，如何确定最优生产前沿面，以及发展出适当的准则条件来选择合适的方向性向量，从而决定各决策单元向生产前沿面趋近的路径。

表 8－1 环境敏感性生产率研究相关实证文献汇总

作者	实证方法			数据	变量			主要结果	
	模型	函数形式	估计方法		投入	合意产出	非合意产出	生产率	影子价格
Gallop and Roberts (1985)	成本函数	—	成本最小法	1973—1979 年美国 56 个电厂	劳动/资本/低硫磺燃料/高硫磺燃料	发电量	SO_2	—	SO_2: 0.195（美元/磅, 1979 年价格）
Fare et al. (1993)	DF(O)	Translog	参数法	1976 年美国 30 家造纸厂	纸浆/能源/资本/劳动	纸张	BOD/TSS/PART/SOX	效率:0.9182	BOD: 1043.4, TSS: 0, PART:25270, SO_x:3696（美元/吨, 1976 年价格）
Coggins and Swinton (1996)	DF(O)	Translog	参数法	1990—1992 年威斯康星州 14 家火电厂	硫化物/能源/劳动/资本	发电量	SO_2	效率:0.946	SO_2: 305 (1990), 251.6 (1991), 322.9 (1992), 平均 292.7（美元/吨, 1992 年价格）
Boyd et al. (1996)	DDF	—	DEA	美国煤力发电厂 and Yaisawarng Klein 1994 年数据	燃料/劳动/资本（固定投入）/硫磺（非合意投入）	净发电量	SO_2	平均效率:0.933	SO_2: 1703（美元/吨, 1973 年价格）
Chung et al. (1997)	DDF	—	DEA	1986—1990 年瑞典 39 家造纸厂	劳动/木纤维/能源/资本	纸浆	BOD/COD/TSS	M 指数:0.997（效率改善: 0.977; 技术进步:1.02）ML 指数:1.039（效率改善:0.955; 技术进步:1.088）	—
Kolstad and Turnovsky (1998)	—	二次型	—	1970—1979 年美国东部 51 家煤力发电站	硫磺/灰/资本/热能	发电量	SO_2	—	SO_2: 0.071; 灰: 0.121（美元/磅, 1976 年价格）

续表

作者	实证方法		估计方法	数据	变量			主要结果	
	模型	函数形式			投入	合意产出	非合意产出	生产率	影子价格
Swinton (1998)	DF(O)	Translog	参数法	1990—1998年Florida煤力发电厂	能源/劳动/资本/硫磺	发电量	SO_2	效率:0.978	SO_2:157.10（美元/吨，1996年价格）
Murty and Kumar (2000)	DF(O)	Translog	参数法 SFA	印度水污染所属产业（由60家企业构成的样本）	资本/劳动/能源/材料	营业额	BOD/COD/TSS	效率:0.899	BOD:0.246，COD:0.0775（百万卢比/吨，1994/1995年价格）
Hailu and Veeman (2000)	DF(I)	Translog	参数法	1959—1994年加拿大造纸业36年加总数据	能源/木渣/木其他原料/生产劳动/管理性劳动资本	木浆/新闻纸/纸板/其他纸张	BOD/TSS	TE:0.996，M指数:0.878，ML指数:1.044	BOD:123，TSS:286（美元/百万磅，1986年价格）
Reig-Martinez et al. (2001)	DF(O)	Translog	参数法	西班牙18个陶瓷砖厂	原料/资本/劳动	陶瓷路面	水泥/废油	平均效率:0.927	水泥:336.6（欧元/吨），废油:125.5（欧元/千克）
Lee et al. (2002)	DDF	—	CEA	1990—1995年韩国43家发电厂	装机容量/燃料/劳动	发电量	SO_x/NO_x/TSP	—	SO_x:3107，NO_x:17393，TSP:51093（美元/吨）
Salnykov and Zelenyuk (2004)	DDF	Translog	参数法	50个国家	劳动/耕地/能源/资本	GNP	CO_2/SO_2/NO_x	效率:0.8433	CO_2:331.89，SO_2:5997.95，NO_x:154583.63（美元/吨）
Atkinson and Dorfman (2005)	DF(I)	Translog	参数法	1980、1985、1990、1995年美国43个私营电力发电厂	能源/劳动/资本	发电量	SO_2	经典效率:0.564277 LIBSE效率:0.553187	1980年SO_2:395.3，1985年SO_2:1871.7，1990年SO_2:556.8，1995年SO_2:486.7（美元/吨）

213

续表

作者	实证方法			数据	变量			主要结果	
	模型	函数形式	估计方法		投入	合意产出	非合意产出	生产率	影子价格
Lee(2005)	DF(I)	Translog	参数法	1977—1986年美国51个火电机组	资本/热量/硫化物/灰烬	发电量	硫磺/灰	TE:0.945	SO_2:167.4,灰:127.7（美元/磅，1976年价格）
Fare et al.(2005)	DDF	二次型	决定性参数法 SFA	1993/1997年美国209家火电厂	劳动/装机容量/燃料	发电量	SO_2	1993年:0.814,1997年:0.785 1993年:0.798,1997年:0.804	1993年SO_2:1117,1997年SO_2;1974(美元/吨) 1993年SO_2;76,1997年SO_2:142（美元价格，1982—1984年价格）
Kumar(2006)	DDF	—	DEA	1971—1992年41个国家	劳动/资本/能源	GDP	CO_2	M指数:0.9998(效率改善:1.0019;技术进步:0.9981)ML指数:1.0002(效率改善:0.9997;技术进步:1.0006)	—
Fare et al.(2007)	DDF	—	DEA	1995年美国92家火电厂	资本/劳动/燃料热量(煤炭,石油和气)	发电量	SO_2 NOx	—	—
Ke et al.(2008)	DF(O)	Translog	参数法	1996—2002年中国30个省份	资本/劳动	GDP	SO_2	东部:0.831,中部:0.706,西部:0.682	东部:0.516,中部:0.508,西部:0.529(亿元人民币/吨,1996年价格)
Ha et al.(2008)	DF(O)	Translog	参数计量估计	2003年越南63家造纸作坊	资本/劳动/能源/废纸/其他资料/社会资本	纸张	BOD/COD/TSS	效率:0.72	BOD:575.2,COD:1429.7,TSS:3354.8(美元/吨,2003年价格)

续表

作者	实证方法			数据	变量			主要结果	
	模型	函数形式	估计方法		投入	合意产出	非合意产出	生产率	影子价格
Ghorbani and Motallebi (2009)	DF(O)	Translog	参数法	2006年伊朗85家奶牛场	农场面积/能源/劳动/饲料	牛奶	CH_4/CO_2/N_2O	—	CH_4:0.61, CO_2:0.058, N_2O:0.59（与牛奶价格比率）
胡鞍钢,郑京海,高宇宁,张宁,许海萍（2008）	DDF		DEA	1999—2005年中国30个省份	资本/劳动	GDP	CO_2/COD/SO_2/废水/固废	东部最高,西部最低（具体值取决于非合意产出类别）	—
涂正革（2008）	DDF		DEA	1998—2005年30个省规模以上工业	资本/能源/劳动	工业增加值	SO_2	东部:工业与环境关系较为和谐 中西部:环境保护与工业增长失衡	—
王兵,吴延瑞,颜鹏飞（2008）	DDF	—	DEA	1980—2004年APEC 17个国家和地区	资本/能源/劳动	GDP	CO_2	ML:1.0056（技术进步:0.76%）	—
涂正革（2009）	DDF	—	DEA	1998—2005年30个省规模以上工业	资本/能源/劳动	工业增加值	SO_2	—	SO_2:2.09（人民币,亿元/万吨,1998年不变价格）
吴军（2009）	DDF	—	DEA	1998—2007年我国31个工业部门	资本/劳动	工业增加值	COD/SO_2	全国平均ML:1.085（技术进步贡献率为95.29%）	—
岳书敬,刘富华（2009）	逆产出（倒数法）/DDF	—	DEA	2001—2006年我国36个工业部门	资本/劳动	工业增加值	SO_2	效率值: 逆算法:0.55; 倒数法:0.49; 方向距离函数:0.68	—

续表

作者	实证方法			数据	变量			主要结果	
	模型	函数形式	估计方法		投入	合意产出	非合意产出	生产率	影子价格
杨俊、邵汉华(2009)	DDF	—	DEA	1998—2007年30个省工业部门	资本/劳动	工业增加值	SO_2	东部:0.886,中部:0.703,西部:0.686	—
周建、顾柳柳(2009)	DDF	—	DEA	1997—2004年上海大中型工业企业所组成的行业数据	资本/劳动/能源	工业总产值	SO_2	2006年技术效率指数:0.6437(重工业);0.7396(轻工业)	—
陈茹、王兵、卢金勇(2010)	DDF	—	DEA	2000—2007年东部11个省份规模以上工业	资本/劳动	工业增加值	SO_2	ML:0.902(2007)	—
王兵、吴延瑞、颜鹏飞(2010)	DDF	—	DEA	1998—2007年中国30个省份	资本/劳动/能源	实际地区生产总值	COD/SO_2	全国平均:0.712(VRS);0.657(CRS)	—
董锋等(2010)	—	—	DEA	1995—2006年29个省份	资本/劳动/播种面积能源	GDP	环境污染指数倒数	ML:1.008	—
吴军、笪凤媛、张建华(2010)	DDF	—	DEA	2000—2007年东/中/西部地区	资本/劳动/人力资本	GDP	COD/SO_2	—	—

注:价格如无特别说明,均是当年价格水平。

DF(O):产出距离函数;DF(I):投入距离函数;DDF:方向性距离函数;DEA:数据包络法;SFA:随机前沿法;M指数:Malmquist生产率指数;ML指数:Malmquist-Luenberger生产率指数;VRS:规模可变;CRS:规模不变;BOD:生化需氧量;COD:化学需氧量;TSS:悬浮颗粒(Total Suspended Solids);PART:颗粒(Total Suspended Solids);SO_X(sulfur oxides):硫化物。

其次，模型本身及其实现需要进一步简化，当前对于环境敏感性生产率的研究，需要融合经济学、管理运筹学、数学等相关知识，同时还需要借助计算机编程实现，这在一定程度上阻碍了该问题研究的普遍性。如果发展出相应的软件包，或者通用程序代码，相信会吸引更多的研究者。

此外，在实证应用上，需要更多的公开的微观数据支撑，一方面微观数据有利于揭示企业的真实行为偏好和技术，可以更好地揭示其作用机理，另一方面公开数据便于重复实验，可以对不同模型进行相互检验，使得理论结果进一步贴近现实问题，并更有效地运用到政策制定和生产实践中。

第九章　基于参数化模型的省际 CO_2 影子价格研究[①]

温室气体排放所导致的全球气候变暖问题，已成为国际共识，如不进行强制性的碳排放干预，气候变化将使地球生态环境恶化，进而影响人类自身的生存与发展。我国作为碳排放总量的第一大国，承受着沉重的国际压力。欧美西方发达国家提出了"将中国纳入到世界碳减排指标体系中去"的要求。如果这一要求付诸实施，对中国未来经济发展的影响将极其巨大。因此，在我国大力建设环境友好型社会的特殊时期，需要将碳排放量主动纳入到经济环境的发展指标中去，在国际社会的减排指标尚未强加于我国之前，急需提出符合我国国情的碳减排的政策主张。

实行碳排放管制后，企业将逐渐承担温室气体的控制和减排成本，甚至可能减少工业产出，这些都将导致经济利润的降低，并对整个社会的经济增长带来影响。如征收碳税在带来碳排放量及能源消费下降的同时，也将使经济增长率、就业率、消费和投资水平出现不同程度的下降（贺菊煌、沈可挺、徐嵩龄，2002；魏涛远、格罗姆斯洛德，2002；高鹏飞、陈文颖，2002；曹静，2009；苏明等，2009；张明喜，2010），给经济增长造成一定的抑制，且碳税水平越高，GDP 的损失也越高。因此，测度减少碳排放所引致的边际产出降低的经济成本，是一个非常重要的现实问题。这对碳税税率水平的确定具有重要参考价值，将为政策制定者提供可

[①]　本章内容是在魏楚、黄文若合作发表的论文"中国各省份 CO_2 影子价格研究，《鄱阳湖学刊》2012 年第 3 期"的基础上修改而成的。

靠的理论依据。

碳减排过程中的经济成本往往用"影子价格"来描述，但由于生产过程中排放的CO_2本身不具有市场交易的性质，因此，难以直接从市场上获得其价格信息，于是本章采用国际上比较通用的环境方向性距离函数方法来估量CO_2的潜在价格，从而得到单位碳减排所带来的经济成本。由于我国各地区经济发展水平的不平衡，其为经济增长所付出的环境代价不尽相同，所以对全国各省（市、区）分别进行CO_2影子价格的估计有助于全面了解我国实际情况。

本章结构安排如下：第一部分将阐述影子价格的概念及文献回顾；第二部分给出本章的研究方法——环境方向性距离函数；第三、四部分为数据变量说明及实证结果分析；最后为本章的结论。

第一节　影子价格概念与文献回顾

在纯粹的市场经济条件下，企业在生产过程中排放废弃物，出现了企业的私人成本与社会成本的不一致性，于是产生了负外部性。一旦政府对企业的排污行为进行管制与约束，企业将承担起治理污染的"外部成本"，使其产值与利润下降；如果没有环境管制，企业不必考虑污染治理的"外部成本"，将会生产更多的产品，产值增加。这两者间的产值差额即可称之为污染物的消减成本。

于是，将企业生产活动中污染物的排放和经济产出分别作为两种产出：前者为非合意产出，而后者为合意产出，也称"坏"产出与"好"产出。那么，该污染物的影子价格就是放弃一单位污染所增加的产出，或增加一单位污染所减少的产出（考虑到单位污染物产生的同时所带来的治理成本）。换言之，污染物的影子价格就是消减单位污染的边际成本。利用污染物的影子价格，能测度出污染物排放变化对经济产出的边际效应，从而为制定合适的环境管制政策，引导企业进行低污染的生产活动提供依据。

由于污染物不存在真实的市场价格，因此，测算影子价格需要运用一些特殊的方法。现有文献中常用于解决污染物影子价格的方法主要有两种。一种是基于参数模型的方法，可以是估计出包含污染因素在内的环境生产函数的具体参数形式，然后对环境产出函数求偏导数得到污染变化的产出边际效应（Fare 等人，1993、2006）；或是利用产出距离函数与收入函数之间的对偶关系（duality）推导出参数形式的污染物排放的影子价格（Coggins and Swinton，1996）。另一种则是利用非参数的方法，它较少地依赖于对函数形式的假定，而是通过数学线性规划技术（如 DEA）计算环境生产前沿函数，并进一步基于跨期的环境生产前沿函数来测算污染排放对前沿产出的边际效应（Boyd 等，1996；Lee 等，2002；涂正革等，2009）。陈诗一（2010）则同时运用参数化和非参数化两种方法度量 CO_2 影子价格，两种测算方法得出基本相似的结果。

参数化方法的模型发展主要经历了两个阶段。从 20 世纪 90 年代开始，学界开始采用距离函数来包含环境产出并推导出非合意产出的影子价格（Fare et al.，1993；Ball et al.，1994；Yaisawarng and Klein，1994；Coggin and Swinton，1996；Hetemaki，1996；Hailu and Veeman，2000）。基于参数化的产出距离函数模型，Fare et al.，（1993）利用 Pittman（1983）数据，对 1976 年威斯康星州和密歇根州 30 家造纸厂的效率进行了评价，并对生产中产生的生化需氧量（BOD）、总悬浮颗粒物（TSS）等非合意性产出的影子价格进行了测算。Coggins and Swinton（1996）同样采用产出距离函数计算了威斯康星州 14 个火力发电厂的技术效率和 SO_2 影子价格。Hailu and Veeman（2000）利用包括合意性和非合意性产出的参数化投入距离函数，构建了包含环境敏感因素在内的生产率，并构建出基于投入角度的 Malmquist 指数，此外还构建了影子价格模型，并利用加拿大 1959—1994 年造纸业时间序列数据进行实证研究。影子价格估计结果表明，厂商污染控制的边际成本随着时间的推移在不断地上升。

此后发展而来的方向性距离函数使得该领域的研究更加深入，

Chung et al.（1997）详细说明了方向性距离函数在增加合意产出的同时缩减非合意产出时，最优边界的确定，并以此构建了 Malmquist—Luenberger 指数，为环境管制下的生产率研究提供了新的思路。随后许多学者沿用了这种新方法。Lee et al.（2002）利用 1990—1995 年韩国 43 家发电厂的面板数据、方向性距离函数及 DEA 方法，对发电产生的各项污染：硫化物（SO_x）、氮氧化物（NO_x）、总悬浮颗粒物（TSP）的影子价格进行测算。Fare et al.（2005）运用方向性距离函数，分别用确定性参数法和随机前沿法对 1993 年和 1997 年美国 207 家火电厂的 SO_2 影子价格进行了计算。

　　参数估算方法在模型估计、解释方面有许多优势，特别是采用方向性距离函数形式的环境生产函数，通过预设函数中未知参数的求解，能较为直观地得到环境生产函数，且该函数能够利用数学方法计算得到影子价格的信息，被广泛运用于影子价格的计算和环境生产率的测定。因此，利用方向性距离函数这一工具对于构建环境生产前沿函数具有重要意义。

第二节　方向性距离函数及影子价格的推导

　　方向性距离函数的理论模型是 Chung 等（1997）提出的，他们在对瑞典纸浆厂进行研究时，详细阐述了如何利用方向性距离函数来进行生产率的研究。方向性距离函数与普通距离函数的区别在于对好、坏产出联合生产时的假设不同。普通距离函数只考虑好产出的扩张，而方向性环境距离函数考虑好产出增加的同时，还要减少坏的产出。通过对基于方向性距离函数的环境生产函数求偏导，即可解得污染物（即坏产出）的影子价格。

　　假设各个生产部门的投入向量 $x \in R_+^N$，好、坏产出向量 $y \in R_+^M$，$b \in R_+^J$，在一定生产技术条件下：$P(x) = \{(y, b): x \ can \ produce(y, b)\}$，它有以下两个特性：

（i）坏产出的弱处置性：当 $(y, b) \in P(x)$，$0 \leq \theta \leq 1$ 时，$(\theta y, \theta b)$ $\in P(x)$；

好产出的自由处置性：当 $(y, b) \in P(x)$，$y' \leq y$ 时，$(y', b) \in P(x)$；

（ii）联合生产（好产出 null-joint）：当 $(y, b) \in P(x)$ 时，如果 $b = 0$，那么 $y = 0$。

方向性距离函数需构造一个 $g = (g_y, g_b)$ 的方向向量，且 $g \in R^M \times R^J$，该向量将用以约束 M 个好产出与 J 个坏产出的变动方向与变动大小，即约束规定路径上增加好的产出量与减少坏的产出量。于是，方向性产出距离函数可以定义为：

$$\vec{D}_o(x, y, b; g_y, g_b) = sup\{\beta: (y + \beta g_y, b - \beta g_b) \in P(x)\} \quad (9-1)$$

β 表示与前沿生产面上最有效的单元相比，给定单位好产品（坏产品）可以扩大（缩小）的程度。如果 β 等于 0，表示这个决策单元处于前沿生产面上，即是最有效率的。β 值越大，表示该决策单元好产出继续增加的潜能较大，同时坏产出继续缩减的空间也较大，表明其效率越低。

关于求解方向性距离函数的方法，可以采用参数或非参数的方法。这里引用 Chung（1996）提出的参数化的超对数函数（translog）方法，选取方向向量 $g = (1, -1)$。如此设定符合中性政策管制的意图，即同比例扩大合意性产出与缩减非合意性产出的数量。假定 $k = 1, \cdots, K$ 代表不同的观测样本，于是方向性距离函数的参数形式为：

$$ln[1 + \vec{D}_o(x, y, b; 1, 1)] = \alpha_0 + \sum_{n=1}^{N} \alpha_n x_n + \sum_{m=1}^{M} \beta_m y_m + \sum_{j=1}^{J} \gamma_j b_j + \frac{1}{2} \sum_{n=1}^{N}$$

$$\sum_{n'=1}^{N} \alpha_{nn'}(x_n)(x_{n'}) + \frac{1}{2} \sum_{m=1}^{M} \sum_{m'=1}^{M} \beta_{mm'}(y_m)(y_{m'}) + \frac{1}{2} \sum_{j=1}^{J} \sum_{j'=1}^{J} \gamma_{mm'}(b_j)(b_{j'}) + \frac{1}{2} \sum_{n=1}^{N}$$

$$\sum_{m=1}^{M} \delta_{nm}(x_n)(y_m) + \frac{1}{2} \sum_{n=1}^{N} \sum_{j=1}^{J} \eta_{nj}(x_n)(b_j) + \frac{1}{2} \sum_{m=1}^{M} \sum_{j=1}^{J} \mu_{nm}(y_n)(b_m) \quad (9-2)$$

参数方程求解是基于线性规划的思想，即最小化各观测值到边界的距离和：

$$min \sum_{k=1}^{K} \{ln[1 + \vec{D}_o(x, y, b; 1, 1)] - ln(1 + 0)\} \quad (9-3)$$

s.t.

(i) $ln[1 + \vec{D}_o(x, y, b, 1, -1)] \geqslant 0, k = 1, \cdots, K$

(ii) $\dfrac{\partial\{ln[1 + \vec{D}_o(x_k, y_k, b_k; 1, 1)]\}}{\partial lng_m^k} \leqslant 0, m = 1, \cdots, i, k = 1, \cdots, K$

(iii) $\dfrac{\partial ln\{[1 + \vec{D}_o(x_k, y_k, b_k; 1, 1)]\}}{\partial lnb_j^k} \geqslant 0, j = 1, \cdots, J, k = 1, \cdots, K$

(iv) $\dfrac{\partial ln\{[1 + \vec{D}_o(x_k, y_k, b_k; 1, 1)]\}}{\partial lnx_n^k} \geqslant 0, n = 1, \cdots, N, k = 1, \cdots, K$

(v) $\sum_{m=1}^{M} \beta_m - \sum_{j=1}^{J} \gamma_j = -1,$

$\sum_{m'=1}^{M} \beta_{mm'} - \sum_{j=1}^{J} \mu_{mj} = 0, m = 1, \cdots, M$

$\sum_{j'=1}^{J} \gamma_{jj'} - \sum_{m=1}^{M} \mu_{mj} = 0, j = 1, \cdots, J$

$\sum_{m=1}^{M} \delta_{nm} - \sum_{j=1}^{J} \eta_{nj} = 0, n = 1, \cdots, N$

(vi) $\beta_{mm'} = \beta_{m'm}, m = 1, \cdots, M, m' = 1, \cdots, M$

$\alpha_{nn'} = \alpha_{n'n}, n = 1, \cdots, N, n' = 1, \cdots, N$

$\gamma_{jj'} = \gamma_{j'j}, j = 1, \cdots, N, j' = 1, \cdots, N$

目标函数是为了最小化所有样本点到边界线的偏离值。而约束（i）保证每个样本在前沿上或者前沿之下；约束（ii）和约束（iii）分别保证了合意性产出和非合意性产出递减与递增的单调性，同时约束（iv）对投入也进行了递增的单调性约束；约束（v）满足了方向距离函数的转换特性，而约束（vi）是对称性约束。

通过上面的线性规划估算出各个参数后，就可以对方向性距离函数求一阶偏导数，得到非合意产出相对于合意产出的影子价格：

$$r_b = r_y \frac{\partial \vec{D}_o(x, y, b; 1, 1/\partial b)}{\partial \vec{D}_o(x, y, b; 1, 1/\partial y)} \tag{9-4}$$

其中，观察到的合意产出的价格 r_y 作为标准化价格，因为合意产出具备可观测、市场化的价格，而 r_b 即为非合意产出的绝对影子价格①。

第三节 变量说明与估计结果

本部分利用1995—2007年的时间序列数据，通过"两投入、两产出"的环境生产函数进行中国分省（市、区）CO_2 影子价格的估计。其中，两投入为资本与劳动力，好产出为 GDP，坏产出为 CO_2 排放量。中国 31个省（市、区）中，由于西藏的数据缺失，故西藏没有包含在内，而重庆则是加总到四川省进行估算，所以最终以 29 个省（市、区）为研究对象。

资本存量：一般用"永续盘存法"来估计每年的实际资本存量，此处主要参考了张军等（2004）已有的研究成果，并按照其公布的方法将资本存量序列扩展到 2007 年，以 2005 年不变价格计算，单位为亿元。

劳动力：国外一般采用工作小时数来作为劳动力投入变量，但受限于数据可得性，这里采用历年《中国统计年鉴》中公布的当年就业人数，单位为万人。

GDP 产出数据：来源于历年的《中国统计年鉴》，为便于与国家统计局公布的指标进行比较，以 2005 年不变价格计算，单位为亿元。

CO_2 排放数据：现有的研究机构尚无分省（市、区）的 CO_2 排放数据，但由于 CO_2 排放主要来源于化石能源的消费、转换以及水泥的生产，为精确起见，这里将能源消费细分为煤炭消费、石油消费（进一步细分为汽油、煤油、柴油、燃料油）和天然气消费。所有能源消费、转换数据皆取自历年《中国能源统计年鉴》中地区能源平衡表，水泥生产数据

---

① 影子价格反映了合意产出和非合意产出在实际产出集中的 trade-off，在其后的研究中，Fare et al.（1998）分别从生产、消费者角度，根据产出与收入最大化对偶关系、成本最小与利润最大化对偶关系以及消费者效用最大化等不同形式，利用生产理论和消费者效用函数推导出出一般性的合意性产出和非合意性产出的影子价格表达式：$\dfrac{p_i}{p_j} = \dfrac{\partial U(y)/y_i}{\partial U(y)/y_j} = \dfrac{\partial D/\partial y_i}{\partial D/\partial y_j} = \dfrac{\partial C(y,\ w)/\partial y_i}{\partial C(y,\ w)/\partial y_j}$，其中 $U(y)$，D，$C(y,\ w)$ 分别表示效用函数、距离函数和成本函数。

来自国泰安金融数据库。化石能源消费产生的 CO_2 排放量具体计算公式如下：

$$CO_2 = \sum_{i=1}^{6} CO_{2i} = \sum_{i=1}^{6} E_i \times CF_i \times CC_i \times COF_i \times (44/12) \qquad (9-5)$$

其中，CO_2 表示估算的各类能源消费 CO_2 排放的总量；i 表示各种消费的能源，包括煤炭、汽油、煤油、柴油、燃料油和天然气共 6 种；E_i 是各省市各种能源的消费总量；CF_i 是转换因子，即各种燃料的平均发热量；CC_i 是碳含量（Carbon Content），表示单位热量的含碳水平；COF_i 是氧化因子（Carbon Oxidation Factor），反映了能源的氧化率水平；44/12 则表示将碳原子质量转换为 CO_2 分子质量的转换系数；各类排放源的 CO_2 排放系数主要参照 IPCC（2006）及国家气候变化对策协调小组办公室和国家发改委能源研究所（2007）的设定。上述各变量的描述性统计见表 9-1。

表 9-1　各变量的描述性统计

变量	K（亿元）	L（万人）	GDP（亿元）	CO_2（万吨）
均值	9194.59	2238.83	4804.88	12373.68
最大值	50421.50	6568.20	29400.00	59383.50
最小值	434.80	226.00	201.20	627.67
标准差	8443.63	1570.28	4523.79	8941.19

中国各省（市、区）1995—2007 年包含环境因素的平均生产率及 CO_2 影子价格均值的估计结果如表 9-2 所示。可以看出，在 29 个省（市、区）中，环境生产率排名最高的五个省份依次为：广东（1.00）、福建（0.9992）、北京（0.9978）、海南（0.9977）和广西（0.9954），而排名最后的五个省份为：新疆（0.6022）、贵州（0.5892）、陕西（0.5644）、辽宁（0.4948）、云南（0.2179）。

再来考察分省（市、区）CO_2 影子价格，其影子价格最贵的五个省份依次为：上海（￥1713）、北京（￥1611）、广东（￥1426）、江苏（￥1169）和浙江（￥1064），这也基本上是中国经济最发达的省份，而影

表 9 - 2   中国各省（市、区）平均生产率和平均 CO_2 影子价格（1995—2007）

省市	效率值	影子价格（元/吨）	影子价格排名
北京	0.9978	1611	2
天津	0.9257	759	8
河北	0.7667	468	16
山西	0.9436	187	25
内蒙古	0.8906	218	24
辽宁	0.4948	647	10
吉林	0.8724	323	23
黑龙江	0.7987	473	15
上海	0.8699	1713	1
江苏	0.7610	1169	4
浙江	0.8807	1064	5
安徽	0.7461	355	22
福建	0.9992	1008	6
江西	0.9430	452	17
山东	0.7634	843	7
河南	0.8432	486	14
湖北	0.8256	430	18
湖南	0.8714	488	13
广东	1.0000	1426	3
广西	0.9954	378	21
海南	0.9977	627	11
四川	0.6766	598	12
贵州	0.5892	86	29
云南	0.2179	666	9
陕西	0.5644	404	20
甘肃	0.9785	136	27
青海	0.8485	165	26
宁夏	0.7670	129	28
新疆	0.6022	418	19

子价格最低的五个省份分别是：山西（¥187）、青海（¥165）、甘肃（¥136）、宁夏（¥129）、贵州（¥86），这些也是经济欠发达地区。

从逐年的估计结果可以发现，广东在1995—2007年期间一直处于生产边界上，即在一定技术条件下，广东的物质投入、经济产出与污染水平始终处于效率前沿，没有冗余产生[①]；北京、福建也分别有11年与12年连续处于生产边界，且这三个省市的 CO_2 影子价格均值排名十分靠前，分别为第3、第2、第6名，表明生产效率高低与 CO_2 影子价格大小之间可能存在的正相关关系。此外，上海、江苏、浙江等经济实力较强的省市，其 CO_2 影子价格均值也比较高，分别居第1、第4、第5位，而青海、甘肃、宁夏等经济欠发达地区的 CO_2 影子价格均值普遍较低，仅位列第26、第27、第28名。由此可得，经济发展水平高低与 CO_2 影子价格大小有着一定联系。

如前文所示，CO_2 影子价格是对碳减排成本的一种直观反映，即较高的 CO_2 影子价格表明了该地区较高的碳减排成本，反之亦然。因此，上海、北京、广东、江苏、浙江、福建等地减少碳排放的经济成本，较之青海、甘肃、宁夏等地要高得多，过高的碳减排配额必然会使这些地区的经济产出大幅减少。而另一个方面，这些工业发达地区也是国内主要碳排放源头，如对其进行严格的限排管制，我国的碳减排效果将会比较明显。

在总体时间样本均值的分析基础上，再来比较一下中国各省（市、区）逐年 CO_2 影子价格的变动趋势及特征。为使比较的结果更具显著性，选取了 CO_2 影子价格排名前五（上海、北京、广东、江苏、浙江）和末五（贵州、宁夏、甘肃、青海、山西）的10个省（市、区）作为比较对象，具体走势见图9-1所示。

先来看高 CO_2 影子价格省（市、区）的变动趋势：上海、北京两地的走势颇为一致，除1995年的起点不同外，它们共同经历了1995—1997年

①　效率前沿是指，投入一定的情况下，经济产出达到最大容量，而污染被控制在最小排放数量；存在冗余量则意味着一定投入条件下，实际经济产出小于前沿边界生产量，或实际污染量大于前沿边界上的污染量。

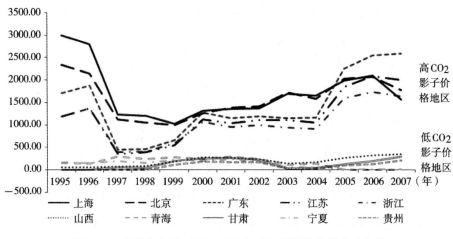

图 9–1　中国十省份 1995—2007 年 CO_2 影子价格的变动趋势

的大幅下跌、1997—1999 年的小幅下跌、1999—2006 年的稳步上升与 2006—2007 年回调下跌。而广东、江苏、浙江与上海、北京的 CO_2 影子价格走势一个显著不同在于，在 1997—2000 年间其 CO_2 影子价格逐步上扬，2000—2004 年基本处于稳定状态，2004 年后 CO_2 影子价格由一个较低水平直线跃升到与上海、北京相近的高度，特别是广东，超越了上海、北京 CO_2 影子价格，排到了全国第一位。而 CO_2 影子价格低的省（市、区），其波动趋势较为稳定，变动幅度较小，CO_2 影子价格一直处于高影子价格省（市、区）的下方，并且低于高影子价格省（市、区）的历史最低值，其在 1998—2003 年经历了个小弧度的上升下降周期，并从 2004 年开始了一段缓慢的上升趋势。因而，就全国而言，CO_2 影子价格变动主要是由经济发达省市的变动所主导的结果。

　　关于不同地区 CO_2 影子价格走势变动的原因，归根结底关联到各地区在自身经济发展过程中，在顺应国家宏观调控中，在经历产业结构不断调整中，所面临的高耗能产业及服务型产业的选择问题，高技术效率低污染型行业及低技术低效率高污染型行业的布局问题，不是本章所能够全面企及的，因此在这里不做过多讨论。由于该环境生产估算方法是逐年分次进行的，在跨年比较时可能无法充分反映由于技术进步所带来的生产效率的提高而导致的经济产出的增长，因此可能会夸大实际 CO_2 影子价格的增长水平，需要对估计结果进行客观看待。而同一年份各地区的比较结果比较接近真实情况，其考察的是不同生产率水平下，即不同技术水平条件下，所反映出来的 CO_2 影子价格，也即碳减排的成本耗费情况。

第四节　问题探讨与研究结论

由于影子价格的估计结果与现实的价格水平可能不具有实际意义上的可比拟性，但其反映出的不同省（市、区）间 CO_2 影子价格的高低水平却依然值得关注，特别是计算出来的 CO_2 影子价格的数量级，对于碳税政策的确定具有一定的参考意义。根据国家财政部最近发布的初步规划，我国碳税的起征或为每吨 CO_2 征税 10 元。该碳税拟起征点与估计结果相比，其定价远低于理论估值。而在大多数有关碳税的文献中，碳税税率往往被拟定在 50—100 元/吨的水平上，也远高于我国的拟征价格。

当然，碳税低征收税率也有其合理性。征收碳税在降低碳排放量、提升环境质量有所作用的同时，对经济也具有明显的抑制作用，其社会影响会随着经济效应的变动扩散到就业、消费、投资等方面，而且越是高税率的碳税方案对经济的影响也越大。由于中国刚刚开始尝试对碳排放征税，低的起征点比较适合当前的实际情况，能减缓政策变动对经济体所造成的不利影响。随着中国碳税征收经验的逐步积累与征收制度的不断成熟，未来的碳税税率必将经历调整，直至最优的碳税水平。根据表 9 - 2 的 CO_2 影子价格的估计结果及其特征可知，各省（市、区）的影子价格不仅不尽相同，而且差异颇大，从价格最高的上海（￥1713）到价格最低的贵州（￥86），相差近 20 倍。这样的结果预示着日后对兼顾公平与效率的最优碳税的确定提出更高的要求。且从全国历年 CO_2 影子价格的发展趋势来看，CO_2 影子价格将呈现出递增的态势，可以推测将来的碳税税率也会具有类似的增长趋势。

在过去较长的一段时期内，由于 CO_2 等环境污染物缺乏有效的市场价格信息，使之很多与环境因素相关的研究陷入停滞，而政府也无法准确把握实现其政策目标的政策工具（如碳排放管制下的碳税政策），而如今污染物影子价格能够被估算出来，使环境经济学领域的研究更加深入，本章即是该前沿领域的一种实践应用。本章重点就 CO_2 的影子价格进行了实证研究，利用方向性距离函数这一环境生产理论与参数化求解方法，对 1995—2007 年我国不同省（市、区）CO_2 影子价格进行了测算，得出以下结论。

第一，从地域的截面角度看，广东、北京、上海、江苏与浙江等经济实力较强的省市，其 CO_2 影子价格均值较青海、甘肃、宁夏等经济欠发达地区要高出许多，说明这些省市的碳减排成本较高。从中反映出的政策建议为政府应根据不同的政策意图来制定相应的减排措施：在以碳排减数量为目标时，应对高影子价格地区实行较为严格的限制措施，如更高的碳税水平；而在以最小化碳减排带来的经济损失为目标时，应让低影子价格地区承担更多的减排指标，而由发达地区提供补贴，不失为短期内一种双全的办法。

第二，从时间的纵向角度看，CO_2 影子价格高的一类地区，其大致历史走势为先降后升；而 CO_2 影子价格低的地区，其变动幅度较小。因而就全国而言，CO_2 影子价格主要是由经济发达地区带动而呈现递增趋势，也预示着碳税水平的逐年递增性。

第三，从估计结果的实际作用角度看，估算出的 CO_2 影子价格与现实的价格水平可能无法直接画上等号，但对碳税数量级水平的确定有着重要的借鉴意义；而估算结果所反映的不同经济发展水平地区间 CO_2 影子价格水平高低不一的现象，可作为分级制碳税税率的参考标准，同时也暗示了"一刀切"的碳税税率将无法完全实现其政策意图。

第十章　CO_2减排潜力与减排目标地区分解研究[①]

第一节　减排背景与配额分配

哥本哈根会议尽管未能达成任何有效力的减排协议，但却是 21 世纪人类应对气候变化迈出的坚实第一步。中国及其他发展中大国构成的基础四国[②]在会议上成功地抵制住了发达国家要求的强制减排目标，并强化了未来的气候变化协商应在联合国主导下遵循《京都议定书》和"巴厘岛路线图"的基本原则。随着中国在全球政治、经济、环境领域的影响日益增强，作为正在崛起的负责任大国，中国提出"到 2020 年 CO_2 排放强度在 2005 年基础上削减 40%—45%"的替代目标。哥本哈根会议后，全国人大通过的"可再生能源法修正案"[③] 以及各地紧锣密鼓筹备的"应对气候变化办公室"可以看作是应对国际质疑的具体措施，在接下来的政府"十二五"规划中，降低碳排放强度目标将同此前的节能减排目标一样，整合到各项规划和政策中去（中国科学院可持续发展战略研究组，2009）。随之而来的问题即是：如何将全国的 CO_2 强度约束目标进行地区

[①] 该文是在魏楚、倪金兰、杜立民合作发表的论文 "Regional Allocation of Carbon Dioxide Abatement in China, China Economic Review, 2012, 23 (2)" 的基础上修改而成的。

[②] 指巴西、南非、印度、中国。

[③] 见 "《可再生能源法修正案》2010 年 4 月 1 日起施行"，新浪网，http：//finance. sina. com. cn/roll/20100101/08167183891. shtml。

分解[①]？正如诸多学者所争议的，由于中国地区经济发展不平衡，不同地区、不同部门之间在改革的承载和接受能力上存在很大的差异（刘树成，2008），其自身的产业发展水平、节能空间、能源结构也不一致，因此在对 CO_2 排放强度目标的地区与进度分解问题上，是采用"一刀切""齐步走"政策，还是采取"有差别的""分而治之"的梯次推进方法，以及目标分解的依据和原则问题，都值得深入探讨（常兴华，2007；魏楚等，2010）。

此前国际上对于气候变化的研究及政策建议大多由西方主导（IPCC，2007；OECD，2008；Stern，2008；UNEP，2008），但往往遭到发展中国家的反对，其争论的焦点在于如何体现"共同而有区别的责任"原则？如何在实现减缓气候变化的同时保障各国发展的公平性？目前国外比较有代表性的三个方案包括：英国全球公共资源研究所（Global Commons Institute）在1990年提出的"紧缩趋同"方案，该方案以目前人均排放水平为起点，设想不同国家人均排放目标在未来趋同至某一水平后，所有国家再一起减少排放，并将温室气体浓度稳定在一个可接受水平上（高广生，2006）；在1997年《京都议定书》谈判中，巴西推出的《关于气候变化框架公约议定书的几个设想要点》（简称"巴西案文"方案）中，提出"温室气体有效排放"概念，对附件I国家设定相对减排义务标准，如果在承诺期内不能完成则用其超标排放的罚金设立"清洁发展基金"，用于支持适应和减缓气候变化的项目（祁悦、谢高地，2009）；瑞典斯德哥尔摩环境研究所（SEI）提出的"温室发展权框架"中认为，只有富人才有责任和能力减排，通过设置发展阀值，保障低于发展阀值的穷人的发展需求，根据超过发展阀值的人口总能力（购买力平减的 GDP）和总责任（累计历史排放）两个指标，对全球减排量进行分配（中国发展观察，2009）。上述方案中，尽管考虑了历史排放问题，但大多基于国别排放指

---

① 在此前的节能减排目标地区分解问题上，国家发改委采取各地区自主申报节能减排目标的方法，大多省份基本设定了与国家一致的目标，部分省份低于或高于节能20%，减排10%的目标。

标，忽略了人均公平原则，此外没有考虑不同阶段国家的发展需求，忽略了对未来排放的需求分配，从公平角度仍然存在偏颇（潘家华、郑艳，2009）。

我国学者对全球温室气体分配也进行了大量研究，国务院发展研究中心课题组（2009）根据产权理论和外部性理论，提出"国家排放账户"方案，通过明确界定各国历史排放权和未来排放权，给各国建立起"国家排放账户"，根据人均相等的原则分配各国排放权，从而使"共同但有区别的责任"得以明确界定。潘家华、陈迎（2009）则提出了基于人文发展理论的"碳预算方案"，从满足人的基本需求出发，将1900—2050年间相应的碳预算权利按照人均方式初始分配到各国，各国可根据自身透支或者盈余状况进行交易，这不仅确保了公平和可持续的双重目标，而且还设计了碳预算的平衡机制和资金机制。丁仲礼等（2009）同样基于"人均累计排放指标"思路，对各国在1900—2005年的人均累计排放量、应得排放配额以及2006—2050年的排放配额进行了测算，并对各国的赤字进行了分类研究。

中国目前承诺到2020年CO_2排放强度下降目标，该目标从理论上是可以预期完成的[①]，从中长期来看，未来的CO_2减排势在必行，如果采取较为严格的节能减排技术，并在有效的国际技术转让及资金支持下，中国的碳排放可能在2030—2040年达到峰值，之后进入稳定和下降期（何建坤，2011；何建坤等，2008；姜克隽等，2009；丁仲礼等，2009），因此对各省CO_2减排潜力与减排空间进行分析更有意义，并能为未来的减排目标地区分配提供一定参考。

本章试图回答以下问题：各地区CO_2减排的潜力和空间有多大？减排的边际成本有多高？在考虑CO_2减排目标的公平与效率的角度下，哪些省

---

　　① CO_2排放强度受能耗强度和能源排放系数影响，如果"十一五"规划的20%节能目标能够预期完成，并在2010—2020年间能耗强度下降20%，则在能源消费结构不变的条件下即可完成CO_2排放强度下降40%的目标，如果能源消费中采用更多的可再生能源和清洁能源，则CO_2排放强度下降幅度会更高。

份是需要重点予以关注的？

本章考虑了若干参数，其中公平维度包括了不同地区减轻气候变化的责任和支付能力，效率维度则包括了不同地区的减排潜力、边际减排成本、排放比重、减排比重及排放强度，分别从减排公平和效率两个角度对各省的减排义务进行了定量测算和排名，研究结果表明：CO_2减排的地区分配公平与效率可能存在一定冲突，最终的分配优先度与轻重缓急将取决于决策者对于公平与效率的考量。此外，本章还对省际 CO_2 减排潜力的差异进行了解释，发现产业结构、能耗强度和能源结构对减排潜力影响较大。

本章结构安排如下：第一节介绍基本的思路与模型及数据；第二节基于中国省级数据进行地区 CO_2 减排潜力评价，并估计地区 CO_2 减排的边际成本；第三节分别从公平和效率角度，对各省的减排能力进行评价和排名；第四节是对地区 CO_2 减排潜力差异的解释；最后是相关讨论及政策含义。

第二节　模型、方法与数据

传统的生产理论无法对非合意产出进行直接处理。可采取间接法将非合意性产出进行转换，从而使转换后的数据可以在技术不变的条件下包括到正常的产出函数中，方法包括：将非合意产出转换为投入要素，或者进行加法逆转换或乘法逆转换，详见 Scheel（2001）对此的综述；此外，由 Fare 等（1989）、Chung 等（1997）人发展起来的方向距离函数（Directional Distance Function），则是通过构建环境生产技术来继续生产率和影子价格测度，对中国的具体应用可见胡鞍钢等（2008b）对省际技术效率的测度，付加锋等（2010）、涂正革（2009）对工业生产率及工业 SO_2 影子价格的测度，王兵等（2010）对环境管制下的省际 Malmquist-Luenberger 生产率的测度等文献。但正如 Fukuyama 和 Weber（2009）指出的，现有的方向距离函数中没有考虑可能存在的冗余，从而使得最终的效率评价有一定偏误。

本章采用扩展的基于冗余测量模型（Slacks-Based Measure，SBM）进行估计。SBM 模型基本思想是考虑投入和产出端的冗余进行效率评价，处于前沿上的最优绩效点不存在过度投入，也不存在产出短缺。在此基础上，Cooper 等（2007）提出了考虑非合意产出的扩展 SBM 模型[①]，其基本表述为：

有 n 个决策单元，投入向量 $x \in R^m$，生产出合意产出 $y^g \in R^{s1}$，以及非合意产出 $y^b \in R^{s2}$，定义相应的矩阵为 $X = [x_1, \cdots, x_n] \in R^{mxn}$，$Y^g = [y_1^g, \cdots, y_n^g] \in R^{s1xn}$，$Y^b = [y_1^b, \cdots, y_n^b] \in R^{s2xn}$，并假定 $X, Y^g, Y^b > 0$。

生产可能集 P 定义为：

$$P = \{(x, y^g, y^b) \mid x \geqslant X\lambda, \ y^g \leqslant Y^g\lambda, \ y^b \geqslant Y^b\lambda, \ \lambda \geqslant 0\} \quad (10\text{-}1)$$

其中 $\lambda \in R^n$ 为强度向量，（10-1）式中的生产可能集 P 相当于规模报酬不变技术。其效率表述为：

$$\rho^* = \min \frac{1 - \dfrac{1}{m} \sum_{i=1}^{m} \dfrac{s_i^-}{x_{io}}}{1 + \dfrac{1}{s_1 + s_2}\left(\sum_{r=1}^{s1} \dfrac{s_r^g}{y_{ro}^g} + \sum_{r=1}^{s2} \dfrac{s_r^b}{y_{ro}^b} \right)} \quad (10\text{-}2a)$$

$$s.t. \quad x_o = X\lambda + s^-$$

$$y_o^g = Y^g\lambda - s^g$$

$$y_o^g = Y^b\lambda + s^b$$

$$s^- \geqslant 0, \ s^g \geqslant 0, \ s^b \geqslant 0, \ \lambda \geqslant 0$$

其中向量 $s^- \in R^m$，$s^b \in R^{s2}$ 分别为过度投入和过度的非合意产出，$s^g \in R^{s1}$ 代表短缺的合意产出，也即是投入、非合意产出和合意产出的冗余量，（10-2a）式是 s_i^-，s_r^g 和 s_r^b 的严格递减函数，且满足 $0 < \rho^* \leqslant 1$。样本点当且仅当 $\rho^* = 1$ 时处于前沿，也即是有效率，此时投入、合意产出以及非合

[①]　本章的模型实际上同方向距离函数一致，最终是保持合意产出不变，而减少投入冗余量和非合意产出的冗余量，因此相当于方向距离函数中的 $(-g_x, 0, -g_b)$。

意产出的冗余值为 0。

在实际计算中，往往根据投入以及合意产出与非合意产出的相对重要性施加权重因子，基于（10-2a）式中的目标函数，其加权后的效率表述为：

$$
\rho^* = \min \frac{1 - \dfrac{1}{m} \sum_{i=1}^{m} \dfrac{w_i^- s_i^-}{x_{io}}}{1 + \dfrac{1}{s_1 + s_2}\left(\sum_{r=1}^{s1} \dfrac{w_r^g s_r^g}{y_{ro}^g} + \sum_{r=1}^{s2} \dfrac{w_r^b s_r^b}{y_{ro}^b} \right)} \tag{10-2b}
$$

其中 w_i，w_r^g 和 w_r^b 分别是投入 i，合意产出 r 和非合意产出 r 的权重，且有 $\sum_{i=1}^{m} w_i^- = m$，$w_i^- \geqslant 0$，$\sum_{r=1}^{s1} w_r^g + \sum_{r=1}^{s2} w_r^b = s_1 + s_2$，$w_r^g \geqslant 0$，$w_r^b \geqslant 0$。

一、减排潜力模型

对于无效率的样本点而言，其对应于前沿上的可行的目标非合意产出为：

$$
\hat{y}_o^b = y_o^b - s^{b*} \tag{10-3}
$$

其中 s^{b*} 可以通过（10-2b）式进行求解，而样本点实际的非合意产出 y_o^b 可以观测到，因此，可以计算出每个样本点的最优目标非合意性产出 $\hat{y}_o^b$，如果将非合意性产出定义为 CO_2 排放量，由此可以定义样本点 i 在时刻 t 的可行减排量（Feasible Abatement）及减排潜力指数（Abatement Potential）。

$$
FA_{i,t} = s_{i,t}^{b*} \tag{10-4a}
$$

$$
AP_{i,t} = s_{i,t}^{b*} / y_{i,t}^b \tag{10-5a}
$$

其中 $FA_{i,t}$ 即是样本点 i 在时刻 t 的过度 CO_2 排放量，表明与前沿有效点相比较，可以减少的 CO_2 排放量。$AP_{i,t}$ 表示样本点的减排潜力，其值介于 0—1 之间，$AP_{i,t}$ 的数值越高，越说明该样本点的 CO_2 排放过度，也同时表明该地区的减排潜力越大。如果将各地区的可行减排量加总，即可得到区域（全国）的加总可行减排量（Aggregate Feasible Abatement），并可以计算出区域（全国）的总减排潜力（Aggregate Abatement Potential）。

$$AFA_c = \sum_{i=1}^n FA_{i,t} = \sum_{i=1}^n s_{i,t}^{b*} \qquad (10\text{-}4b)$$

$$AAP_t = \sum_{i=1}^n FA_{i,t} \Big/ \sum_{i=1}^n y_{i,t}^b = \sum_{i=1}^n s_{i,t}^{b*} \Big/ \sum_{i=1}^n y_{i,t}^b \qquad (10\text{-}5b)$$

二、影子价格模型

此外，利用 Charnes 和 Cooper（1962）的转换方法，（10-2a）式的对偶线性规划可以表述为：

$$\max u^g y_o^g - v x_o - u^b y_o^b \qquad (10\text{-}6)$$

$$s.\,t.\ u^g Y^g - vX - u^b Y^b \le 0$$

$$v \ge \frac{1}{m}\big[1/x_o\big]$$

$$u^g \ge \frac{1 + u^g y_o^g - v x_o - u^b y_o^b}{s}\big[1/y_o^g\big]$$

$$u^b \ge \frac{1 + u^g y_o^g - v x_o - u^b y_o^b}{s}\big[1/y_o^b\big]$$

其中 $s = s_1 + s_2$，$\big[1/x_o\big]$ 代表行向量 $(1/x_{1o}, \cdots, 1/x_{mo})$，对偶向量 $v \in R^m, u^b \in R^{s_2}$，$u^g \in R^{s_1}$ 其经济意义可解释为投入品、非合意产出以及合意产出的虚拟价格。

根据 Fare 等（1993）以及 Lee 等（2002）的方法，非合意产出与合意产出的影子价格比例等于其边际转换率，在参数化距离函数形式下，可以表述为距离函数分别对非合意产出与合意产出一阶导数的比例，在非参数化形式下，则是对偶线性规划中非合意产出与合意产出约束条件的对偶值，也即是有以下关系：

$$\frac{p^b}{p^g} = \frac{u^b}{u^g} \qquad (10\text{-}7a)$$

假定合意产出的价格 p^g 是市场化的标准化价格，则可以推导出非合意产出的影子价格为：

$$p^b = p^g \cdot \frac{u^b}{u^g} \qquad (10\text{-}7b)$$

（10-7b）式中的影子价格可以视作 CO_2 排放的边际削减成本，污染排放越严重的样本其影子价格越低（Coggins and Swinton，1996），因此对拥有较低污染物影子价格的地区进行环境管制或者施加排放约束时，可能导致的机会成本损失也相对越小。对于全国而言，在需要满足减排目标的同时，也需要考虑环境政策对经济的影响，因此，不同地区的 CO_2 边际减排成本可以用作判别地区减排优先次序的效率指标之一。

三、变量与数据

本章以 1995—2007 年间中国 29 个省的资本、劳动和能源作为投入要素，以各省 GDP 作为合意产出、各省 CO_2 排放量作为非合意产出进行分析，其中：

资本存量：一般用"永续盘存法"来估计每年的实际资本存量，此处主要参考了张军等（2004）的已有研究成果，并按照其公布的方法将其序列扩展到 2007 年，以 2005 年不变价格计算，单位为亿元[①]。

劳动力：国外一般采用工作小时数来作为劳动力投入变量，但受限于数据可得性，这里采用历年《中国统计年鉴》中公布的当年就业人数，单位为万人。

能源：数据来源于历年的《中国能源统计年鉴》，其中西藏由于缺少能源数据，因此西藏没有包括在样本内，单位为万吨标准煤。

GDP 产出数据：来自于历年的《中国统计年鉴》，为了便于与国家统计局公布的指标进行比较，以 2005 年不变价格计算，单位为亿元。

CO_2 数据：现有的研究机构尚未有分省 CO_2 排放数据，由于 CO_2 排放主要来源于化石能源的消费、转换以及水泥的生产，为精确起见，本章将能源消费细分为煤炭消费、石油消费（进一步细分为汽油、煤油、柴油、

---

① 具体方法见张军、吴桂英和张吉鹏，《中国省级物质资本存量估算：1952—2001》，《经济研究》2004 年第 10 期。在张军的数据中，由于重庆在 1997 年成为直辖市，因此，一般将重庆和四川进行合并处理。

燃料油）和天然气消费①。一次能源消费过程中，有相当大一部分被用来发电和供热，虽然这部分能源消费产生的电能和热能可能并不都在本省使用，但是由此产生的 CO_2 确实都留在本省，因此，本章在计算能源消费量时，除终端能源消费量外，还包含了发电和供热用能。本章所有能源消费、转换数据皆取自历年《中国能源统计年鉴》中地区能源平衡表，水泥生产数据来自国泰安金融数据库。化石能源消费活动的 CO_2 排放量具体计算公式如下：

$$CO_2 = \sum_{i=1}^{6} CO_{2i} = \sum_{i=1}^{6} E_i \times CF_i \times CC_i \times COF_i \times \left(\frac{44}{12}\right) \tag{10-8}$$

其中，CO_2 表示估算的各类能源消费的 CO_2 排放总量；i 表示各种消费的能源，包括煤炭、汽油、煤油、柴油、燃料油和天然气共 6 种；E_i 是分省各种能源的消费总量；CF_i 是转换因子，即各种燃料的平均发热量；CC_i 是碳含量（Carbon Content），表示单位热量的含碳水平；COF_i 是氧化因子（Carbon Oxidation Factor），反映了能源的氧化率水平；44/12 则表示将碳原子质量转换为 CO_2 分子质量的转换系数；各类排放源的 CO_2 排放系数主要参照 IPCC（2006）及国家气候变化对策协调小组办公室和国家发改委能源研究所（2007）的设定。

上述各变量的描述性统计可见表 10 - 1 所示。

表 10 - 1 各变量的描述性统计（1995—2007）

变量	资本（亿元）	劳动（万人）	能源（万吨标准煤）	GDP（亿元）	CO₂排放（万吨）
均值	9194.594	2238.833	6525.56	4804.882	12373.68
标准差	8443.632	1570.283	4676.368	4523.785	8941.185
最小值	434.8	226	303	201.2	627.6658
最大值	50421.5	6568.2	28552	29400	59383.5

---

① 化石能源消费、转换以及水泥生产所排放 CO_2 占 CO_2 排放总量的 97% 以上，其他如石灰、电石、钢铁生产也排放 CO_2，但是由于数据难以获得且排放比重非常小，故本章没有计算在内。

第三节　实证研究

一、省际减排潜力

根据（10-2b）计算出各省的 CO_2 冗余量，并根据（10-4a）（10-5a）得到各省的 CO_2 可行减排量及减排潜力，如表 10-2 所示。其中第（I）列中的“CO_2 可减排量”的真实含义是指：如果该地区的投入、产出参照前沿最优点的模式运行，在保持投入和合意产出不变的条件下，可以实现的 CO_2 减排量，实际上也即是该地区的过度 CO_2 排放量。根据各省 CO_2 可减排量可以加总得到全国当年的可减排总量，并由此计算出各省的 CO_2 可减排量占全国可减排总量的比重，见第（II）列，这一比例衡量的该地区的减排量对全国影响的大小，比重越高，表明该地区对全国的总体减排影响越大，因此，该地区也应是减排需要重点关注的地区，第（III）列的“减排潜力”是指该地区的“过度 CO_2 排放量”占实际 CO_2 排放量的比重，衡量的是该地区的 CO_2 排放无效率水平，如果该值越高，表明存在较大的无效率，但同时也表明该地区可以通过技术进步和效率改善获得的减排潜力越大。

处于前沿曲线上的有效地区，如北京、上海和广东的“CO_2 可减排量”“减排潜力”均为 0，这并不表明该地区不需要环境治理或是没有 CO_2 可减排的空间，而是指这些地区同其他无效率省份相比，在保持当前技术条件、投入水平和合意产出不变的条件下，无法实现 CO_2 的进一步减排，也即是该地区目前处于 Pareto 最优状态，如果要削减 CO_2，其合意产出也会发生下降[1]。

从表 10-2 可以看出，不同省份的减排潜力有很大差异，在 1995—2007 年间，北京、上海和广东三个地区一直处于生产前沿，其相对减排潜

---

[1]　如果在比较中加入更加有效率的样本点，譬如在样本中加入香港等较之北京、上海、广东更有效率的地区，则最优前沿会发生变化，现有样本的减排潜力也会不同。

表10-2　各省 CO_2 可减排量、占全国比重以及减排潜力(1995—2007年)

省份	(I) CO_2 可减排量				(II) 占全国可减排总量比重(%)				(III) 减排潜力(%)			
	1995—1999	2000—2004	2005—2007	1995—2007	1995—1999	2000—2004	2005—2007	1995—2007	1995—1999	2000—2004	2005—2007	1995—2007
北京	0	0	0	0	0	0	0	0	0	0	0	0
天津	1978.9	2421.4	1902.7	2131.5	1.93	1.84	0.79	1.46	42.8	42.8	24.5	38.1
河北	10336.7	12728.5	18380.4	13112.9	10.08	9.66	7.65	9.01	56.1	56.1	53.7	54.6
山西	3027.7	10555.1	16679.1	9073.2	2.95	8.01	6.94	6.23	25.9	25.9	71.8	53.6
内蒙古	5309.8	9008.5	19660.8	10030.3	5.18	6.84	8.15	6.89	67.6	67.6	75.2	70.7
辽宁	9197.0	9778.9	11871.3	10037.9	8.97	7.42	4.94	6.89	57.0	57.0	48.4	54.5
吉林	5359.4	4804.5	8544.3	5880.9	5.23	3.65	3.55	4.04	63.3	63.3	59.7	59.1
黑龙江	6729.3	5653.2	7010.9	6380.4	6.56	4.29	2.92	4.38	58.4	58.4	44.9	51.3
上海	0	0	0	0	0	0	0	0	0	0	0	0
江苏	4426.5	4226.9	11675.8	6022.6	4.32	3.21	4.86	4.14	24.8	24.8	30.8	23.6
浙江	1372.0	3410.1	9267.2	3977.9	1.34	2.59	3.86	2.73	12.2	12.2	32.4	19.6
安徽	5164.9	6597.0	8302.8	6439.8	5.04	5.01	3.45	4.42	52.8	52.8	49.4	51.8
福建	0	381.6	3200.7	885.4	0.00	0.29	1.33	0.61	0	0	25.3	7.5
江西	1470.0	1698.3	3376.2	1997.7	1.43	1.29	1.40	1.37	30.3	30.3	34.6	30.0
山东	6456.4	8471.8	27285.7	12038.3	6.30	6.43	11.35	8.27	32.3	32.3	49.4	35.1
河南	6643.3	8606.3	17954.6	10008.6	6.48	6.53	7.47	6.87	43.5	43.5	51.1	44.8
湖北	3676.9	6574.4	10108.0	6275.4	3.59	4.99	4.21	4.31	31.1	31.1	49.3	41.5
湖南	3933.9	2158.4	8624.4	4333.4	3.84	1.64	3.59	2.98	39.8	39.8	45.6	34.1
广东	0	0	0	0	0	0	0	0	0	0	0	0

241

续表

省份	(I) CO_2 可减排量				(II) 占全国可减排总量比重（%）				(III) 减排潜力（%）			
	1995—1999	2000—2004	2005—2007	1995—2007	1995—1999	2000—2004	2005—2007	1995—2007	1995—1999	2000—2004	2005—2007	1995—2007
广西	525.1	1698.4	3621.6	1690.9	0.51	1.29	1.51	1.16	10.6	10.6	35.6	22.7
海南	36.6	507.1	866.2	409.0	0.04	0.38	0.36	0.28	4.0	4.0	41.1	22.4
四川	8133.8	8243.9	8634.6	8291.7	7.93	6.26	3.59	5.69	47.8	47.8	34.0	42.3
贵州	5132.0	7345.2	12416.2	7664.2	5.00	5.57	5.17	5.26	74.5	74.5	80.0	76.5
云南	1602.9	1998.4	6836.6	2962.8	1.56	1.52	2.84	2.03	32.0	32.0	55.6	37.6
陕西	3445.6	3703.3	7111.2	4390.6	3.36	2.81	2.96	3.02	52.7	52.7	55.0	51.1
甘肃	3160.2	3636.0	4637.4	3684.1	3.08	2.76	1.93	2.53	65.5	65.5	60.6	63.3
青海	629.1	918.8	1385.4	915.0	0.61	0.70	0.58	0.63	58.6	58.6	62.0	60.2
宁夏	1334.3	2194.6	4965.6	2503.2	1.30	1.67	2.07	1.72	72.7	72.7	84.0	75.8
新疆	3474.8	4465.0	6105.8	4462.8	3.39	3.39	2.54	3.07	59.4	59.4	60.2	60.9

力为 0，福建、广西和海南等省在部分年份也处于前沿；而贵州、宁夏、内蒙古、甘肃、新疆、青海、吉林、河北、辽宁、山西、安徽、黑龙江、陕西等省的减排潜力均超过 50%，这意味着这些省份同处于前沿的地区相比较，在生产中存在着要素配置、技术水平和管理效率的较大差异，导致经济生产中的 CO_2 排放有一半以上属于"过度"排放。

从 CO_2 减排的规模来看，在 1995—2007 年间，河北、山东、内蒙古、辽宁、河南、山西、四川和贵州的 CO_2 可减排量占全国可减排总量的比重均超过 5%，上述 8 省的可减排总量占全国可减排总量的 55%。如果从近期来看，在 2005—2007 年，山东、内蒙古、河北、河南、山西和贵州的可减排量占全国可减排总量的比重超过 5%，上述 6 省占全国可减排总量的比重为 46.7%，尤其需要关注的是山东和内蒙古两地，其可减排的 CO_2 量对全国的影响比重不仅较高，而且处于不断上升趋势。

根据（10-4b）和（10-5b）式可以计算出东、中、西部地区的 CO_2 可行减排量以及减排潜力，见图 10-1 和图 10-2 所示。

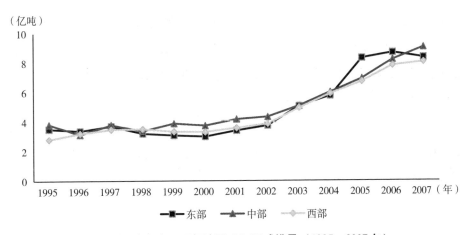

图 10-1　东、中、西部地区 CO_2 可减排量（1995—2007 年）

从图 10-1 可以看出，东、中、西部地区在 1995 年可实现的 CO_2 减排量为 10 亿吨左右，到 2007 年则攀升至 25 亿吨左右，其中东、中、西部地区在 1995—2007 年间占全国可减排总量的比重分别为 33.4%、

34.6%和32%，这表明东中西部地区在可减排的规模和比重上较为平均。

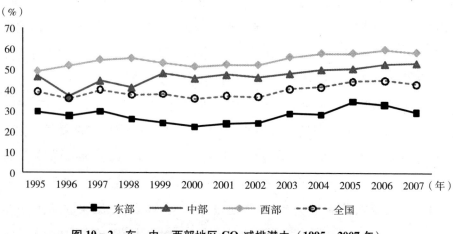

图 10-2 东、中、西部地区 CO_2 减排潜力（1995—2007 年）

此外，从图 10-2 可以看出，东、中、西部地区各自的减排潜力是有差异的，东部地区减排潜力平均在 28% 左右，中部平均为 48%，西部地区减排潜力最高，为 55.7%，且中、西部地区从 2000 年开始减排潜力呈现持续上升态势，表明其生产中由于无效率导致的过度排放日益增加。全国的平均减排潜力为 40% 左右，以 2007 年为例，当年全国加总的 CO_2 排放量为 59.2 亿吨，如果各地区都以前沿上的有效地区，如北京、上海和广东为参照和学习目标，并通过效率改善和追赶前沿来进行生产，则在保持已有投入及 GDP 不变的情况下，可以节省近 40% 的 CO_2 排放。魏楚等（2010）曾经对中国节能减排的潜力进行过类似分析，其结论认为，2006 年、2007 年全国的节能潜力约为 39%，由于 CO_2 排放与能源消费密切相关，本章得出的 CO_2 减排潜力为 40%，与其结论较为一致。

二、地区减排边际成本

根据（10-7）式可以计算出各省 CO_2 减排的影子价格，可视作各地区削减 CO_2 的边际成本，一般如果影子价格越高，表明其减排的边际成本越大；如果影子价格越低，说明其减排的经济代价越小。如果在不同地区、产业间需要进行环境目标管制，从经济成本角度来看，可以首先选择拥有较低边际减排成本的地区和产业。对各省的 CO_2 平均影子价格的计算结果如表 10-3 所示。

表 10-3 各省 CO₂影子价格估计（1995—2007 年）

省份	CO₂平均影子价格（元/吨，2005 年不变价格）				影子价格排名（1995—2007）
	1995—1999	2000—2004	2005—2007	1995—2007	
北京	305.9	214.9	286.7	266.5	1
天津	103.6	137.1	182.6	134.7	9
河北	80.8	60.1	0.0	54.2	25
山西	15.9	64.9	0.0	31.1	29
内蒙古	59.0	63.2	0.0	47.0	27
辽宁	78.1	107.2	81.0	90.0	17
吉林	67.8	100.1	97.6	87.1	18
黑龙江	76.1	114.7	127.8	102.9	14
上海	122.1	164.2	214.1	159.5	6
江苏	138.3	170.0	49.2	129.9	10
浙江	160.7	182.8	156.1	168.1	5
安徽	86.6	104.9	121.0	101.5	15
福建	282.2	246.8	183.1	245.7	2
江西	128.9	160.2	156.5	147.3	7
山东	124.2	99.7	0.0	86.1	19
河南	103.6	103.1	0.0	79.5	22
湖北	61.6	116.1	121.2	96.3	16
湖南	111.9	171.8	130.2	139.2	8
广东	183.1	210.9	217.1	201.7	3
广西	66.2	160.4	154.0	122.7	12
海南	262.8	153.8	159.5	197.0	4
四川	95.2	76.7	0.0	66.1	24
贵州	46.4	42.4	0.0	34.1	28
云南	124.0	148.5	106.5	129.4	11
陕西	87.2	116.1	107.8	103.1	13

省份	CO$_2$平均影子价格（元/吨，2005年不变价格）				影子价格排名（1995—2007）
	1995—1999	2000—2004	2005—2007	1995—2007	
甘肃	63.5	82.0	94.5	77.8	23
青海	75.1	86.5	91.5	83.3	21
宁夏	50.0	56.7	38.7	50.0	26
新疆	73.8	91.0	96.1	85.6	20

从表10-3可以看出，在1995—2007年间，山西、贵州、内蒙古、宁夏、河北等地的CO$_2$边际减排成本最低，而北京、福建、广东、海南、浙江等地的边际减排成本最高，其中北京（266.5元/吨）的边际减排成本是山西（31.1元/吨）的近9倍，这也表明不同省份之间由于产业结构、能源结构、环境管制等诸多因素导致的污染减排成本差异很大。一般而言，经济效率较高、经济较发达的地区，其污染物影子价格相对较高，而污染排放越严重的地区则拥有较低的影子价格（Coggins and Swinton，1996）。

从近期来看，在2005—2007年间，河北、山西、内蒙古、山东、河南、四川、贵州等地的CO$_2$边际减排成本甚至为0，这说明上述省份的CO$_2$存在严重的过度排放，实施CO$_2$排放削减所带来的经济成本很小，可以对上述省份予以关注。

此外，根据表10-3中各省的数据计算了东、中、西部地区CO$_2$边际削减成本的时间趋势图，如图10-3所示。可以发现，全国范围来看，在1995—2007年间的CO$_2$边际减排成本为94.4—139.5元/吨（2005年不变价格），如果按照美元计算则在11.5—17美元/吨（2005年不变价格），这同现有的对中国CO$_2$边际减排成本的估计较为一致，如Zhang（1996）、贺菊煌等（2002）、王灿等（2005）分别利用CGE模型测算出中国2010年CO$_2$边际减排成本分别为23美元/吨，11—26.5美元/吨，12.5—32美元/吨。

从区域来看，中部和西部地区的CO$_2$减排成本在2002年前呈现上升态

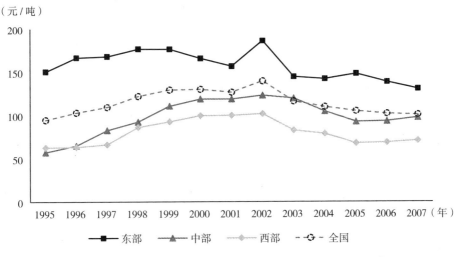

（元／吨）

图 10 - 3　东、中、西部地区 CO₂边际减排成本（1995—2007 年）

势，而 2002 年之后出现了下降，并在 2005 年出现了回升。这表明在 2002 年之前各区域内的温室气体排放并没有激增，环境质量有一定改善，因此 CO_2 边际减排成本攀升，而 2003—2005 年间则有一定的环境恶化，注意到 2003 年正好中国由于高耗能产业的急速扩展与投资，同样导致了能耗强度的反弹（Liao 等，2007），这可能是导致 CO_2 排放更加"丰裕"的原因之一，使得其边际削减成本会下降，2005 年之后 CO_2 影子价格回升则是由于节能减排战略的实施导致进一步削减 CO_2 的边际成本上升。值得注意的是，东部地区与中、西部地区的走势有一定差异，在 1998 年前边际减排成本上升，其后处于下降通道，但在 2002 年出现反弹，此后较为温和的下降。但就总体而言，东部地区 CO_2 边际减排成本始终高于中部和西部地区，表明了 CO_2 边际减排成本同经济发展水平之间可能呈现一定的反向关系。

第四节　省际减排公平与减排效率

设定地区减排目标分解需要考虑地区减排的公平与效率两个维度（祁悦、谢高地，2009），其中公平应首先保障所有人应享有的基本权利，参照 Winkler 等（2002）的研究，可以利用两个参数来进行衡量，一是减轻气候变化的责任，可以用人均 CO_2 排放量衡量[①]，另一个是支付能力，采用人均 GDP 来进行度量，人均 CO_2 排放与人均 GDP 越高的地区，其应当承担的减排责任与减排能力也越大。

效率原则也即是资源最优配置原则，显然，单位 GDP 产出的 CO_2 排放量，是衡量效率的一个重要指标（Winkler 等，2002；祁悦、谢高地，2009），此外，根据表 10-1 和表 10-2 可以计算出各省自身减排潜力、边际减排成本、实际排放和可减排量占全国的比重等因素，如果一个地区 CO_2 排放强度、减排潜力较高，边际减排成本较低，同时 CO_2 排放及减排量占全国比重较高，那么，表明该地区生产中的无效率排放较大，实现减排的经济代价较低，同时对全国的贡献较高，因此，从效率角度而言该地区也应承担较高的减排目标。

决策者在设定各省 CO_2 减排目标时，需要综合考虑减排公平与减排效率原则，减排公平是为了保障各地区的公平、合理发展以及适当的排放空间，减排效率则更加侧重考虑不同地区的真实减排潜力、机会成本以及对全国的影响程度，为了有效地进行地区间的比较，可以定量构建各省的 CO_2 减排能力指数（CO_2 Abatement Capacity Index），其计算方法如下：

$$ACI_{i,t} = \omega \times Equality_{i,t} + (1 - \omega) \times Efficiency_{i,t} \qquad (10-9)$$

其中 $Equality_{i,t}$ 是 CO_2 减排公平指数，是根据人均 CO_2 排放水平和人均 GDP 水平两个变量标准化合成的指数，$Efficiency_{i,t}$ 则是 CO_2 减排效率指数，根据该地区的 CO_2 排放强度、CO_2 排放占全国比重、CO_2 减排潜力、CO_2 减排占全国比重以及 CO_2 减排成本五个变量标准化后合并的指数[②]，参数 ω 则是决策者对减排公平与减排效率两种的偏好，如果根据"公平与效率同等重要"的原则，取 $\omega = 0.5$，可以计算出最终的 CO_2 减排能力指数，结果见表 10-4 所示。

---

① 原作者采用的是 1915—1999 年累计排放量来度量，考虑到各省进入工业化时期较短，且绝对水平不高，因此采用人均排放量度量。

② 对 CO_2 边际减排成本取倒数进行逆转换，所有数据采取"最小—最大法"进行标准化转换，即：$z_i = (x_i - MinX) / (MaxX - MinX)$，合并为指数时采取简单加权平均法。

表 10-4　各省 CO₂减排公平指数、效率指数与能力指数（1995—2007 年平均值）

省份	（I）公平指标		（II）CO₂效率指标					（III）公平指数		（IV）效率指数		（V）能力指数	
	人均 CO₂ 排放	人均 GDP	排放强度	排放比重	减排潜力	减排比重	减排成本	得分	排名	得分	排名	得分	排名
北京	0.70	0.86	0.00	0.18	0.00	0.00	0.00	0.783	(2)	0.036	(29)	0.409	(10)
天津	0.93	0.59	0.20	0.15	0.50	0.16	0.13	0.759	(3)	0.229	(22)	0.494	(7)
河北	0.46	0.19	0.38	0.77	0.71	1.00	0.52	0.326	(14)	0.676	(4)	0.501	(5)
山西	0.71	0.14	0.75	0.48	0.70	0.69	1.00	0.429	(8)	0.726	(2)	0.578	(2)
内蒙古	0.93	0.19	0.73	0.42	0.92	0.76	0.62	0.564	(4)	0.692	(3)	0.628	(1)
辽宁	0.64	0.28	0.37	0.58	0.71	0.77	0.26	0.462	(7)	0.538	(7)	0.500	(6)
吉林	0.49	0.17	0.46	0.29	0.77	0.45	0.27	0.328	(13)	0.449	(10)	0.389	(11)
黑龙江	0.40	0.19	0.35	0.38	0.67	0.49	0.21	0.298	(15)	0.420	(13)	0.359	(14)
上海	1.00	1.00	0.03	0.30	0.00	0.00	0.09	1.000	(1)	0.083	(27)	0.542	(3)
江苏	0.40	0.38	0.10	0.78	0.31	0.46	0.14	0.388	(9)	0.357	(17)	0.373	(13)
浙江	0.48	0.45	0.08	0.54	0.26	0.30	0.08	0.466	(6)	0.251	(21)	0.359	(15)
安徽	0.13	0.07	0.34	0.38	0.68	0.49	0.21	0.099	(23)	0.420	(12)	0.260	(22)
福建	0.16	0.28	0.02	0.21	0.10	0.07	0.01	0.219	(16)	0.080	(28)	0.150	(26)
江西	0.02	0.08	0.15	0.17	0.39	0.15	0.11	0.053	(28)	0.195	(23)	0.124	(27)
山东	0.42	0.29	0.18	1.00	0.46	0.92	0.28	0.354	(11)	0.566	(5)	0.460	(8)
河南	0.19	0.12	0.26	0.69	0.59	0.76	0.31	0.153	(19)	0.522	(8)	0.338	(16)
湖北	0.22	0.12	0.31	0.44	0.54	0.48	0.23	0.173	(18)	0.402	(15)	0.287	(17)

续表

省份	（I）公平指标		（II）CO₂效率指标					（III）公平指数		（IV）效率指数		（V）能力指数	
	人均CO₂排放	人均GDP	排放强度	排放比重	减排潜力	减排比重	减排成本	得分	排名	得分	排名	得分	排名
湖南	0.08	0.10	0.20	0.35	0.45	0.33	0.12	0.092	(25)	0.289	(19)	0.190	(24)
广东	0.32	0.43	0.02	0.75	0.00	0.00	0.04	0.371	(10)	0.164	(25)	0.267	(20)
广西	0.00	0.07	0.15	0.18	0.30	0.13	0.15	0.035	(29)	0.181	(24)	0.108	(28)
海南	0.07	0.13	0.09	0.00	0.29	0.03	0.05	0.097	(24)	0.093	(26)	0.095	(29)
四川	0.07	0.08	0.25	0.63	0.55	0.63	0.40	0.075	(26)	0.492	(9)	0.284	(18)
贵州	0.26	0.00	0.98	0.29	1.00	0.58	0.90	0.132	(21)	0.750	(1)	0.441	(9)
云南	0.05	0.06	0.21	0.19	0.49	0.23	0.14	0.055	(27)	0.252	(20)	0.154	(25)
陕西	0.19	0.09	0.34	0.24	0.67	0.33	0.21	0.143	(20)	0.358	(16)	0.250	(23)
甘肃	0.18	0.05	0.54	0.15	0.83	0.28	0.32	0.115	(22)	0.424	(11)	0.269	(19)
青海	0.31	0.10	0.46	0.00	0.79	0.07	0.29	0.202	(17)	0.323	(18)	0.263	(21)
宁夏	0.87	0.11	1.00	0.06	0.99	0.19	0.57	0.487	(5)	0.563	(6)	0.525	(4)
新疆	0.52	0.18	0.45	0.20	0.80	0.34	0.28	0.349	(12)	0.414	(14)	0.381	(12)

表 10-4 中的各指标和指数均处于 0—1 之间，数值越高表明越应当承担更多的减排任务。从表 10-4 第（III）列可以看出，如果仅考虑省际减排公平的话，那么，拥有较高人均 CO_2 排放且有较高经济发展水平的地区，包括上海、北京、天津、内蒙古、宁夏、浙江、辽宁、山西等省份应承担更多减排义务；从第（IV）列来看，如果仅考虑减排效率以及对全国减排的影响的话，那么，拥有较高减排潜力和 CO_2 排放强度、较低的边际减排成本，以及 CO_2 的排放与减排对全国影响较大的省份，如贵州、山西、内蒙古、河北、山东、宁夏、辽宁等省份应当承担更多减排任务；如果同时考虑公平和效率两个维度，且分别赋予相同权重的话，如第（V）列的 CO_2 减排能力指数排名所示，可以看出，内蒙古、山西、上海、宁夏、河北等省份的排名靠前，也即是在进行减排地区目标分解时需要重点予以考虑的省份。

图 10-4 给出了各省在 1995—2007 年间的公平与效率平均得分的散点图，并绘制了 45 度线，其中横轴表示减排的公平指数，纵轴表示减排的效率指数，45 度线表明在线上的点其效率权重等于公平权重，也即是表 10-4 第（V）列计算的 CO_2 减排能力指数，如果距离原点越远，表明减排能力越高，也即是需要重点关注的减排省份，此外，样本如果距离 45 度平均线越远，表明该省份减排的效率指数与公平指数差距越大，处于 45 度线上方的样本点属于"减排效率高于减排公平"的省份，而处于 45 度线下方的样本点属于"减排公平高于减排效率"的省份。从图中可以看出，上海、北京、天津三地处于右下角，距离 45 度线较远，也即是从减排公平角度而言，这三个地区应当承担较大的减排义务，但是从减排效率而言，其边际减排成本可能会高于其他地区；与之相对应的，处于左上角的省份，如贵州、山西、河北、河南、山东、宁夏、辽宁等省份属于减排效率较高的省份，但值得注意的是，其中贵州、河南两省距离 45 度线较远，表明从公平角度出发，这些省份的减排义务相对较小；此外，唯一落在"高减排公平、高减排效率"区域的省份是内蒙古，表明无论从减排公平还是效率角度，该省均有责任和义务承担更多减排目标。与之相

对应的，处于左下角且接近原点的海南省，无论从公平还是从效率角度来看，其应当承担的减排任务均可适当放宽，采取有差别的减排分解目标。

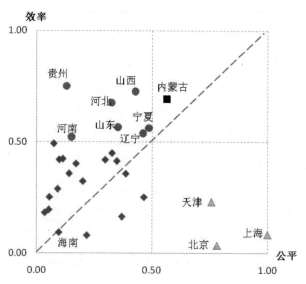

图 10 - 4　各省减排的公平指数与效率指数分布图（1995—2007 年）

对于公平与效率排名相冲突的省份，如北京、天津、上海、贵州等地，是设定与全国平均水平相当的减排目标或是有差别的目标，取决于决策者在 CO_2 减排公平与效率的相对权重大小，如果决策者考虑"减排公平性优先"原则，不妨设定公平指数权重 $\omega=2/3$，此时如图 10 - 5 所示，原先的 45 度线将向右下方倾斜，此时需要关注的重点区域即是远离原点且处于阴影范围附近的样本点。与之相反，如果决策者更加关注"减排效率"，不妨设定公平指数权重 $\omega=1/3$，如图 10 - 6 所示，原先的 45 度线将向效率轴靠近，需要关注的重点减排区域同样是远离原点且处于阴影范围附近的样本点。一旦确定出相对权重系数，即可以对各省进行排名，从而找出 CO_2 减排的重点区域。

根据上述讨论，分别根据对减排公平、减排效率的不同权重分配，可以计算出相应的 CO_2 减排能力指数及排名，表 10 - 5 列出了排名靠前和靠后的五个省份，尽管对减排公平与减排效率分配不同的权重将影响到各省

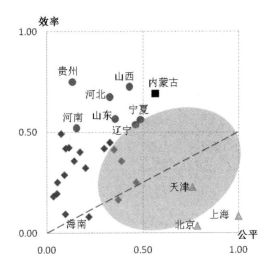

图 10－5　减排公平优先

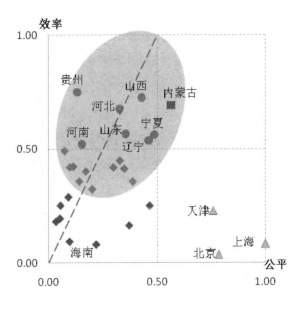

图 10－6　减排效率优先

的相对排名（如北京、上海等地），但表 10－5 揭示出：不论是在公平优
先或是在效率优先原则下，部分省份的减排能力指数排名均较为一致，如
内蒙古、山西两省均排名靠前，表明这些省份应当而且可以承担较大的减
排任务，而海南、广西、江西、云南等省则排名靠后，表明这些省份的减

排任务应适当放宽，保障其必需的发展需要。

表 10 - 5　不同原则下主要省份 CO_2 减排能力（1995—2007 年）

	公平与效率同等重要（ω=1/2）	公平原则优先（ω=2/3）	效率原则优先（ω=1/3）
排名前 5 位省份	内蒙古、山西、上海、宁夏、河北、辽宁	上海、内蒙古、天津、北京、山西、宁夏	内蒙古、山西、河北、贵州、宁夏、辽宁
排名末 5 位省份	海南、广西、江西、福建、云南	广西、海南、江西、云南、湖南	海南、福建、广西、江西、云南

第五节　对减排潜力与减排边际成本的进一步讨论

根据上述分析可知，省际间 CO_2 减排潜力差异很大，对于其影响因素在此进行更深入的讨论。不妨设定一般化的模型：

$$y_{i,t} = \alpha + Z_{i,t} \beta + \eta_i + \varepsilon_{i,t} \qquad\qquad (10\text{-}10)$$

其中 $y_{i,t}$ 是第 i 个省第 t 年减排潜力，α 是常数项；η_i 和 $\varepsilon_{i,t}$ 分别是个体效应和扰动项；β 是回归系数；$Z_{i,t}$ 是外生解释变量，由于减排潜力是各省相对于前沿的最优生产状态产生的 CO_2 冗余，因此更多地反映出样本生产过程中由于技术水平、管理效率等方面的无效率状况，根据相关文献及此前讨论，设定以下解释变量：

经济发展水平：正如此前所观察到的，经济发展水平较高的地区往往处于前沿或者靠近前沿，其生产过程更为有效，由于无效率导致的过度 CO_2 排放相对较少，在此采用人均 GDP 的对数来表示各地经济发展水平，并预期同减排潜力呈负相关；

能耗强度：能耗强度与能源生产率互为倒数，能耗强度越高的地区其能源效率水平越低，表明生产中"浪费"的能源投入越多，由此产生的过度 CO_2 排放也越多，因而减排潜力也较大，预期同减排潜力正相关；

能源消费结构：不同地区能源消费结构的差异对实际 CO_2 排放影响具

有重要意义[1]，根据 Auffhammer 和 Carson（2008）的方法，以各省煤炭消费占一次能源消费总量的比重作为能源结构变量，煤炭消费比重越高，其减排潜力越高，预期符号为正；

产业结构：以各省第三产业占 GDP 比重来衡量地区产业结构水平，由于第三产业属于低耗能低排放产业，因此，第三产业占国民经济比重越高，其"可以节约"的 CO_2 排放潜力也越少，预期符号为负；

要素禀赋结构：按照常理，资本深化会促进全要素生产率的改善（杨文举，2006），由此会减少生产中的无效率，使得过度的 CO_2 排放减少；但同时正如魏楚、沈满洪（2008）研究发现的，过度的资本深化可能由于偏离了中国的"资源禀赋"优势，更偏向于能源密集型产业，并对经济效率产生一定负面影响，从而导致更多的无效 CO_2 排放，因此，我们将利用劳均资本的对数项来刻画各省雇佣的要素禀赋结构并进行检验；

技术进步：低碳技术的研发与应用显然是影响减排潜力的重要因素，随着新技术、新设备的应用，新的减排潜力将不断被挖掘出来，此处以时间趋势的对数值来刻画技术进步因素对 CO_2 减排的边际作用递减特征，并预期符号为正。

上述变量均采用1995—2007年间数据，数据来源于历年《中国统计年鉴》，由于减排潜力数值在0—1之间，因此需要采用限值 Tobit 模型进行估计，此外，还分别利用随机效应和固定效应进行估计[2]，其结果见表10-6所示。

从表10-6的回归结果来看，各变量的符号基本与预期一致，除固定效应模型中的产业结构变量不显著以外，其他回归结果均较为显著，其中，经济发展水平越高、第三产业比重越高，其减排潜力相对较小，而能耗强度、煤炭消费比重、技术进步、资本深化则同减排潜力正相关，其

---

① 煤炭燃烧的 CO_2 排放量是天然气的 1.6 倍，石油的 1.2 倍，而核电、水电、风电、太阳能等则是清洁能源，并不排放 CO_2。

② 判定固定效应模型和随机效应模型的 Hausman 检验表明不能拒绝随机效应模型（Prob>chi2 (6) = 0.11, Chi2 (6) = 10.36）。

中，产业结构、能耗强度和能源消费结构对省际间的减排潜力影响较大。

表 10 - 6　对减排潜力的回归分析（1995—2007 年）

解释变量	Tobit 估计	随机效应	固定效应
经济发展水平 （人均 GDP）	-0.260 *** (0.053)	-0.181 *** (0.043)	-0.118 * (0.062)
能耗强度	0.372 *** (0.035)	0.352 *** (0.028)	0.382 *** (0.045)
煤炭消费比重	0.304 *** (0.087)	0.221 *** (0.074)	0.173 * (0.095)
技术进步	0.137 *** (0.014)	0.110 *** (0.011)	0.071 *** (0.02)
第三产业比重	-0.787 *** (0.211)	-0.485 *** (0.153)	0.019 (0.228)
资本深化	0.171 *** (0.044)	0.130 *** (0.037)	0.133 *** (0.047)
常数项	-0.171 *** (0.121)	-0.092 (0.098)	-0.204 (0.132)
Log likelihood	243.8		
R^2		0.80	0.71
Rho	0.43	0.37	0.58
obs	319	377	377

注：*、**、*** 分别代表在 10%、5% 和 1% 水平上显著

此外，根据 Ankarhem（2005）对瑞典工业污染物的研究，影子价格的相对大小反映了不同地区减少排放的成本，削减的 CO_2 排放越多，其边际削减成本越高，从而影子价格也越高，因此，CO_2 边际削减成本可以视作环境退化指标进行环境库兹涅兹曲线检验。为此我们也进行了相关检验，结果见表 10 - 7 所示。

从表 10 - 7 可以看出，人均 GDP 一次项显著为正且二次项显著为负，表明 CO_2 影子价格与人均 GDP 之间呈现"U 型"曲线关系，同现有的环境库兹涅兹曲线假说吻合，也即是在经济发展初期，随着收入和 CO_2 排放的增加，CO_2 边际削减成本递减，但随着收入的进一步增加，污染物排放

呈现下降趋势，此时边际削减成本将上升，根据表 10-6 数据计算出达到最低的影子价格（也即是 CO_2 排放高峰）时的人均 GDP 为 6.8—7.7 万元，此时，CO_2 边际削减成本最低为 163.5—165 元/吨，根据现有数据，尚未有省份达到这一拐点。

表 10-7　CO_2 影子价格的 EKC 检验①

解释变量	固定效应	随机效应
人均 GDP	0.514 *** (0.072)	0.516 *** (0.065)
人均 GDP 平方项	-0.133 ** (0.064)	-0.126 ** (0.061)
常数项	4.760 *** (0.036)	4.749 *** (0.089)
R^2	0.224	0.224
Rho	0.515	0.513
Obs	345	345

注：*、**、*** 分别代表在 10%、5% 和 1% 水平上显著。

第六节　结　论

本章对 CO_2 减排的地区分解目标问题进行了初步研究，基于扩展的 SBM 模型，对 1995—2007 年间全国 29 省的 CO_2 减排潜力和 CO_2 边际减排成本进行了测算，在考虑公平与效率的原则下，提出了进行减排地区目标分解时需要关注的重点省份，并对省际间的减排潜力差异以及边际减排成本进行了计量回归和解释，本章的主要结论包括。

1. 考虑了 CO_2 的非合意产出后，北京、上海和广东处于生产前沿，相对于上述三省，贵州、宁夏、内蒙古、甘肃、新疆、青海、吉林、河

---

① 对固定模型与随机模型的 Hausman 检验同样不能拒绝零假设（Prob>chi2（2）= 0.93，Chi2（2）= 0.14）。

北、辽宁、山西、安徽、黑龙江、陕西等省的减排潜力均超过50%，这意味着这些省份同前沿相比，生产中有一半以上的 CO_2 排放属于无效率的"过度"排放。

2. 考虑各省的 CO_2 减排规模对全国的影响后，在1995—2007年间，河北、山东、内蒙古、辽宁、河南、山西、四川和贵州的 CO_2 可减排量占全国可减排总量的比重均超过5%，上述8省的可减排总量占全国可减排总量的55%。在2005—2007年，山东、内蒙古、河北、河南、山西和贵州的可减排量占全国可减排总量的比重超过5%，上述6省占全国可减排总量的比重为46.7%，尤其需要关注的是山东和内蒙古两地，其可减排的 CO_2 量对全国的影响比重不仅较高，而且处于不断上升趋势。

3. 从 CO_2 减排的边际成本来看，山西、贵州、内蒙古、宁夏、河北等地的 CO_2 边际减排成本最低，而北京、福建、广东、海南、浙江等地的边际减排成本最高，从近期来看，在2005—2007年间，河北、山西、内蒙古、山东、河南、四川、贵州等地的 CO_2 边际减排成本甚至为0，这说明上述省份的 CO_2 存在严重的过度排放，实施 CO_2 排放削减所带来的经济成本很小。

4. 全国在1995—2007年间的平均减排潜力为40%左右，其中，东、中、西部地区减排潜力分别为28%、48%和55.7%，反映出不同地区生产中由于无效率导致的过度排放水平存在较大差异；全国可减排的 CO_2 规模从1995年的10亿吨左右上升为2007年的25亿吨，其中，东、中、西部地区所占比重较为平均，分别为33.4%、34.6%和32%；全国平均的 CO_2 边际减排成本为94.4—139.5元/吨，其中，东部边际减排成本最高，平均为157.6元/吨，中部地区平均为98元/吨，西部地区最低为79.9元/吨。

5. 设定地区减排目标分解时需要考虑减排的公平与效率两个维度，如果仅考虑公平原则，那么，拥有较高人均 CO_2 排放且有较高经济发展水平的地区，如上海、北京、天津、内蒙古、宁夏等省份应承担更多减排义务；如果考虑减排效率以及对全国减排的影响的话，那么，拥有较大减排潜力、较低的边际减排成本，以及 CO_2 的排放与减排对全国影响较大的省份，如河北、山西、贵州、内蒙古、山东等省份应当承担更多减排任务；如果同时考虑公平和效率两个维度，在进行减排地区目标分解时需要重点予以考虑的地区包括内蒙古、山西、河北、山东、辽宁等省份。

6. 对省际间减排潜力差异的分析表明，经济发展水平和第三产业比重越高，相对减排潜力越小，而能耗强度、煤炭消费占一次能源消费比重、技术进步以及资本深化等因素则同减排潜力正相关，其中，产业结构、能耗强度和能源消费结构对省际间的减排潜力影响较大。对 CO_2 边际减排成本的环境库兹涅兹检验表明，随着收入的增加，CO_2 的边际减排成本呈现先下降、后上升的"U 型"曲线关系，处于拐点的最低人均收入水平为 6.8—7.7 万元。

本章的政策含义十分明晰，未来在设计 CO_2 减排的地区目标分解时，需要从公平和效率两个角度出发，针对地区的实际排放与经济发展水平，结合地区减排潜力、边际减排成本以及排放和减排对全国的影响程度，设计出符合各省实际发展情况、具有针对性和可实践的减排目标，对于具有较大减排潜力和承受能力的省份而言，可以适当承担较多的减排义务，而对于边际减排成本较高、减排承受能力较低的省份而言，可以适当减少减排目标。对于各省份而言，要继续深化"十一五"规划中的节能减排战略，抓住经济结构调整优化的有利时机，针对工业生产和终端用能效率整体水平较低的局面，抓住重点用能单位和部门，淘汰落后产能，强化新建项目的能效监管，大力提高能源效率；不断优化产业结构，鼓励发展低耗能、低排放的服务产业，强化制造业的转型升级；此外，基于煤炭在当前和未来我国能源中的基础性地位，争取在煤炭清洁利用领域达到国际领先水平，同时加快可再生能源的建设与服务，优化能源消费结构。

第十一章　中国城市 CO_2 边际
减排成本研究[①]

第一节　城市温室气体排放

气候变化是人类面临的共同挑战。为应对气候变化，我国提出了"到 2020 年 CO_2 排放强度在 2005 年基础上削减 40%—45%"的相对减排目标。但在分解区域性碳减排目标时，却面临着公平和效率问题。我国幅员辽阔，各地区资源禀赋、产业发展、能源结构等方面存在较大差异，区域经济发展极不均衡（刘明磊等，2011；刘树成，2008）。此前我国"十一五"节能减排指标的省级分解中，大多省份选择了与国家目标相近的区域性节能减排目标，由于缺少"自下而上"的地区减排成本与减排潜力分析（Price 等，2011），这种"一刀切"的分配方案实质上有悖于公平与效率原则（WorldBank，2009），并导致了一些政策设计者未曾考虑到的后果，如个别省份对工业企业甚至居民进行拉闸限电，甚至伪造统计数据。

气候变化问题的核心是碳排放权的分配（Metz 等，2007），一个成本有效的分配方案必须保障各参与方最后一单位减排的边际成本一致，欧盟的 CO_2 许可证交易市场（EU—ETS）和北欧等国实施的碳税制度即是两种主要的市场手段。在长期均衡条件下，碳排放权交易市场中的许可证价

---

　　① 本章内容是在魏楚发表的论文"中国城市 CO_2 边际减排成本及其影响因素，《世界经济》2014 年第 7 期"基础上修改而成的，内容有删改。

格等于企业的边际减排成本，或者是政府征收的碳税等于企业的边际减排成本，此时减排总成本最小化（Baumol 和 Oates，1988）。我国政府在设计碳减排目标的地区分解方案时，不仅需要考虑地区间的公平性问题，更要考虑方案的成本与有效性，即：对那些边际减排成本较低、拥有较大减排潜力的地区，应给予较多的减排任务，才能满足总体减排成本最小化。

如何揭示出各地区碳减排的真正潜力与成本，从而规避地方政府在减排问题上的敷衍态度（Kousky 和 Schneider，2003），是值得深入探讨的现实问题。CO_2 边际减排成本（Marginal Abatement Cost，MAC）可以直观反映出不同国家和地区减排的潜在空间和实施成本，在过去二十年中，IPCC、世界银行、联合国等国际性组织都广泛运用 CO_2 边际减排成本信息来对不同的减缓气候变化的政策集进行经济性评估（Kesicki 和 Strachan，2011）。这一信息同样适用于国内不同地区的碳减排目标的分解，即：各地区的 CO_2 边际减排成本可以直观反映出地区碳减排的潜在效率，同时还能够为即将建立起来的碳权交易市场中初始交易价格提供参考基准，并为政府制定碳税等财税手段提供现实依据（Wei 等，2013）。正因为其具有重大的现实意义，对 CO_2 边际减排成本的研究已成为理论界研究的重点和热点。一般来说，由于 CO_2 并非是可以交易的正常商品，因此无法借助市场交易来反映出其稀缺程度，也即是对 CO_2 这一特殊"产出物"而言，缺少价格信号；由于 CO_2 同其他污染物一样，存在着"负"的外部性，其对经济、生态以及人体健康造成的损害难以通过市场价格进行衡量与加总，这将导致对现有经济产出水平的高估，以及对 CO_2 的真实损害无法进行定量评价。因此，对 CO_2 的边际减排成本研究成为绿色国民经济核算、环境治理成本收益分析、环境政策制定与评价等诸多理论研究与实践工作的基础。

城市，作为生产活动最主要的聚集地，也是化石能源消耗与碳排放的集中源头（张金萍等，2010）。根据世界银行的估计，中国城市产生的与能源有关的温室气体占总排放量的 70%，随着城市化和现代化的不断推进，未来 20 年内，中国将增加 3.5 亿城市居民（世界银行，2012）。IEA

预测到 2030 年，中国城市能源消耗占全国比重将高达 83%，并由此产生了相当比例的碳排放（IEA，2007）。因此，城市将成为未来我国控制温室气体的主战场。

此前研究普遍将省级行政区划作为基本单元来进行考察（Guo 等，2011；刘明磊等，2011；王群伟等，2011），也有部分基于国家及产业层面的文献（Chen，2005；陈诗一，2010c），但却鲜有对城市层面的研究。实际上，OECD 和世界银行等机构对中国的研究均认为：以城市为基本地域单位，不仅能更加有效地执行和实施环境政策，而且有助于实现国家降低单位 GDP 能源强度和碳强度的总体目标（Hallegatte 等，2011；世界银行，2012）。对于城市管理者而言，可以采取许多控制温室气体排放的具体措施：如土地的使用决策、居住商业规则制定、交通管制以及废物处理；一旦减排措施在城市层面得以有效实施，将会促使上一层级政府学习并实行相似政策，甚至会影响到更小范围内的商业及居民活动（Kousky 和 Schneider，2003）。因此，以城市为基本地域单位进行碳减排的考量有着重要意义，而城市碳减排的边际成本研究则是前期基础性研究，不仅有利于识别出我国现有城市碳减排的"高地"与"洼地"，同时还可以帮助理解不同城市边际减排成本差异背后的驱动因素。

本章即是针对上述背景展开的研究，旨在回答以下三个科学问题：一是我国城市层面的 CO_2 排放水平有多高？二是我国城市 CO_2 减排的边际成本是多少？三是影响城市 CO_2 边际减排成本的因素有哪些？

第二节　前期文献综述

一、城市 CO_2 排放研究

国外对城市 CO_2 排放的研究较早，除了对城市层面的 CO_2 排放进行科学核算以外，还发展出不同的方法对其影响因素进行识别和定量评价。譬如 Glaeser 和 Kahn（2010）以美国 66 个大都会城市为研究样本，分别利用 2001 年全国居民旅行调查、2000 年人口与居住普查数据，按照汽油、燃料油、天然气和电力消费四种能源种类，对家庭在交通、供暖以及日常能源消费中排放的 CO_2 进行了估计，结果表明：圣地亚哥平均每户家庭 CO_2 排放最低，为 19 吨/年，而孟斐斯则最高，达到了 32 吨/年；城市 CO_2 排放水平同人口密度、中心聚集程度、冬季温度负相关，与所在地区夏季温度、地区电厂燃料中煤炭比重正相关。

中国的城市 CO_2 排放也吸引了大量学者的关注。由于我国城市建制和城市碳清单方法学的不足，众多学者首先对城市 CO_2 排放进行核算和估计，并致力于发展符合我国国情和数据特征的城市温室气体清单编制方法。如 Dhakal（2009）对中国城市能源消费和 CO_2 排放进行估计和分析，结果发现，城市消费了全国 84% 的商业能源，其中，最大的 35 个城市容纳了 18% 的人口，消耗了全国 40% 的能源和贡献了 40% 的 CO_2 排放。在 4 个直辖市中，人均能源消费和人均 CO_2 排放自 20 世纪 90 年代以来增长了 7 倍，未来急需进一步的政策措施以缓解温室气体的进一步排放。谢士晨等（2009）基于 2007 年上海市能源平衡表数据和 IPCC 的核算方法，对上海市化石能源燃烧产生的 CO_2 排放进行了估计，并绘制了 CO_2 流通图，结果显示：1995—2007 年间，上海市能源相关的 CO_2 排放量年均增速为 5%，2007 年所有排放源中，电力部门贡献最大为 35.4%，其次为第二产业（34.4%）和交通业（23.8%），商业、居民与农业部门贡献相对较小，分别为 4%、2% 和 0.4%。蔡博峰（2011）界定了城市边界和城市碳排放范围，并且基于 GIS 模型，对我国 2005 年地级市的 CO_2 排放进行了估算，其中直接排放达到了 17.7 亿吨，而总排放量为 27.34 亿吨，占当年全国总排放量的 48.9%。许聪等（2011）依据日本产业技术综合研究所开发的 NICE 模型，对传统的能源消费所致的 CO_2 排放方法进行了修正，综合考察了农业、工业、建筑业、第三产业、交通运输业和居民生活六大部门的 CO_2 排放量，并给予统计数据对苏州市 2005—2008 年城市 CO_2 排放量进行了估计。蔡博峰（2012a）详尽比较了国际上城市温室气体清单编制与国家温室气体编制的特征和差异，前者往往采用消费模式，而后者主要采用生产模式编制。针对我国城市温室气体清单研究的不足，提出了我国城市温室气体清单编制可采取的模式，并利用北京和纽约的数据进行了实际对比，结果表明纽约市的总排放量略低于北京，而人均 CO_2 排放量则略高于北京。

在对城市 CO_2 排放科学估计的基础上，学者们进一步地对我国城市 CO_2 排放的特征与驱动因素等进行了定量分析。如张金萍等（2010）利用 BP 神经网络法，选取北京、天津、上海和重庆四个直辖市为研究样本，对其 1995—2008 年间的 CO_2 历史排放量、排放结构和低碳水平进行了测度和预测分析，结果发现，这四个直辖市的 CO_2 排放逐年增加，其排放趋势取决于城市的 CO_2 排放结构，产业结构优化升级对减缓碳排放存在显著作用。蔡博峰（2012b）基于中国 0.1°大尺度的 CO_2 排放网格数据进行了分析，其结果表明，全局 Moran 指数为 0.27 且显著，表明在空间上 CO_2 排放存在正的自相关，同时局部 Moran 指数揭示出，重点城市是 CO_2 排放核心区域，对周边地区有显著的正向外溢效应，这些重点城市直接决定着我国 CO_2 排放的空间格局。此外，基于对 349 个城市的分析，发现存在显著的经济——CO_2 排放之间的"倒 U 型"EKC 曲线，即随着人均 GDP 的增加，人均 CO_2 呈现先升后降的趋势。

二、CO_2 边际减排成本研究

按照推导 CO_2 边际减排成本的方法，可以将目前研究分为三类：

1. 基于专家型的 CO_2 减排成本

其基本思路是：以当前最先进的可利用的技术方案为参照基准线，对不同国家、不同行业的各种减排措施进行技术评价，加总后计算出其减排潜力和减排成本，之后按照其成本从低到高的顺序进行排序来构成 CO_2 边际减排成本曲线。这种思路主要是基于工程方案进行评价并进行加总，因此是一种"自下而上"的研究思路。最典型的案例是麦肯锡发布的全球的 CO_2 边际减排成本曲线（Mckinsey Company，2009），此外还有不同

研究机构（如世界银行）和学者利用 CO_2 边际减排成本曲线对波兰、墨西哥、爱尔兰等国的 CO_2 减排潜力和减排成本进行评价和分析（Motherway and Walker，2009；Poswiata and Bogdan，2009；Johnson et al.，2009）。一个典型的专家型 CO_2 减排成本曲线如图 11 - 1 所示，其中每个柱体代表着某种减排手段，如核能发电技术、废水循环技术等，横轴刻画了每个减排措施带来的减排空间和潜力，纵轴代表的是每个减排措施实施的减排成本（每吨 CO_2 当量），这些不同的减排措施按照其减排成本从低到高进行排列，对于减排成本为"负"的措施，一般被认为是可以优先采取的减排举措，或者被称为"无悔的选择"。

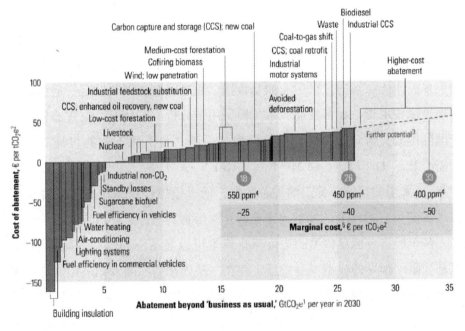

图 11 - 1　麦肯锡全球 CO_2 边际减排成本曲线

资料来源：Mckinsey & Company，A cost carve for greenhouse gas reduction，Mckinsey Quarterly，2007。

尽管基于专家型的边际减排成本曲线易于理解，且为政策制定者提供了丰富的工具集以及各自的优先顺序，但理论界对此争论很大，认为其存在诸多不足（Kesicki 和 Strachan，2011），譬如，对成本和收益界定的边界和内涵上存在差异，导致其忽略了其他潜在的成本和收益（Ekins 等，

2011）；没有考虑到减排措施之间存在相互影响；忽略了可能的回弹效应（Greening 等，2000）；没有评价实施减排措施所相应的体制性障碍和交易成本，由此导致存在"负"的减排成本（Brechet 和 Jouvet，2009）。此外，专家型的边际减排成本曲线大多基于静态技术特征进行评价，没有考虑到不同减排措施的跨期动态性和惯性特征（Adrien 和 Stephane，2011）。

2. 基于经济—能源模型的 CO_2 减排成本

这类方法一般是首先构建局部均衡或者一般均衡模型，然后改变约束条件，如增加减排量来得到相对应的影子价格，即可得到不同减排水平上的边际减排成本信息（Kesicki 和 Strachan，2011）。按照模型设定，又可进一步分为两种：一种是采用"自下而上"的能源系统模型，如 MARKAL、POLES 模型等（Criqui 等，1999；高鹏飞等，2004），该类模型更多关注能源部门，采用非加总数据，通过线性规划和设定一定约束来实现最优技术集，大多数能源系统模型用于分析一国情况，也有部分可用于国际排放交易分析；另外一类模型是采用"自上而下"的可计算一般均衡分析，如 EPPA、GEM—E3、GREEN 模型等（Ellerman 和 Decaux，1998），采用的是所有部门的加总数据，通过模拟经济系统在受到外部干扰（如碳税）后的新均衡状态来推导出边际减排成本。

基于经济—能源模型的边际减排成本可以显示不同部门的减排潜力，但是受限于推导的模型本身特点，存在一些内在的缺陷。如采用能源系统模型推导边际减排成本时，能源的需求是外生的，且仅限于能源部门本身，忽略了与其他经济部门的联系；当采用 CGE 模型推导边际减排成本时，能够捕捉到能源政策对其他部门和国际贸易的影响，但 CGE 在计算扰动后的新均衡时，不能精确提供其调整路径，因此可能会低估了边际减排成本（Springer，2003）。此外，不同的经济—能源模型估计的边际减排成本差异很大，这主要是源于这类经济—能源模型本身，如设定较高的阿明顿贸易弹性系数，或者假定要素间替代弹性较高将使得 CO_2 边际减排成本偏低，对地区和部门的划分更宏观将导致对 CO_2 边际减排成本高估

（Fischer 和 Morgenstern，2006），因此，对于经济—能源模型施加的假设，以及参数的设定将影响最终推导的 CO_2 边际减排成本分布（Marklund 和 Samakovlis，2007）。

以国内外不同模型对中国 2010 年的 CO_2 边际减排成本为例（见表 11-1），可以看出，由于不同模型的参数假定、模型结构的设定以及数据来源等多方面存在差异性，因此使得模型评估结论往往不一致（高鹏飞等，2004）。从现有的该类模型的研究进展来看，尚不足以为决策者提供可靠和足够的信息，理论模型仍有待改进（陈迎，2006）。

表 11-1　中国 2010 年碳边际减排成本研究结果

研究者（机构）	模型	碳减排量（Mt）	边际减排成本（美元/t）	减排率（%）	边际减排成本（美元/t）
美国麻省理工学院	EPPA	100	4	10	9
澳大利亚农业与资源经济局	GTEM	100	8	10	18
Zhang（1996）	CGE	288	23	20	23
贺菊煌等（2002）[a]	CGE			10.5	11
高鹏飞等（2004）	MARKAL—MACRO	100	18	10	35
王灿等（2005）[a]	TED—CGE			10	12.5

注：a 原文中以人民币表示，为便于比较，按当时汇率进行折算。

3. 基于微观供给层面的 CO_2 减排成本曲线

这类模型主要基于微观层面，通过设定详细的生产技术和经济约束限制来定义生产可能集，这类推导出来的 CO_2 边际减排成本可以解释为：给定市场和技术条件下，减排 CO_2 带来的机会成本（De Cara 和 Jayet，2011）。该类模型大多借助生产函数来定量刻画 CO_2 边际减排成本与减排量之间的关系。比较典型的是诺德豪斯定义的线性 CO_2 边际减排成本函数：$MC(r) = \alpha + \beta \ln(1-r)$，该函数可用于国家层面的研究，$MC$ 是边际成本，r 是减排率，未知参数 α 和 β 则通过观察到的工程成本等数据来拟合估计（Nordhaus，1991）。该模型尽管能够描述出边际减排成本的趋势，但对于各国的真实数据很难获取。

这一类模型在最近出现了新的分支和发展，随着生产理论的扩展以及与环境经济学的交叉，已有研究者基于生产理论框架，将包括 CO_2 在内的污染物纳入生产模型中，通过构建出环境生产技术来对 CO_2 的影子价格进行估计（Fare 等，1993），由于其施加的理论假设较少，且符合现实观察，这类模型已被大量应用于不同层面的 CO_2 影子价格估计中。如 Rezek 和 Campbell（2007）采用广义最大熵估计了美国火电厂 CO_2、二氧化硫等大气污染物的边际减排成本，并讨论了针对不同污染物构建排放权交易市场的可行性；Marklund 和 Samakovlis（2007）采用方向距离函数对欧盟各成员国的 CO_2 减排成本进行了估计，在此基础上探讨了欧盟碳减排目标分配的公平性和效率性问题；Park 和 Lim（2009）基于超越对数形式的距离函数对韩国火电厂的 CO_2 边际减排成本进行了估计，并讨论了不同减排方案的成本；Choi 等（2012）采用非径向基于冗余的数据包络分析法，对中国省际 CO_2 边际减排成本进行了评价。国内学者也开始尝试采用这一思路评价工业边际减排成本，如陈诗一（2010c、2011）对我国工业不同部门的 CO_2 边际减排成本进行了评价，并初步探讨了环境税的问题；涂正革（2012）也对我国八大工业部门 CO_2 减排成本进行了考察，并讨论了减排战略的选择。

综上所述，上述三种研究方法和视角各有其适用范围和缺陷。基于专家型的边际减排成本曲线简便易读，但其基于静态个体的"自下而上"分析难以对减排措施的综合效应进行动态评价；经济—能源模型估计得到的边际减排成本结果较为稳健，但模型构建复杂，且对假设和参数敏感，结论缺乏一致性；基于生产供给层面推导的边际减排成本简洁直观，但目前研究仍处于离散的"点"状。

本章将主要基于第三种方法，即运用生产函数推导的污染物影子价格模型来估计 CO_2 减排的边际成本。

第三节　边际减排成本模型

一、基于产出的方向距离函数

本章将采用方向性距离函数（Directional Distance Function，DDF）来推导出污染物的边际减排成本模型。该模型是 Chung 等（1997）提出的，其基本思想是：在考查合意性产出增加的同时，还考查非合意性产出的减少，只有当合意性产出无法继续扩张、非合意性产出无法继续减少时，观测点才处于效率前沿。对中国的具体应用可见胡鞍钢等（2008）对包含不同污染物的中国省际全要素生产率的测度，涂正革（2008、2009）、涂正革、刘磊珂（2011）对工业生产率及工业 SO_2 影子价格的测度，王兵等（2011）对环境管制下的省际 Malmquist-Luenberger 生产率的测度，以及陈诗一（2010a、2010b、2011）对中国工业 CO_2 减排成本以及绿色生产率的测度等文献。其模型基本表述为：

假定投入向量 $x \in R_+^N$，合意性产出向量 $y \in R_+^M$，非合意性产出 $b \in R_+^J$，生产技术定义为 $P(x) = \{(y, b): x \text{ can produce } (y, b)\}$，它有两个特性。

（i）合意产出是自由处置的，非合意产出是弱处置的。这意味（y, b）$\in P(x)$，$y' \leqslant y$ 时，则（y', b）$\in P(x)$；（y, b）$\in P(x)$，$0 \leqslant \theta \leqslant 1$ 时，则（θy, θb）$\in P(x)$。

（ii）合意与非合意产出是联合生产的。其数学表达式是：（y, b）$\in P(x)$，如果 $b = 0$，那么 $y = 0$。它表明：如果想要零污染，就只能停产，否则只要生产，就会产生非合意产出。

方向性距离函数首先需要构造 $g = (g_y, -g_b)$ 的一个方向向量，且 $g \in R^M \times R^J$，该向量用以约束合意性产出与非合意性产出的变动方向与变动大小，即在方向矢量所规定的路径上增加（减少）合意性（非合意性）产出，方向向量的具体选择则要根据研究需要或政策取向的偏好等因素。方向性产出距离函数可定义为：

$$D(x, y, b; g_y, -g_b) = sup\{\beta: (y + \beta g_y, b - \beta g_b) \in P(x)\}$$

(11-1)

β 表示与前沿生产面上最有效的单元相比，给定单元合意性产出（非合意性产出）可以扩张（缩减）的程度。如果 $\beta = 0$，表示这个决策单元在前沿生产面上，也就是最有效率的。β 值越大，表明该决策单元合意性产出继续增加的潜力较大，同时非合意性产出缩小的空间也较大，因此其效率越低。

方向距离函数继承了距离函数的基本属性（Fare 等，2005），包括对合意产出单调递减、对非合意产出单调递增，此外，还满足转换属性，即：

$$D(x, y + \alpha, b - \alpha; g_y, -g_b) + \alpha = D(x, y, b; g_y, -g_b)$$

(11-2)

方向性距离函数是 Shephard 产出距离函数的一般形式（Chung 等，1997）。当方向向量 $g = $（1，0）时，Shephard 产出距离函数即是方向性距离函数的特例。图 11-2 描绘了两者的关系：P（x）是生产可能集，产出距离函数沿着由原点与观测点 A 所确定的射线，将合意性产出 y 与非合意性产出 b 同比例扩张到前沿面上的 C 点；而方向性产出距离函数的思路则是：给定方向向量 $g = $（$g_y$, $-g_b$）的路径，扩张合意性产出 y，同时缩减非合意性产出 b，从而到达产出前沿面的 B 点上。显然，对于距离函数而言，从无效点 A 移动到前沿上的 C 点，要么存在"过度"的非合意性产出，要么存在合意性产出"不足"，而方向性距离函数则不仅考虑合意性产出的扩张，而且使得非合意性产出最大缩减。

二、污染物影子价格模型

如 Chamber 等（1998）、Fare 等（2001）所指出的，在基于产出径向的方向距离函数和收益函数之间存在对偶关系，因此，如果对其对偶式应用谢泼德引理（Shepard's Lemma），则可以获得产出物的影子价格。收益

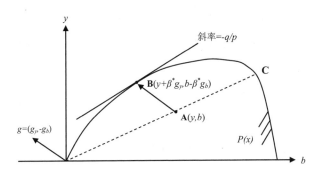

图 11 - 2　方向性距离函数与影子价格

函数可以表示为：

$$R(x, p, q) = \max\{py - qb : D(x, y, b; 1, -1) \geqslant 0\} \qquad (11\text{-}3)$$

其中，$p = (p_1, \cdots, p_M) \in R_+^M$ 和 $q = (q_1, \cdots, q_J) \in R_+^J$ 分别是合意产出 y 和非合意产出 b 的影子价格，在给定合意产出价格 p 和非合意产出价格 q 的条件下，函数 $R(x, p, q)$ 表示生产者所能获取的最大收益。由于方向距离函数是非负的（Chambers 等，1998），即：

$$D(x, y, b; g) \geqslant 0 \rightarrow (y, b) \in P(x) \qquad (11\text{-}4)$$

因此，收益函数（11-3）式可以用方向距离函数表达为：

$$R(x, p, q) = \max\{py + qb : \vec{D}(x, y, b : g) \geqslant 0\} \qquad (11\text{-}5)$$

由于产出的扩张无法超过非参数前沿生产曲面，因此，可以得到边界收益函数与收益函数间的关系式，并用（11-5）式中的方向距离函数形式表述为：

$$D(x, y, b : g) \leqslant \{R(x, p, q) - (py + qb)\} / \{pg_y - qg_b\} \qquad (11\text{-}6)$$

一旦取得极值点，则可以应用谢泼德引理得到产出物和污染物的影子价格关系式，最终可以得到非合意产出与合意产出的影子价格比例等于其边际转换率（Fare 等，1993）。在参数化距离函数形式下，可以表述为距离函数分别对非合意产出与合意产出一阶导数的比例，在非参数化形式下，则是对偶线性规划中非合意产出与合意产出约束条件的对偶值：

$$\frac{q}{p} = \frac{\partial D(x, y, b : g) / \partial b}{\partial D(x, y, b : g) / \partial y} = \frac{\partial y}{\partial b} = MRTT_{y, b} \qquad (11\text{-}7)$$

在（11-7）式中，产出物与污染物的价格相对比值等于变化一单位污染物所导致的产出物的相对变化量，也即是放弃一单位污染所减少的产出（或增加一单位污染所增加的产出），这样就可以得到污染物的影子价格模型。如果再进一步假定：合意产出的影子价格等于其市场价格（或者标准化为1），那么，非合意产出的价格 q 可以表述为显性价格 p 与产出物和污染物的边际转换率的乘积，即：

$$q = p \times \frac{\partial D / \partial b}{\partial D / \partial y} \tag{11-8}$$

在图 11-2 中，（11-8）式所表述的影子价格即是任意一点在前沿生产面上投影点的切线斜率，它反映了在合意产出 y 与非合意产出 b 之间的权衡，即：减少污染物时所放弃的产出物的价值，因此，可以作为污染物的机会成本或者是边际减排成本（Fare 等，1993；Murty 等，2007）。

三、经验模型设定与求解

按照方向性距离函数的具体表述形式，其主要分为参数化模型和非参数化模型两类，其中参数化模型中，主要有超对数、二次型和随机前沿模型等形式；而在非参数化效率前沿的环境敏感性生产率模型中，主要运用了 DEA 模型和 SBM 模型（魏楚等，2011）。参数化模型与非参数化模型相比，两者各有所长。一般而言，非参数 DEA 不需要对生产函数结构做先验假定，但是对样本数据较敏感，异常样本值误差会影响生产前沿的位置；此外，非参数 DEA 方法多用于生产率测度，由于难以获得一阶导数，因此很少用于估计非合意性产出的影子价格（Fare 和 Grosskopf，1998）。相比较而言，参数法需要将生产前沿预设为一定的函数表达式，其优势在于该参数表达式可以进行微分和代数处理（Hailu 和 Veeman，2000），可计算得到各决策单元的非合意产出影子价格，因而，参数化求解方法被大量运用于实证研究。

此外，在参数化模型形式的选择上，一般可选择超对数（Translog）和二次型（Quadratic）函数进行拟合。表 11-2 比较了国内外运用方向性距离函数进行参数化模型求解的相关文献的模型形式与假设条件的异同。可以看出，国际上利用方向性距离函数参数化模型进行碳影子价格的测度已十分普遍，其预设函数形式主要有超对数与二次型两种形式。而国内关于碳减排成本研究还比较少，在现有的基于方向性距离函数测算影子价格文献中，大多采用的是非参数距离函数方法（陈诗一，2010；涂正革，2008、2009；刘明磊等，2011），在参数方法的应用中，仅陈诗一（2010）通过 Translog 函数形式，测算了我国工业 38 个行业的 CO_2 影子价格。

表 11 - 2　国内外方向性距离函数基于参数化模型求解的文献比较

作者	样本	变量	函数形式	模型假设				
				$D \geqslant 0$	$D0 \leqslant 0$	$dD/dy \leqslant 0$	$dD/dB \geqslant 0$	$dD/dx \geqslant 0$
Salnykov 和 Zelenyuk (2004)	50 个国家	投入：劳动/资本/能源/土地；合意产出：GNP；非合意产出：$CO_2/SO_2/NO_X$	Translog_LP	√				
Fare 等 (2005)	209 个美国电厂 1993/1997	投入：劳动/资本/能源；合意产出：发电量；非合意产出：SO_2	Quadratic_LP	√		√	√	
			Quadratic_COLS	√				
Fare 等 (2006)	36 个美国州 1960—1996	投入：劳动/资本/能源/土地；合意产出：牲畜/庄稼；非合意产出：浸出/径流	Quadratic_LP	√		√	√	√
Marklund 和 Samakovlis (2007)	15 个 EU 国家 1990—2000	投入：劳动/资本/能源；合意产出：GDP；非合意产出：CO_2	Quadratic_LP	√	√	√	√	√
			Quadratic_COLS	√				

作者	样本	变量	函数形式	模型假设				
				$D \geqslant 0$	$D0 \leqslant 0$	$dD/dy \leqslant 0$	$dD/dB \geqslant 0$	$dD/dx \geqslant 0$
Kumar 等（2007）	5 个印度电厂 1996—2004	投入：劳动/资本/能源；合意产出：发电量；非合意产出：SO_2/NO_x	Quadratic_ML	√				
陈诗一（2010）	中国 38 个工业行业 1980—2008	投入：劳动/资本/能源/中间投入；合意产出：工业总产值；非合意产出：CO_2	Translog_LP	√		√	√	

注：Translog、Quatratic 分别是方向性距离函数参数的两种预设函数形式；LP、COLS、ML 分别指线性规划法（Linear program）、修正普通最小二乘法（corrected ordinary least square）及最大似然法（maximum likelihood）。

在对函数形式选择的理论性研究中，Fare 等（2010）、Vardanyan 和 Noh（2006）在利用蒙特卡罗方法比较了这两类函数的性能后发现，无论生产技术类型如何设定，二次型函数均优于超对数函数，而且超对数函数往往会违反方向距离函数所要求的相关假设，其结果往往会远低于二次型函数的结果，存在一定偏差。因此，综合相关研究结论，本章最终采用参数化的二次型函数来表述方向距离函数。

本章设置方向向量 $g=(1, -1)$，此时，方向向量的选择满足一般的环境管制要求，即合意性产出的扩展与非合意性产出的减少是对称性的。在投入产出变量选择上，投入主要包括：资本（x_1）、劳动（x_2）和能源（x_3）三种要素，合意产出为各地区的经济产出（y），非合意产出为 CO_2 排放量（b），并考虑了城市的个体差异（k）和时间趋势（t）。具体的方向距离函数设定为：

$$D(x, y, b; g) = \alpha_0 + \sum_{n=1}^{3} \alpha_n x_n + \beta_1 y + \gamma_1 b + \frac{1}{2} \sum_{n=1}^{3} \sum_{n'=1}^{3} \alpha_{nn'} x_n x_{n'} + $$

$$\frac{1}{2}\beta_2 y^2 + \frac{1}{2}\gamma_2 b^2 + \sum_{n=1}^{3}\delta_n x_n y +?\sum_{n=1}^{3}\eta_n x_n b + \mu yb + \varphi k + \varphi t \quad (11-9)$$

为了求解经验模型（11-9）式中的未知参数，采用线性规划方法来进行估计（Fare 等，1993；Fare 等，2005；Hailu 和 Veeman，2000），具体而言，包括以下目标函数和约束条件：

$$\min \sum_{k=1}^{K}[D(x_k,y_k,b_k;1,-1)-0]$$

$s.t.$

$(i) D(x_k,y_k,b_k;g) \geqslant 0, k=1,\cdots,K$

$(ii) \partial D(x_k,y_k,b_k;g)/\partial b \geqslant 0, k=1,\cdots,K$

$(iii) \partial D(x_k,y_k,b_k;g)/\partial y \leqslant 0, k=1,\cdots,K$ $\quad(11-10)$

$(iv) \partial D(x_{n,k},y_k,b_k;g)/\partial x_{n,k} \geqslant 0, n=1,\cdots,N;k=1,\cdots,K$

$(v) \beta_1-\gamma_1=-1, \beta_2=\mu=\gamma_2, \delta_n=\eta_n, n=1,2,3$

$(vi) \alpha_{nn'}=\alpha_{n'n}, n,n'=1,2,3$

（11-10）式中，目标函数式要最小化所有样本同前沿的离差和（Aigner 和 Chu，1968），约束条件（i）确保所有的观测点是可行的，也即是满足方向距离函数的非负特征；约束（ii）施加了非合意产出 b 单调递增性，即在其他条件不变情况下，如果非合意产出 b 增加，则方向距离函数值 D 不会减少；约束（iii）是对合意产出 y 的单调递减性，即其他条件不变，如果合意产出 y 增加，无效率 D 将不会增加；约束（iv）是对每种投入要素施加的单调性约束，即在其他条件不变时，如果投入 x 增加，那么方向距离函数不会递减（Marklund 和 Samakovlis，2007）；约束（v）和（vi）分别对应的是方向距离函数具有的转换属性和对称性。

第四节　城市层面的投入产出数据

一、数据来源与处理

本章取用"三投入—两产出"数据进行模型实证。其中，资本、劳动和能源作为投入要素，GDP 与 CO_2 排放量分别作为合意产出与非合意产出。

我国城市样本的选择以《中国城市统计年鉴》中所统计公布主要的354 个地级及以上城市为依据，为防止由于行政区划变更所带来的统计口径变化，筛选掉历年有过行政区划变更的城市。由于《中国城市统计年鉴》中并未公布各地级市的能源消费信息，唯一公开可获取的数据源是《中国环境年鉴》中的城市能源消耗数据，但《中国环境年鉴》中选取的是重点城市，与《中国城市统计年鉴》覆盖的城市范围不一样，因此根据数据可得性，最终变量匹配的城市样本缩减为 113 个地级市。此外，由于海南省三亚市、海口市，西藏自治区拉萨市，青海省西宁市等 9 个城市的历史固定资本投资数据缺失，因此，最终选取的城市样本数量为 104 个城市。

样本的时间段选择也由于不同数据源的差异而有所不同。在估计资本存量时，需要用尽可能较长的时间序列来消除初始资本存量的偏误对后续序列的影响，因此，根据《中国城市统计年鉴》中的投固定资产投资数据回溯至 1994 年；而《中国环境年鉴》直到 2001 年才开始公布较为完整的全国重点城市能源消耗数据。此外，中国的地级市历经多次调整，因此导致了《中国城市统计年鉴》中的地级市数量不断变化，而《中国环境年鉴》中公布的重点城市基本不变，因此，为了保证数据前后一致性，最终数据起止年份序列确定为 2001—2008 年。具体城市列表见本章后表11 - 14。

二、主要变量

劳动力数据（L）：国外一般采用工作小时数来作为劳动力的投入变量，但受限于数据可得性，采用历年《中国城市统计年鉴》中公布的年末单位从业人数，单位为万人；

GDP 数据（Y）：各城市经济产出数据均取自历年《中国城市统计年鉴》，以 2001 年不变价格计算，单位为亿元；

资本存量（K）：可利用"永续盘存法"来估计每年实际资本存量，具体方法如下：

$$K_{i,t} = I_{i,t} + (1 - \delta_i) K_{i,t-1} \tag{11-11}$$

其中，$K_{i,t}$ 是城市 i 第 t 年的资本存量，$I_{i,t}$ 是城市 i 第 t 年的投资，δ_i 是固定资本折旧率。当选定基期年份，则可以通过迭代将上式转换为：

$$K_t = K_0 1 - \delta^t + \sum_{k=1}^{t} I_k (1 - \delta)^{t-k} \tag{11-12}$$

要计算各年资本存量，需要确定三个重要参数：

第一个参数是资本折旧率 δ_i，参照相关文献，可以假定我国固定资本折旧率各年均为 9.7%（张军等，2004）；

第二个参数是基期初始资本存量 K_0，根据（King and Levine，1994）的方法进行估算，假定在稳态条件下资本与产出比是恒定的，则可表示为：

$$k_i = i_i / (\delta + \lambda g_i + (1 - \lambda) g_w) \tag{11-13}$$

其中，i_i 是城市 i 在稳态时的投资率，可以用该城市的平均投资率来表示，$\lambda g_i + (1 - \lambda) g_w$ 是在稳态时的经济增长率，通过该城市的增长率与全国城市平均增长率的加权获得，其中 λ 为增长率均值的一个测度，根据文献一般取值为 0.25（Easterly et al.，1993），g_i 是该城市平均增长率，g_w 是全国城市平均增长率，以 1994 年为初始年份，则当年的初始资本存量可以表示为 $K_{i,94} = k_i \times Y_{i,94}$，其中，$Y$ 为 1994 年城市 i 的真实 GDP。

第三个参数是各年固定资产投资额 $I_{i,t}$，可通过各城市历年固定资产

投资和城市固定资产投资价格指数得到，但由于《中国城市统计年鉴》
并未公布投资价格指数，遂以各城市 GDP 平减指数进行代替。

通过上述方法即可计算出完整的资本存量序列，所用数据均来源于历
年《中国城市统计年鉴》中所公布的数据，并以 2001 年不变价格计算，
单位为亿元。

能源消费数据（E）：由于历年《中国城市统计年鉴》并未公布城市
层面的能源消耗数据，因此在选取能源数据时，参考和利用了不同数据源
的相关能源数据：一是历年《中国环境年鉴》中各重点城市工业能源消
费中的燃料煤、原料煤、燃料油（单位为万吨）三种主要化石能源消耗
数据；二是《中国城市统计年鉴》中公布了各城市家庭煤气消费量和家
庭液化石油气消费量；此外还参考了历年《中国能源统计年鉴》中各城
市用电量数据（单位为万千瓦时）。因此，城市的能源消费量基本包括工
业用能、生活用能以及电力消费三部分，对于交通用能信息，由于无法获
取各城市层面的汽车数量、耗油标准及出行频率，因此无法进行精确核
算。这也可能是未来在拥有汽车出行数据后有待改进的地方。

对能源消费的测算公式为：

$$E_{i, t} = E^{industry} + E^{household} = \sum E_{i, t} \times coef_{i, t} \qquad (11-14)$$

在公式（11-14）中，E_i 是城市 i 各种化石能源的消费总量，$coef$ 是
不同能源品的折标系数。参照《中国能源统计年鉴》上公布的标准煤折
算系数，将各种能源消耗量根据不同能源的燃烧热值，换算为吨标准煤的
统一单位（能源折标系数见表 11-3）。

表 11-3 各种能源标准煤折算系数与碳排放系数

能源品	单位	标准煤折算系数	碳含量缺省值（kgC/GJ）	平均低位发热量（Kcal/kg，Kcal/m³）	CO_2排放系数（Kg CO_2/kg，Kg CO_2/m³）
燃料煤	吨	0.7143	25.8	5000	1.980
原料煤	吨	0.9	25.8	6300	2.495

续表

能源品	单位	标准煤折算系数	碳含量缺省值（kgC/GJ）	平均低位发热量（Kcal/kg, Kcal/m³）	CO_2排放系数（Kg CO_2/kg, Kg CO_2/m³）
燃料油	吨	1.4286	21.1	10000	3.239
煤气	万立方米	5.714	12.1	4000	0.743
液化石油气	吨	1.7143	17.2	12000	3.169
用电量	千瓦时	0.1229	—	860	—

CO_2 排放数据（b）：现尚未有研究机构公布关于城市层面的 CO_2 排放数据，但由于 CO_2 排放主要来源于化石能源的消费以及转换，因此，根据上述不同化石能源品的消耗量及其碳排放转换因子来估算城市 CO_2 排放。具体核算公式如下：

$$CO_2 = \sum E_i \times CF_i \times CC_i \times COF_i \times \frac{44}{12} \qquad (11-15)$$

其中，CO_2 表示估算的各种化石能源消费产生的 CO_2 排放总量；i 表示各种消费的能源，E_i 是城市 i 各种化石能源的消费总量，CF_i 是转换因子，即各种燃料的平均发热量，CC_i 是碳含量（Carbon Content），表示单位热量的含碳水平，COF_i 是氧化因子（Carbon Oxidation Factor），反映了能源的氧化率水平，44/12 则表示将碳原子质量转换为 CO_2 分子质量的转换系数。其中，$CF_i \times CC_i \times COF_i$ 被称为碳排放系数，而 $CF_i \times CC_i \times COF_i \times$ 44/12 则是 CO_2 排放系数。各类排放源的碳排放系数主要参照（IPCC，2006）的排放清单系数，并结合《中国能源统计年鉴》中公布的我国各种能源品的低位发热量进行调整。最终所包含的城市能源品的折算系数和排放系数见表 11-3。

三、数据特征统计

根据上述数据核算，各投入产出变量的描述性统计见表 11-4 所示。

表 11 - 4　投入产出变量描述性统计（2001—2008 年）

变量	单位	样本数	均值	标准差	最小值	最大值
劳动力（L）	万人	832	47.46	68.74	2.32	696.25
资本存量（K）	亿元	832	1148.80	1902.63	44.31	17784.69
能源消费（E）	万吨标准煤	832	920.66	816.89	16.61	5694.50
GDP（Y）	亿元	832	825.74	1358.56	19.29	13560.44
CO_2（b）	万吨	832	2219.49	1952.49	31.58	12825.78

　　为了更好地反映出地区差别，对东、中、西部地区的投入产出变量进行了比较，见表 11 - 5 所示。可以看出，东、中、西部地区呈现明显的差异性。在投入要素上，均呈现了东部城市高于中部城市，中部城市高于西部城市的特征，在产出和污染排放上，也同样呈现出显著的东→中→西递减趋势，这也同已有的基于省级层面的分析结论一致。

表 11 - 5　投入产出变量的地区比较（2001—2008 年）

单位	东部	中部	西部
劳动力	62.6 (92.0)	35.8 (33.1)	33.2 (35.1)
资本存量	1678.1 (2542.4)	723.8 (850.0)	664.3 (877.2)
能源消费	1169.2 (962.2)	800.5 (628.4)	607.8 (530.3)
GDP	1030.5 (1436.8)	453.3 (514.7)	353.5 (395.7)
CO_2	2757.1 (2238.7)	2004.9 (1644.4)	1494.2 (1344.2)

注：报告的是均值，括号内是标准差。

　　此外，为了了解各投入产出变量的时间变动趋势，令 2001 年各变量为 1 处理，其趋势见图 11 - 3 所示。可以看出，劳动力变动较为平缓，变动很小，而在高速的资本存量拉动下，GDP 获得了较快增长，如果 2001

年为 1，到 2008 年增至 2.5，年均增速为 14%，能源消费与 CO_2 排放的趋势高度吻合，年均增长率为 10% 左右，且均低于 GDP 增速，这也同时表明这些城市的能源消费强度（＝能源消费/GDP）和 CO_2 排放强度（＝CO_2排放/GDP）两个指标在逐年下降。

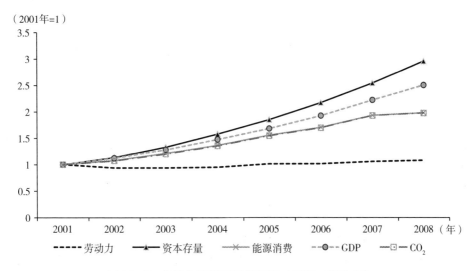

图 11-3　各投入产出变量趋势图（2001—2008 年）

表 11-6 同时对比了 2008 年样本城市同所有 354 个地级市特征。可以看出，所选择的 104 个样本城市总体上能够较好地代表我国的城市主体，其国土面积是所有城市的 41.8%，集聚了所有城市人口的 60%，劳动力占所有城市劳动的 74%，创造了所有城市 78% 的生产总值。此外，这 104 个样本城市也是支撑我国经济高速增长的动力源，以不到全国 3% 的国土面积，这些城市集聚了 17% 的全国人口和 7% 的劳动力，但创造的经济价值却达到了 46%。当然，这些城市在支撑国民经济高速发展的同时，也消耗了 44% 的能源，并排放了 46% 的 CO_2，因此，研究所选择的这 104 个城市不仅是我国经济发展的支撑点，同时也是能源密集消耗和污染排放密集地区。

表 11－6　样本代表性比较（2008 年）

指标	样本城市	所有地级市[a]	全国[b]
国土面积 （平方公里）	261923	626361 （41.8%）	9600000 （2.7%）
人口 （万人）	22773.05	37619.34 （60.5%）	132802 （17.1%）
从业人员 （万人）	5343.48	7186.3 （74.4%）	75564 （7.1%）
GDP （亿元）	145001.5	186189.7 （77.9%）	314045.4 （46.2%）
能源消费 （万吨标准煤）	128231	—	291448 （44%）
CO_2排放 （万吨）	310092.9	—	668465.1[c] （46.4%）

注：括号内报告的是 104 个样本城市所占比重。

（a）数据来源于中经网城市年度数据库，包括所有地级市、副省级市和直辖市共 354 个城市；

（b）数据来源于中经网数据库，是全国加总数据；

（c）数据来源于美国能源署 International Energy Statistics，口径为化石能源导致的碳排放量（http://www.eia.gov）。

第五节　实证结果

一、参数估计

基于上述理论模型和数据，利用 General Algebraic Modeling System（GAMS 22.0）软件的 MINOS 5 求解器，首先对模型（11-9）（11-10）中的未知参数进行求解。为了克服线性规划求解中的收敛问题，利用投入产出的均值对所有变量进行了标准化（Fare 等，2005）。标准化处理后的数据意味着投入产出集合 $(x, y, b) = (1, 1, 1)$，也即是对一个代表性城市而言，其使用平均投入来获得平均产出。所有求解的参数结果见表 11-7。由于城市样本较多，其个体效应被估参数值见本章后表 11-15。

表 11-7　方向距离函数参数估计值

待估参数	变量	估计结果	待估参数	变量	估计结果
α_0	constant	-0.62264	ϕ	城市	见本章后表 11-15
α_L	L	0.09458			
α_K	K	0.48296	φ	2001	0.0000
α_E	E	0.00000		2002	-0.00203
β_y	y	-0.91111		2003	-0.00410
$\gamma_b = \beta_y + 1$	b	0.08889		2004	-0.00234
α_{LL}	L^2	-0.08220		2005	0.00000
α_{LK}	LK	0.00503		2006	0.01013
α_{LE}	LE	0.08634		2007	0.03674
α_{KK}	K^2	-0.05478		2008	0.08665
α_{KE}	KE	0.00311			
α_{EE}	E^2	-0.08944			
$\beta_{yy} = \gamma_{bb} = \mu_{yb}$	y^2，b^2，yb	0.01960			
$\delta_{Ly} = \eta_{Lb}$	Ly，Lb	0.04137			
$\delta_{Ky} = \eta_{Kb}$	Ky，Kb	0.01151			
$\delta_{Ey} = \eta_{Eb}$	Ey，Eb	0.00000	Obs	832	

根据表 11-7 估计的参数值即可估计出不同城市在不同年份的无效率值、影子价格等信息。由于方向距离函数还需要满足 Null-jointness 假设，即：如果污染物 $b=0$ 且 $y>0$，那么 DDF 应不可行，即 DDF<0。利用估计出来的参数对该假设进行了验证，在所有 832 个观测值中共有 11 个观测值违背该假设，此外还有 2 个观测值在计算影子价格时，由于分母为 0 而导致无意义，因此最终保留了满足所有假设的 819 个观测值来进行分析。

表 11-8 报告了样本城市的方向距离函数、影子价格的描述性统计信息。可以看出，在 819 个观测值中，方向距离函数均值为 0.0767，这意味着平均而言，城市的无效率生产为 7.67%。由于代表性城市的平均产出为

825.74 亿元，平均 CO_2 排放是 2219.49 万吨，这意味着如果通过一定的效率改善，可以增加产出为 825.74×0.0767 = 63.3 亿元，且同时可以减排 2219.49×0.0767 = 170.2 万吨 CO_2。

表 11 - 8　方向距离函数和影子价格描述性统计

变量		单位	样本	均值	标准差	最小值	最大值
方向距离函数	*ddf*	—	819	0.0767	0.1370	0.0000	1.5257
影子价格	*q*	万元/吨	819	0.0967	0.2992	0.0322	5.5799

根据影子价格信息可以看出，为削减额外一单位的 CO_2，城市的边际减排成本为 967 元/吨，按照 2001 年美元汇率为 8.277 人民币来折算，一吨 CO_2 平均减排成本为 116.8 美元/吨。表 11 - 9 列举了本章结果与近年已有的关于 CO_2 影子价格测算的文献结果比较。由于模型方法、数据获取的不同，CO_2 影子价格的估算结果也大相径庭，Rezek 和 Campbell（2007）主要是由于采用的距离函数模型，因此导致了其估计的 CO_2 影子价格较低，这同 Vardanyan 和 Noh（2006）的发现一致，即如果采用 Shephard 距离函数模型来估计影子价格，将显著低于方向距离函数所估计的值。Marklund 和 Samakovlis（2007）、Salnykov 和 Zelenyun（2005）测算的影子价格远高于本章结果，这主要是与样本选择有关，他们选择西方发达国家为减排样本，相比较而言其边际减排成本会更高。

在对中国样本的研究中，秦少俊等（2011）对上海电厂的估计结果是，CO_2 边际减排成本为 234.2 元/吨；Wei 等（2013）在类似的研究中，以浙江的火电厂企业为样本，用最大似然估计法得到的边际减排成本为 612 元/吨，如果用线性规划法求解，其边际减排成本为 2059 元/吨；而陈诗一（2010b）主要基于工业行业层面来进行分析，他估计的 3.27 万元/吨的结果显著高于此处基于城市层面的结果。此外，刘明磊等（2011）基于非参数 DEA 法测算的 2005—2007 年间中国省际边际减排成本结果均值为 1739 元/吨，同本章结论也较为接近。

表 11－9　不同文献关于 CO_2 影子价格测算结果的比较

作者	时间	样本	模型	方法	CO_2影子价格均值
Rezek 和 Campbell（2007）	1998	260 个美国煤炭发电厂	DF	OLS，GME	18.3—20.9（美元/吨）
Salnykov 和 Zelenyuk（2005）		50 个国家	DDF	LP	331.89（美元/吨）
Marklund 和 Samakovlis（2007）	1990—2000	15 个欧盟国家	DDF	LP，COLS	490—510（欧元/吨）
秦少俊等（2011）	2007	上海 19 家火电厂	DF	LP	234.2 元/吨
Wei 等（2013）	2004	浙江 124 家火电厂	DDF	LP，ML	612—2059 元/吨
陈诗一（2010b）	1980—2008	中国工业 38 个两位数行业	DDF	LP	3.27（万元/吨，1990 年不变价）
刘明磊等（2011）	2005—2007	中国 30 个省份	DDF	DEA	1739 元/吨
本书	2001—2008	中国 104 个城市	DDF	LP	967 元/吨（116.8 美元/吨，2001 年不变价）

二、边际减排成本讨论

从表 11－8 还可以看出，影子价格的差异性很大，最小值为 0.0322 万元/吨，而最大值则为 5.5799 万元/吨，这反映出城市间的减排成本存在巨大的差别。下面将进行详尽分析。

首先，对东、中、西部城市影子价格进行了时序比较。从图 11－4 可以看出，在考察期内，中部和西部城市的边际减排成本接近，且趋势非常一致，呈现缓慢递增趋势，其中西部城市稍低，从 2001 年的 502 元/吨缓慢增至 2008 年的 655 元/吨，中部城市稍高于西部城市，从 2001 年的 532 元/吨增至 2008 年的 704 元/吨；与中西部相比，东部城市的边际减排成本波动较大，2001 年同中西部接近，为 706 元/吨，到了 2004 年后出现了集聚攀升，在 2006 年短暂回落后，到 2007 年达到了峰值 2537 元/吨，之后又在 2008 年回落到 1804 元/吨。尽管有波动，但是东部城市的 CO_2 边际减排成本仍呈现很明显的增长态势。受此影响，所有样本城市的边际减排成本其走势与东部一致，在 2001 年平均为 603 元/吨，在 2007 年达到顶峰为 1529 元/吨，2008 年回落至 1198 元/吨，但仍然高于 2006 年水平。

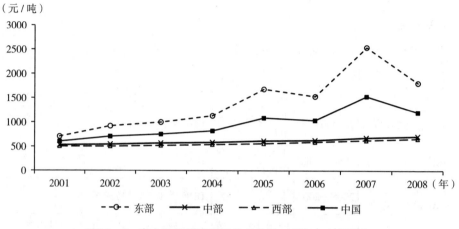

图 11－4　东中西部地区影子价格比较（2001—2008 年）

其次，按照省级层面来对边际减排成本进行评价，见图 11－5 所示。可以看出，在样本包含的 28 个省份中，宁夏的边际减排成本最低，为 420 元/吨，此外还有广西（460 元/吨）、湖南（465 元/吨）、甘肃（487 元/吨）、安徽（494 元/吨）的边际减排成本较低；相比而言，上海的减排成本最高，达到了 22990 元/吨，是甘肃的 54 倍，其次为北京（15054 元/吨）、天津（2413 元/吨）、重庆（1581 元/吨）和湖北（1065 元/吨）。所有 28 个样本省份逐年的边际减排成本数据见本章后表 11－16。

最后，再将视角转移到城市层面上来，受限于篇幅，图 11－6 仅列出边际减排成本最高和最低的 15 个城市，具体各个样本城市边际减排成本见本章后表 11－17。

从图 11－6 可以看出，除了四大直辖市上海、北京、天津、重庆以外，其他较大的省会城市，如武汉、南京等边际减排成本较高，规模较小的其他地级市，如延安、张家界等城市的边际减排成本居末，最低的张家界市，其边际成本为 324 元/吨，跟减排成本最高的上海市相比，仅为其

（元 / 吨）

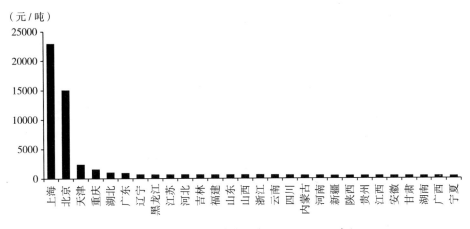

图 11 - 5　省级影子价格排序（2001—2008 年）

（元 / 吨）

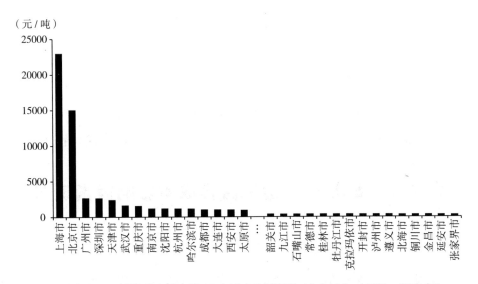

图 11 - 6　边际减排成本最高的 15 个城市和最低的 15 个城市（2001—2008 年）

1/70。因此，各城市间的减排成本状况差异非常巨大。

　　为了衡量不同年份城市间差异状况，采用了每年城市间边际减排成本的变异系数（coefficient of variation）来衡量其相对偏差。从图 11 - 7 可以看出，城市间的变异系数除了 2006 年有所回落外，其余年份均呈现显著的增加趋势，表明城市的边际减排成本差异化日趋明显。受此影响，各省城市之间的边际减排成本变异系数趋势与之类似，而地区城市间的相对偏差波动幅度要缓和很多。

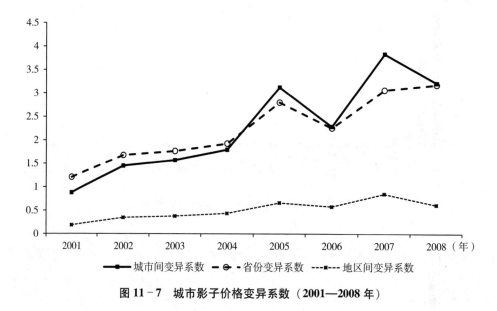

图 11 - 7　城市影子价格变异系数（2001—2008 年）

以上分析表明，在城市 CO_2 边际减排成本上存在很大的差异性，这种差异性可能受到多种因素的驱动，对此将在下一章进行更为深入的讨论。

第六节　城市 CO_2 边际减排成本影响因素识别

一、对影响因素的文献讨论

在对普通污染物的边际减排成本分析上，Dasgupta 等（2001）认为企业边际减排成本函数的斜度随着污染量下降而从右至左变得更为陡峭，因此，边际减排成本函数的位置和斜度受到以下因素影响：生产规模和部门构成、企业运作效率、可利用的技术和废水处置技术的效率等。为了经验上获得定量分析，他们利用中国环保部和天津环保局提供的 370 家工厂数据对多污染物（悬浮物/COD/BOD/其他污染）的减排成本进行了研究，基于固定弹性的 log-long 函数式，发现污染物减排具有规模经济性特征，会受到企业减排规模和减排程度影响，不同行业的边际减排成本差异很大，此外，企业所有制和年龄对边际减排成本影响不显著。涂正革（2009）采用非参数 DEA 方法对我国省级规模以上工业的 SO_2 边际减排成本进行了测度和因素识别，他认为 SO_2 的边际减排成本取决于污染物排放水平和生产率水平高低。袁鹏、程施（2011b）基于 2003—2008 年城市数据，对城市工业污染物边际减排成本进行了分析，结果发现污染物边际减排成本同污染排放规模（污染排放量）、污染监管强度（污染处理量/污染排放量）和污染治理的规模经济（污染处理量，即：工业废水排放达标量、工业 SO_2 去除量、工业烟尘去除量）之间呈现显著负相关。

在有关碳减排的边际成本问题上，文献中也有较多理论假设和实证检验。Criqui 等（1999）、Klepper 和 Peterson（2006）在讨论全球各国边际减排成本时认为，碳减排的边际成本会受到一些因素的影响，包括：初始能源价格水平、能源供应结构、发展低碳/无碳型能源资源的潜力等；Maradan 和 Vassiliev（2005）以 76 个国家为样本，基于非参数 DEA 方法估计了 CO_2 影子价格，并以此来验证环境库兹涅兹（Environment Kuznet Curve，EKC）曲线，结果发现收入水平同 CO_2 边际减排机会成本负相关，由此认为高收入国家同低收入国家相比，其减排所导致的产出损失要较低。Hoeller 和 Coppel（1992）发现，OECD 国家的碳价（终端用户化石燃料消费价值/碳排放）和碳强度（CO_2/GDP）有很强的相关性。因此，Bohm 和 Larsen（1994）提出了关于边际减排成本的假设，即：碳减排的边际成本同化石燃料消费价格正相关，而与该国的 CO_2 排放强度负相关。Murty 等（2007）考察了印度 Andhra Pradesh 省 5 个电厂 1996—2004 年的月度数据，并测算了火电厂的污染物影子价格，其计量回归表明，影子价格同单位发电量污染物产出（强度指标）和电厂污染量显著负相关，也即是：电厂越脏，其边际减排成本越低。

在对中国的碳排放及减排成本因素分析中，Du 等（2012）对中国省际 CO_2 排放进行了估算和预测，并通过计量模型识别出影响碳排放的因素包括：经济发展水平、技术进步、产业结构、能源消费结构、贸易开放度和城市化等因素，但他们并没有对减排的成本进行讨论。刘明磊等

（2011）在对中国省级 CO_2 边际减排成本估计后发现，碳排放强度低的地区，影子价格较高，也即是 CO_2 边际减排成本同 CO_2 排放强度呈现负相关关系。秦少俊等（2011）研究了上海的火电厂数据，发现电厂的 CO_2 边际减排成本与企业的装机容量正相关，其解释是由于大机组发电效率高于小机组，因此进一步减排空间较小，从而导致了装机容量规模大的电厂其边际减排成本会更高。Wei 等（2013）在对中国微观火电厂 CO_2 边际减排成本的分析中，采用逐步回归方法和模型检验，识别出排放规模、电厂年龄和资本折旧率三个主要影响因素。

综上所述，现有文献揭示出，碳减排边际成本可能会：（1）与经济发展水平或人均收入水平存在 EKC 的"倒 U 型"关系；（2）与污染水平或强度存在负相关，也即是存在减排的规模效应（Hettige 等，1996）；（3）与技术水平或者生产效率存在正相关（Wei 等，2013），也即是效率越高，边际减排代价越大；（4）与化石能源燃料价格正相关；（5）与污染监管和治理强度负相关；（6）与其他可能的因素相关，譬如城市的公共基础设施、产业布局会产生明显的碳锁定效应，而城市的交通发展水平、居民消费结构、城市平均温度等也可能会对城市碳减排边际成本产生一定影响。

二、模型设定与变量选择

为了检验影响城市边际减排成本的驱动因素，可以根据计量模型来进行甄别和检验。一个基本的模型为：

$$q_{i,\,t} = \alpha + Z\beta + \varepsilon_{i,\,t} \qquad\qquad (11-16)$$

其中 q 是城市 i 在第 t 年的碳减排边际成本，Z 是可能的解释变量，β 是待估系数，α 和 ε 分别是截距项和随机误差项。解释变量的选取一方面依赖于理论文献的讨论，另一方面取决于研究可获得的数据支撑，各解释变量将依次进入模型（11-16）进行估计，并根据相应统计指标来进行最优模型识别。

根据已有的文献研究和数据特征，设定下述解释变量，见表 11 - 10 所示。

表 11-10 边际减排成本影响因素汇总

类别	变量		变量定义	解释	预期符号
被解释变量	边际减排成本		y_mac	log（边际减排成本）	
解释变量：经济信息	人均收入水平	x_rgdp	log（人均GDP）	经济越发达，MAC越高	+
	产业结构	x_2c	第二产业占经济比重	第二产业比重越高，MAC越低	－
		x_3c	第三产业占经济比重	第三产业比重越高，MAC越高	+
	对外开放程度	x_fdi	外商直接投资占GDP比重		不确定
人口信息	城市化率	x_urban	城市非农人口占城市人口比重		不确定
	人口密度	x_popden	log（单位国土面积人口数量）		不确定
污染物信息	CO_2排放强度	x_CO_2int	log（单位GDP排放的CO_2）	越脏的城市，MAC越低	－
	人均CO_2	x_rCO_2	log（人均CO_2排放）		－
	CO_2浓度	x_CO_2den	log（单位国土面积排放的CO_2）		－
基础设施	人均铺装道路面积	x_rroad	log（人均铺装道路面积）	存在基础设施的锁定效应	+
	人均公共车辆数	x_rbus	log（人均公共汽车和出租车数量）		+
	建成区绿地覆盖率	x_grecov	建成区绿地占国土面积比重	碳汇效应	－
	网络用户比重	x_rnet	log（因特网用户数占人口比重）		不确定

上述潜在的解释变量描述性统计见表 11-11 所示。

表 11-11 解释变量的描述性统计

变量	样本数	均值	标准差	最小值	最大值
x_rgdp	832	0.939	0.617	－0.968	3.169
x_2c	831	53.281	11.563	14.370	91.470
x_3c	831	42.844	11.064	8.040	73.600
x_fdi	799	0.0384	0.0363	0.000	0.2411

变量	样本数	均值	标准差	最小值	最大值
x_urban	811	0.706	0.178	0.191	1.000
x_popden	831	6.879	0.862	3.401	8.767
x_CO_2int	832	1.639	0.938	−1.090	4.158
x_rCO_2	832	2.577	0.828	−0.473	5.156
x_CO_2den	831	0.246	1.225	−3.958	3.568
x_rbook	831	1.984	0.773	−2.379	4.114
x_rbed	830	4.001	0.325	1.283	4.839
x_rdoc	830	3.368	0.332	2.151	4.482
x_rroad	831	2.116	0.514	0.432	4.159
x_rbus	832	3.402	0.537	1.368	5.286
x_grecov	830	35.446	8.322	4.000	70.300
x_rtel	827	−0.854	0.481	−3.912	4.038
x_rmob	825	8.607	0.778	1.787	11.372
x_rnet	717	7.000	0.881	3.339	9.628

三、实证结果讨论

首先对上述变量进行相关性分析，其相关系数和显著程度见本章后表11-18。可以发现，影子价格同设定的解释变量之间均存在显著的相关性，但是不同的解释变量之间也有较强的相关性，如第二产业比重同第三产业比重之间严重负相关，而人口密度同 CO_2 排放浓度之间也有很强的正相关，因此，为了克服多重共线性，需要从上述设定的潜在解释变量中选择最具有代表性的指标。为此，首先诊断解释变量之间的共线性，利用方差膨胀因子（vif）以及条件数（condition number）等指标，从每一大类中识别出最能携带最多信息量的解释变量。从本章后表11-19可以看出，设定的三个污染物排放指标存在很严重的多重共线性，我们将首先保留文献中常用的 CO_2 排放强度指标（x_CO_2int）来进行分析；此外，由于城市第一产业比重相对固定不变，因此，第二产业和第三产业比重呈现显著的相关性，在产业结构变量中，首先选择了第二产业比重（x_2c）进行考察。为了进一步从上述变量中识别出显著的影响因素，依次加入解释变量，此外，在估计方法上采用了 Hausman 检验来识别是采用固定效应模型或是随机效应模型，其统计值表明固定效应模型估计结果更为一致，考虑到截面数量（104 个城市）大大高于时期跨度（8 年），因此主要考察个体固定效应而非双向固定模型。具体的回归结果见表 11－12 所示。

首先，从模型 1 和模型 2 可以看出，在考虑人均收入的二次项后，其一次项系数并不显著，因此，表明对于 CO_2 边际减排成本而言并不存在"倒 U 型"曲线形态。而人均收入的一次项在模型 1、模型 3—10 中均显著为正，表明城市经济水平越高，其减排的边际代价也越大，因此，在其后的回归中，不保留人均收入二次项。其次，产业结构中的第二产业比重、FDI 占经济规模比重在所有模型中均显著为负，表明第二产业比重较高、对外开放程度较高的城市，其边际减排成本也较低；人口密度变量系数为负，表明城市人口聚集程度与边际减排成本存在负相关，但这一结论仅在部分模型中显著；城镇人口比重显著为正，表明城市化水平越高，减排的代价越大；单位 GDP 的 CO_2 排放强度变量在所有回归中均不显著，这表明在城市减排中可能并不存在显著的规模效应；在基础设施相关变量中，只有人均公共汽车和出租车数量显著负相关，表明交通设施较发达的城市，其边际减排成本相对较低。此外，Hausman 检验结果表明，在模型 3—10 中，固定效应模型更为合适。

通过上述初步的回归，可以识别出相关的显著变量，但对于污染物的回归并不理想，由于表 11－12 中选择的是 CO_2 排放强度指标，为了避免由于变量选择带来的问题，在已有识别的显著变量基础上，利用人均 CO_2、CO_2 排放的空间浓度两个变量再次进行回归，结果见表 11－13。Hausman 检验均建议采用固定效应模型进行估计，其中第 I 列是在上表分析的基础上识别出来的显著影响因素，第 II—IV 列分别加入三种污染物指标，可以看出，无论是单位 GDP 的 CO_2 排放强度，或是人均 CO_2 排放量，以及单位国土面积的 CO_2 排放浓度，其估计的系数都不显著，这表明，在城市样本中，不存在减排的规模效应。而其他的变量，依旧显著。

表 11-12 初步回归结果

	模型 1	模型 2	模型 3	模型 4	模型 5	模型 6	模型 7	模型 8	模型 9	模型 10
x_rgdp	0.343*** (-22.59)	-0.0136 (-0.48)	0.353*** (-23.42)	0.346*** (-23.14)	0.351*** (-23.35)	0.340*** (-19.95)	0.341*** (-19.37)	0.373*** (-15.71)	0.365*** (-14.94)	0.335*** (-11.03)
$(x\_rgdp)^2$		0.190*** (-14.45)								
x_2c			-0.00624*** (-5.09)	-0.00616*** (-4.95)	-0.00624*** (-5.03)	-0.00639*** (-5.04)	-0.00640*** (-5.04)	-0.00647*** (-5.22)	-0.00653*** (-5.23)	-0.00638*** (-4.54)
x_fdi				-1.874*** (-8.17)	-1.836*** (-8.01)	-1.899*** (-7.84)	-1.900*** (-7.83)	-1.795*** (-7.61)	-1.785*** (-7.58)	-2.256*** (-8.00)
x_popden					-0.0536* (-2.55)	-0.0613** (-2.83)	-0.0614** (-2.84)	-0.0388 (-1.81)	-0.0382 (-1.79)	-0.0226 (-0.96)
x_urban						0.150* (-2.03)	0.151* (-2.04)	0.214** (-2.93)	0.220** (-3.02)	0.188* (-2.36)
x_CO_2int							0.00705 (-0.32)	0.0274 (-1.28)	0.0274 (-1.29)	0.0292 (-1.22)
x_rroad								-0.021 (-0.87)	-0.0233 (-0.97)	-0.00336 (-0.12)
x_rbus								-0.183*** (-6.21)	-0.180*** (-6.10)	-0.174*** (-5.32)

续表

	模型 1	模型 2	模型 3	模型 4	模型 5	模型 6	模型 7	模型 8	模型 9	模型 10
x_grecov									0.000709	0.00147
									-0.9	-1.7
x_rnet										0.0112
										-1.08
_cons	-3.09***	-2.99***	-2.765***	-2.679***	-2.309***	-2.339***	-2.352***	-1.953***	-1.985***	-2.214***
	(-208.2)	(-204.5)	(-42.50)	(-40.40)	(-14.49)	(-14.49)	(-14.17)	(-11.15)	(-11.04)	(-10.07)
N	830	830	829	796	795	774	774	773	772	657
Adj.R2	0.329	0.478	0.351	0.407	0.412	0.39	0.389	0.419	0.417	0.409
AIC	-1257.1	-1465.4	-1282.2	-1277.8	-1280.7	-1239.8	-1237.9	-1282.4	-1285.8	-1067.5
BIC	-1247.7	-1451.3	-1268	-1259	-1257.3	-1211.5	-1205.3	-1240.5	-1239.3	-1018.1
Hausman Chi2	1.79	3.75	7.22**	18***	28.03***	26.75***	30.66***	33.82***	32.24***	49.72***

表 11 - 13　对污染物的进一步检验

解释变量	I	II	III	IV
x_rgdp	0. 353 ***	0. 358 ***	0. 331 ***	0. 360 ***
	(21. 08)	(20. 64)	(14. 00)	(17. 40)
x_2c	−0. 00658 ***	−0. 00662 ***	−0. 00662 ***	−0. 00658 ***
	(−5. 33)	(−5. 36)	(−5. 36)	(−5. 32)
x_fdi	−1. 853 ***	−1. 853 ***	−1. 853 ***	−1. 846 ***
	(−7. 86)	(−7. 86)	(−7. 86)	(−7. 80)
x_urban	0. 198 **	0. 206 **	0. 206 **	0. 201 **
	(2. 76)	(2. 86)	(2. 86)	(2. 79)
x_rbus	−0. 188 ***	−0. 194 ***	−0. 194 ***	−0. 184 ***
	(−6. 55)	(−6. 67)	(−6. 67)	(−6. 24)
x_CO_2int		0. 0270		
		(1. 26)		
x_rCO_2			0. 0270	
			(1. 26)	
x_CO_2den				−0. 00891
				(−0. 59)
$\_cons$	−2. 165 ***	−2. 199 ***	−2. 199 ***	−2. 184 ***
	(−18. 53)	(−18. 34)	(−18. 34)	(−17. 93)
N	775	775	775	774
$Adj. R2$	0. 42	0. 421	0. 421	0. 419
AIC	−1281. 4	−1281. 3	−1281. 3	−1277. 2
BIC	−1253. 5	−1248. 7	−1248. 7	−1244. 6
$Hausman\ Chi2$	45. 86 ***	14. 69 **	14. 69 **	48. 59 ***

综上所述，通过计量模型的定量分析，最终识别出城市 CO_2 边际减排成本同城市经济发展水平、产业结构、对外开放程度、城市化水平以及公共交通工具等变量显著相关。其中，城市人均收入水平与城市化程度与边

际减排成本正相关；而城市第二产业比重、对外开放程度和人均公共交通车辆数同边际减排成本负相关。此外，人均 CO_2、单位 GDP 的 CO_2 排放强度以及 CO_2 空间浓度与边际减排成本关系不显著。

第七节　主要结论与启示

本章对城市 CO_2 边际减排成本的相关理论和方法进行了系统性综述，在此基础上构建了基于产出的方向距离函数以及参数化二次函数，并利用线性规划方法对未知参数进行了求解。以中国 104 个地级市为样本，对其 2001—2008 年间的劳动力、GDP、资本存量、能源消费和 CO_2 排放量进行了核算，并进而测度出城市层面的 CO_2 边际减排成本，通过对比分析，发现城市间的减排成本差异极为巨大，这进一步驱动我们更为深入地考察了影响边际减排成本的可能因素。

本章研究的主要结论和启示主要包括两点。

第一是发现我国城市在投入、排放以及减排边际成本上存在巨大的差异性。首先在各种投入要素上，均呈现了东部城市>中部城市>西部城市的特征，在产出和污染排放上，也同样呈现出显著的东、中、西递减的趋势。其次，所有样本城市平均存在 7.67% 的无效率生产和排放，平均边际减排成本为 967 元/吨。从地区来看，中部地区（604 元/吨）和西部地区（559 元/吨）较为接近且增幅较缓，而东部地区城市则较高（1418 元/吨），在波动中上升；以省份来看，上海最高为 22990 元/吨，其次为天津和重庆，而最低的宁夏仅为 420 元/吨；在所有城市中，四大直辖市和较大的省会城市边际减排成本较高，最低的为张家界市，仅为 324 元/吨，减排成本最高（上海）与最低城市（张家界）的边际减排成本比值高达 70∶1，存在巨大的异质性；这种城市间的差异除了 2006 年有所回落外，其余年份均呈现显著的增加趋势，表明城市的边际减排成本差异化日趋明显，而地区城市间的相对偏差波动幅度要缓和很多。

巨大的城市间边际减排成本的差异性意味着存在很大的市场交易空间

（Newell and Stavins，2003），也即是在静态条件下，如果城市减排成本异质性越高，那么，可以通过市场机制来降低的成本越多，也就意味着有更大的成本下降潜力，反之，如果城市间更具有同质性，那么，市场手段的优势会下降。给定中国城市间存在的高达 70∶1 的巨大差异，可以通过诸如排放权交易市场等手段来降低总体减排成本，譬如边际减排成本较高的经济发达城市可以从交易市场购买其发展所需的配额——只要购买排放许可所需的价格低于其自身减排的边际成本，而经济较为落后的城市则由于其边际减排成本较低而从出售排放许可中获利。当然，如果在一个没有设定总量减排的环境中，还可以考虑通过税收转移支付的方式来实现，只不过此时除了交易双方外，还需要一个强有力的中央政府参与，即中央政府对经济发达城市征收税收而允许其增排，之后通过财政转移支付方式转移给欠发达城市以弥补其减排的损失，只要征税税率低于发达城市的边际减排成本且转移支付不低于欠发达城市减排的边际成本，那么，对全社会而言这就是一个福利改进，而且这种单边支付方式——在不存在效率损失的情况下——与碳排放交易市场机制是等效的。

第二是识别出了导致城市边际减排成本差异的可能原因。城市经济发展水平同边际减排成本之间存在显著的正向线性关系，EKC 的"倒 U 型"曲线假说在本书选择的城市样本中并未得到验证；城市化水平高低也影响着减排成本，如果城市人口中非农比重越高，减排的代价也会越来越大。给定这两个主要驱动因素，加上中国在未来一段时期内继续高速推进城镇化，以及"到 2020 年城乡居民人均收入倍增"的背景，可以预期在未来很长一段时期内，城市的边际减排成本将继续呈现增长趋势，如果强制性要求经济较为发达的城市（地区）减排，可能造成的经济成本和代价也会越来越大，因此，可以充分考虑城市间的减排潜力和成本差异因素，尽可能通过市场机制来实现总体减排目标的实现，而非对个体或某一区域强加约束。

此外，从影响因素分析来看，第二产业比重、对外开放程度和人均交通基础设施同边际减排成本显著负相关。这可能会成为城市实施减排的可行领域和洼地，也即是遵循"先易后难"原则，首先对拥有较低减排成本的产业和部门实施减排。譬如，对于第二产业占比重较高的城市而言，可以优先考虑在该领域进行减排，同样的，公共交通也是一个值得关注的部门。另外，对外开放程度与边际减排成本之间负相关，这可能是由于开放程度越高，其可利用、可获取的减排技术选项和手段也会越多，从而使得其减排成本会相对更低，这也为城市管理者提供了其他可行且经济的减排途径。

局限于时间和精力，本章在以下方面存在不足之处：首先是在数据上，由于城市数据相关变量来源较为分散，因此仅包括了 104 个代表性城市，且数据更新到 2008 年，如给定更多的信息源，譬如化石能源消费、城市私人汽车数量、城市平均温度等信息，将可以更为精准地估计能源及碳排放数量，并识别出温度等自然条件对边际减排成本的影响；其次是在研究方法上，采用的是线性规划方法来求解模型，尽管可以直接施加相关约束条件，但对于求解参数无法获得其统计量，未来可以考虑通过其他方法，如最大似然估计，或者最大熵估计来获得更为稳健的参数估计结果。

表11－14　样本城市对照表

区域	省市	类型																					
东部	北京	地级市	北京																					
		样本市	北京																					
	天津	地级市	天津																					
		样本市	天津																					
	河北	地级市	石家庄	唐山	秦皇岛	邯郸	邢台	保定	张家口	承德	沧州	廊坊	衡水										
		样本市	石家庄	唐山	秦皇岛	邯郸		保定															
	辽宁	地级市	沈阳	大连	鞍山	抚顺	本溪	丹东	锦州	营口	阜新	辽阳	盘锦	铁岭	朝阳	葫芦岛							
		样本市	沈阳	大连	鞍山	抚顺	本溪		锦州														
	上海	地级市	上海																					
		样本市	上海																					
	江苏	地级市	南京	无锡	徐州	常州	苏州	南通	连云港	淮安	盐城	扬州	镇江	泰州	宿迁								
		样本市	南京	无锡	徐州	常州	苏州	南通	连云港			扬州											
	浙江	地级市	杭州	宁波	温州	嘉兴	湖州	绍兴	金华	衢州	台州	丽水											
		样本市	杭州	宁波	温州	嘉兴	湖州	绍兴	金华	舟山	台州												
	福建	地级市	福州	厦门	莆田	三明	泉州	漳州	南平	龙岩	宁德												
		样本市	福州	厦门			泉州																
	山东	地级市	济南	青岛	淄博	枣庄	东营	烟台	潍坊	济宁	泰安	威海	日照	莱芜	临沂	德州	聊城	滨州	菏泽				
		样本市	济南	青岛	淄博	枣庄	东营	烟台	潍坊	济宁	泰安	威海	日照										
	广东	地级市	广州	韶关	深圳	珠海	汕头	佛山	江门	湛江	茂名	肇庆	惠州	梅州	汕尾	河源	阳江	清远	东莞	中山	潮州	揭阳	云浮
		样本市	广州	韶关	深圳	珠海	汕头	佛山		湛江													
	海南	地级市	海口	三亚																				
		样本市																					

续表

地区	省份	类型	城市
中部	山西	地级市	太原 大同 阳泉 长治 晋城 朔州 晋中 运城 忻州 临汾 吕梁
		样本市	太原 大同 阳泉 长治
	吉林	地级市	长春 吉林 四平 辽源 通化 白山 松原 白城
		样本市	长春 吉林
	黑龙江	地级市	哈尔滨 齐齐哈尔 鸡西 鹤岗 双鸭山 大庆 伊春 佳木斯 七台河 牡丹江 黑河 绥化
		样本市	哈尔滨 齐齐哈尔 大庆 牡丹江
	安徽	地级市	合肥 芜湖 蚌埠 淮南 马鞍山 淮北 铜陵 安庆 黄山 滁州 阜阳 宿州 六安 亳州 池州 宣城
		样本市	合肥 芜湖 马鞍山
	江西	地级市	南昌 景德镇 萍乡 九江 新余 鹰潭 赣州 吉安 宜春 抚州 上饶
		样本市	南昌 九江
	河南	地级市	郑州 开封 洛阳 平顶山 安阳 鹤壁 新乡 焦作 濮阳 许昌 漯河 三门峡 南阳 商丘 信阳 周口 驻马店
		样本市	郑州 开封 洛阳 平顶山 安阳 焦作
	湖北	地级市	武汉 黄石 十堰 宜昌 襄樊 鄂州 荆门 孝感 荆州 黄冈 咸宁 随州
		样本市	武汉 宜昌
	湖南	地级市	长沙 株洲 湘潭 衡阳 邵阳 岳阳 常德 张家界 益阳 郴州 永州 怀化 娄底
		样本市	长沙 株洲 湘潭 岳阳 常德 张家界
西部	内蒙古	地级市	呼和浩特 包头 乌海 赤峰 通辽 鄂尔多斯 呼伦贝尔 巴彦淖尔 乌兰察布
		样本市	呼和浩特 包头 赤峰

续表

地区	省	类型																		
西部	广西	地级市	南宁	柳州	桂林	梧州	北海	防城港	钦州	贵港	玉林	百色	贺州	河池	来宾	崇左				
		样本市	南宁	柳州	桂林		北海													
	四川	地级市	成都	自贡	攀枝花	泸州	德阳	绵阳	广元	遂宁	内江	乐山	南充	眉山	宜宾	广安	达州	雅安	巴中	资阳
		样本市	成都		攀枝花	泸州		绵阳												
	重庆	地级市	重庆																	
		样本市	重庆																	
	贵州	地级市	贵阳	六盘水	遵义	安顺														
		样本市	贵阳		遵义															
	云南	地级市	昆明	曲靖	玉溪	保山	昭通	丽江	思茅	临沧										
		样本市	昆明	曲靖																
	陕西	地级市	西安	铜川	宝鸡	咸阳	渭南	延安	汉中	榆林	安康	商洛								
		样本市	西安	铜川	宝鸡	咸阳		延安												
	甘肃	地级市	兰州	嘉峪关	金昌	白银	天水	武威	张掖	平凉	酒泉	庆阳	定西	陇南						
		样本市	兰州		金昌															
	青海	地级市	西宁																	
		样本市	西宁																	
	宁夏	地级市	银川	石嘴山	吴忠	固原	中卫													
		样本市	银川	石嘴山																
	新疆	地级市	乌鲁木齐	克拉玛依																
		样本市	乌鲁木齐	克拉玛依																

表 11-15　城市个体效应参数

城市代码	城市名称	系数	城市代码	城市名称	系数	城市代码	城市名称	系数
c0101	北京	0	c0901	上海	-2.02221	c1503	淄博	1.13827	c1906	佛山	0.61833
c0201	天津	0.3907	c1001	南京	0.77753	c1504	枣庄	0.63243	c1908	湛江	0.85005
c0301	石家庄	0.53426	c1002	无锡	1.48579	c1506	烟台	0.73598	c2001	南宁	0.72123
c0302	唐山	0.48135	c1003	徐州	0.75819	c1507	潍坊	0.70125	c2002	柳州	0.69044
c0303	秦皇岛	0.70679	c1004	常州	0.66525	c1508	济宁	0.56476	c2003	桂林	0.69127
c0304	邯郸	0.35466	c1005	苏州	0.95044	c1509	泰安	0.74562	c2005	北海	0.69205
c0306	保定	0.61357	c1006	南通	0.62124	c1510	威海	0.72554	c2201	重庆	0.47202
c0401	太原	0.26179	c1007	连云港	0.58684	c1601	郑州	0.59689	c2301	成都	0.94475
c0402	大同	0.54568	c1010	扬州	0.80706	c1602	开封	0.62702	c2303	攀枝花	0.52054
c0403	阳泉	0.57003	c1101	杭州	1.68934	c1603	洛阳	0.61916	c2304	泸州	0.67017
c0404	长治	0.5974	c1102	宁波	0.55053	c1604	平顶山	0.53869	c2306	绵阳	0.84332
c0501	呼和浩特	0.68878	c1103	温州	0.8999	c1605	安阳	0.56828	c2401	贵阳	0.54869
c0502	包头	0.64256	c1104	嘉兴	0.54651	c1608	焦作	0.53136	c2403	遵义	0.68014
c0504	赤峰	0.58892	c1105	湖州	0.70465	c1701	武汉	0.85296	c2501	昆明	0.76549
c0601	沈阳	1.28187	c1106	绍兴	0.63682	c1704	宜昌	0.60126	c2502	曲靖	0.5978
c0602	大连	1.23958	c1110	台州	0.88326	c1801	长沙	0.83302	c2701	西安	0.90677
c0603	鞍山	0.99806	c1201	合肥	0.72409	c1802	株洲	0.69862	c2702	铜川	0.60781
c0604	抚顺	0.65054	c1202	芜湖	0.66978	c1803	湘潭	0.67409	c2703	宝鸡	0.60846
c0605	本溪	0.59309	c1205	马鞍山	0.60986	c1806	岳阳	0.80214	c2704	咸阳	0.59409

续表

城市代码	城市名称	系数	城市代码	城市名称	系数	城市代码	城市名称	系数	城市代码	城市名称	系数
c0607	锦州	0.67877	c1301	福州	0.82782	c1807	常德	0.93969	c2706	延安	0.61781
c0701	长春	1.64336	c1302	厦门	1.06117	c1808	张家界	0.62659	c2801	兰州	0.62504
c0702	吉林	0.58292	c1305	泉州	0.8142	c1901	广州	1.95591	c2803	金昌	0.62283
c0801	哈尔滨	0.8403	c1401	南昌	0.98668	c1902	韶关	0.62449	c3001	银川	0.58968
c0802	齐齐哈尔	0.62836	c1404	九江	0.64682	c1903	深圳	2.99697	c3002	石嘴山	0.56872
c0806	大庆	1.9518	c1501	济南	1.19891	c1904	珠海	0.98615	c3101	乌鲁木齐	0.73596
c0810	牡丹江	0.6424	c1502	青岛	1.12994	c1905	汕头	0.76707	c3102	克拉玛依	0.69322

表 11 - 16　省级边际减排成本（2001—2008 年）

单位：元/吨

	2001	2002	2003	2004	2005	2006	2007	2008	省份均值	排序
北京	5223	6960	8182	10381	12141	14799	23507	39241	15054	2
天津	1754	1813	1968	2157	2433	2612	3018	3548	2413	3
河北	579	595	618	652	711	746	800	813	689	10
山西	577	578	602	613	640	676	757	760	650	14
内蒙古	500	473	487	516	546	591	632	681	553	18
辽宁	638	634	643	672	714	766	839	917	728	7
吉林	509	512	646	671	822	741	774	802	685	11
黑龙江	640	687	700	677	689	713	754	777	705	8
上海	—	8312	9406	11526	32989	19908	55799	—	22990	1
江苏	577	593	618	656	718	774	834	859	704	9
浙江	514	528	561	594	639	715	788	851	649	15
安徽	445	447	458	472	488	515	546	581	494	24
福建	511	554	579	618	655	709	782	823	654	12
江西	458	458	471	493	513	543	550	565	506	23
山东	545	558	573	603	661	704	759	803	651	13
河南	499	510	520	537	559	570	597	615	551	19
湖北	883	901	960	1021	1108	1107	1207	1332	1065	5
湖南	420	428	431	444	458	470	524	546	465	26
广东	651	701	763	826	888	1159	1296	1416	962	6
广西	447	423	433	444	483	476	480	497	460	27
重庆	1137	1199	1275	1399	1463	1781	2063	2330	1581	4
四川	514	532	540	556	579	614	641	682	582	17
贵州	465	477	481	497	513	542	558	569	513	22
云南	544	554	582	617	618	674	733	754	634	16
陕西	468	478	493	502	516	531	556	583	516	21
甘肃	461	467	474	485	491	497	505	518	487	25
宁夏	391	393	404	421	425	431	448	448	420	28
新疆	482	490	492	500	514	529	553	565	516	20

表 11－17 城市边际减排成本（2001—2008 年）

单位：元／吨

城市名称	2001	2002	2003	2004	2005	2006	2007	2008	均值	排序
北京市	5223	6960	8182	10381	12141	14799	23507	39241	15054	2
天津市	1754	1813	1968	2157	2433	2612	3018	3548	2413	5
石家庄市	721	728	786	829	863	909	970	986	849	22
唐山市	669	718	758	832	998	1087	1195	1237	937	18
秦皇岛市	443	446	453	464	469	479	502	510	471	72
邯郸市	621	643	648	673	730	748	812	796	709	29
保定市	439	441	444	462	496	506	521	539	481	66
太原市	866	833	883	891	952	997	1143	1168	966	15
大同市	551	553	560	584	573	586	609	623	580	44
阳泉市	429	438	440	447	467	472	485	489	458	75
长治市	461	487	527	529	568	650	792	761	597	43
呼和浩特市	455	461	471	516	549	589	609	656	538	52
包头市	533	544	569	603	648	732	807	895	666	34
赤峰市	512	414	421	430	441	452	480	492	455	76
沈阳市	977	976	980	1038	1134	1300	1491	1707	1200	9
大连市	821	834	882	941	1009	1086	1249	1447	1033	13
鞍山市	625	612	617	642	661	690	733	768	669	33
抚顺市	502	488	491	506	516	529	543	552	516	55
本溪市	473	463	465	473	529	551	570	569	511	56
锦州市	431	429	423	433	439	441	450	458	438	83
长春市			773	803	1095	912	954	994	922	19
吉林市	509	512	520	539	549	571	593	610	550	49
哈尔滨市	1028	1197	1231	1121	1117	1158	1238	1281	1171	11
齐齐哈尔市	488	490	488	475	495	505	523	523	498	61
大庆市	642	655	678	713	746	790	845	892	745	28
牡丹江市	402	405	403	399	400	400	410	412	404	95
上海市		8312	9406	11526	32989	19908	55799		22990	1
南京市	951	988	1031	1103	1210	1325	1449	1580	1204	8
无锡市	643	662	705	773	847	935	1054	1147	846	23

城市名称	2001	2002	2003	2004	2005	2006	2007	2008	均值	排序
徐州市	596	604	621	648	728	730	750	645	665	35
常州市	458	484	493	507	534	560	594	608	530	54
苏州市	655	678	742	836	995	1169	1289	1315	960	17
南通市	459	465	477	495	506	521	542	561	503	59
连云港市	400	404	407	412	430	446	451	468	427	89
扬州市	454	459	465	473	494	507	547	546	493	63
杭州市	835	868	924	989	1131	1358	1573	1825	1188	10
宁波市	671	683	746	794	832	974	1121	1202	878	20
温州市	475	497	542	567	580	626	658	671	577	45
嘉兴市	407	418	432	455	506	543	565	572	487	65
湖州市	392	398	409	439	456	491	513	529	453	77
绍兴市	397	402	424	448	481	512	525	537	466	74
台州市	421	427	447	466	486	501	562	623	491	64
合肥市	497	499	515	533	557	603	643	688	567	46
芜湖市	409	411	418	430	440	461	479	507	444	81
马鞍山市	428	431	441	452	465	480	515	549	470	73
福州市	589	594	607	650	679	725	811	879	692	30
厦门市		626	668	718	782	866	963	994	802	24
泉州市	433	442	461	487	505	535	572	596	504	58
南昌市	537	534	549	573	600	633	669	698	599	40
九江市	379	381	394	413	426	453	430	431	413	91
济南市	755	781	814	855	983	1052	1181	1263	960	16
青岛市	735	758	770	808	878	947	1011	1080	873	21
淄博市	635	653	673	709	807	879	942	995	787	26
枣庄市	488	490	494	514	529	557	589	604	533	53
烟台市	519	547	573	614	705	760	836	885	680	32
潍坊市	466	473	484	521	566	599	639	669	552	48
济宁市	472	469	484	508	536	563	634	704	546	50
泰安市	428	431	436	456	483	506	519	530	474	71
威海市	408	416	427	442	464	476	486	501	453	78
郑州市	668	700	726	772	824	826	912	922	794	25

续表

城市名称	2001	2002	2003	2004	2005	2006	2007	2008	均值	排序
开封市	393	391	392	392	397	402	399	395	395	97
洛阳市	537	547	547	562	610	635	652	697	598	42
平顶山市	489	496	507	518	538	563	582	617	539	51
安阳市	465	470	483	499	498	509	542	554	502	60
焦作市	445	457	467	482	485	487	494	506	478	69
武汉市	1309	1337	1455	1567	1727	1719	1921	2162	1650	6
宜昌市	457	464	465	475	490	495	492	503	480	67
长沙市	586	610	618	651	687	727	773	844	687	31
株洲市	422	421	429	448	460	463	474	478	449	79
湘潭市	412	414	416	425	439	450	464	484	438	84
岳阳市	394	411	408	417	429	439	462	471	429	87
常德市	380	390	392	397	408	420	445	454	410	93
张家界市	324	323	322	326	326	324			324	104
广州市	1734	1887	2159	2431	2721	3015	3550	4064	2695	3
韶关市	400	401	402	418	423	443	467	460	427	90
深圳市					2373	2671	2957		2667	4
珠海市	483	507	539	574	607	646	698	734	599	41
汕头市	431	430	469	480	485	505	511	521	479	68
佛山市	445	566	579	608	636	673	707	701	614	39
湛江市	414	416	432	444	453	459	468	474	445	80
南宁市	476	490	498	527	647	588	609	639	559	47
柳州市	477	469	493	498	513	536	517	546	506	57
桂林市	390	396	400	406	412	416	422	421	408	94
北海市		338	341	346	361	365	370	382	358	100
重庆市	1137	1199	1275	1399	1463	1781	2063	2330	1581	7
成都市	822	890	909	954	1008	1104	1224	1369	1035	12
攀枝花市	449	450	456	466	488	502	486	493	474	70
泸州市	371	375	378	383	389	403	408	421	391	98
绵阳市	416	412	418	421	433	446	445	445	429	86
贵阳市	567	581	594	621	645	662	701	721	636	36
遵义市	362	372	367	372	380	422	415	418	389	99

续表

城市名称	2001	2002	2003	2004	2005	2006	2007	2008	均值	排序
昆明市	686	692	725	720	749	831	882	892	772	27
曲靖市	402	417	439	513	487	516	585	615	497	62
西安市	841	882	916	953	1022	1082	1183	1264	1018	14
铜川市	346	352	352	351	352	352	356	376	355	101
宝鸡市	408	410	442	446	448	449	459	472	442	82
咸阳市	414	414	424	428	424	432	443	459	429	85
延安市	328	329	330	331	335	338	339	342	334	103
兰州市	578	590	604	619	633	643	657	674	625	38
金昌市	343	343	345	350	349	351	354	361	349	102
银川市	398	400	425	430	433	441	445	453	428	88
石嘴山市	384	385	383	411	416	422	452	444	412	92
乌鲁木齐市	576	593	596	606	625	648	686	704	629	37
克拉玛依市	388	387	389	394	404	410	421	426	402	96

表 11-18 变量相关系数（Spearman 相关系数和显著度）

	y_mac	x_rgdp	x_2c	x_3c	x_fdi	x_urban	x_popden	x_CO_int	x_rCO₂	x_CO₂den	x_rroad	x_rbus	x_grecov	x_rnet
y_mac	1													
x_rgdp	0.5378 / 0	1												
x_2c	-0.1128 / 0.0038	0.0424 / 0.278	1											
x_3c	0.2633 / 0	0.1186 / 0.0023	-0.9362 / 0	1										
x_fdi	0.3662 / 0	0.5102 / 0	-0.0747 / 0.0558	0.1641 / 0	1									
x_urban	0.2366 / 0	0.3273 / 0	0.04 / 0.3065	0.1398 / 0.0003	0.1082 / 0.0055	1								
x_popden	0.247 / 0	0.1791 / 0	0.02 / 0.6097	0.1253 / 0.0013	0.2578 / 0	0.3834 / 0	1							
x_CO_int	-0.3579 / 0	-0.4759 / 0	0.3499 / 0	-0.3833 / 0	-0.4103 / 0	-0.0466 / 0.2331	-0.0172 / 0.6605	1						
x_rCO₂	-0.0555 / 0.1557	0.1143 / 0.0034	0.4476 / 0	-0.3774 / 0	-0.1565 / 0.0001	0.164 / 0	0.0909 / 0.0197	0.7903 / 0	1					
x_CO₂den	0.0915 / 0.0189	0.2165 / 0	0.3169 / 0	-0.1649 / 0	0.102 / 0.0089	0.3312 / 0	0.687 / 0	0.5229 / 0	0.7418 / 0	1				

续表

	y_mac	x_rgdp	x_2c	x_3c	x_fai	x_urban	x_popden	x_CO₂int	x_rCO₂	x_CO₂den	x_rroad	x_rbus	x_grecov	x_rmet
x_rroad	0.2597	0.6502	0.0856	0.0361	0.449	0.3025	0.1812	-0.2162	0.1987	0.2785	1			
	0	0	0.0283	0.3557	0	0	0	0	0	0				
x_rbus	0.3307	0.3568	-0.195	0.3548	0.0778	0.5302	0.1296	-0.161	0.0501	0.0975	0.2516	1		
	0	0	0	0	0.0462	0	0.0009	0	0.1992	0.0124	0			
x_grecov	0.0973	0.3436	0.0915	-0.0514	0.2961	0.2006	0.0933	-0.0745	0.1539	0.1759	0.3834	0.0116	1	
	0.0125	0	0.019	0.1834	0	0	0.0168	0.0562	0.0001	0	0	0.7661		
x_rmet	0.5128	0.6789	-0.1392	0.3075	0.4469	0.3611	0.3488	-0.367	0.0209	0.2442	0.4994	0.3712	0.2654	1
	0	0	0.0003	0	0	0	0	0	0.5927	0	0	0	0	

表 11 - 19　解释变量多重共线性检验

Variable	VIF	VIF	VIF	VIF
x_rgdp	4.95E+13	4.95E+13	3.96	3.84
x_2c	19.95	1.99E+01	19.94	1.44
x_3c	20.17	20.14	20.14	
x_fdi	1.4	1.38	1.38	1.38
x_urban	1.97	1.97	1.97	1.78
x_popden	4752.33	1.49	1.49	1.34
x_CO_2int	1.16E+14	1.16E+14	1.78	1.75
x_rCO_2	9.26E+13	9.26E+13		
x_CO_2den	11340.83			
x_rroad	2.16	2.15	2.15	2.15
x_rbus	1.98	1.97	1.97	1.84
x_grecov	1.25	1.25	1.25	1.22
x_rnet	2.33	2.33	2.33	2.29
Mean VIF	1.99E+13	2.15E+13	5.3	1.9

四　战略对策篇

第十二章 减缓和控制 CO_2 排放的产业结构调整战略

第一节 主要研究发现

本书基于产业结构视角，从宏观、中观层面上对我国 CO_2 排放的特征和 CO_2 减排潜力与减排成本进行了定量分析，并考察了产业结构对 CO_2 排放和减排的作用方向及强弱，进而为我国通过产业结构调整战略来控制和减缓温室气体提供理论支撑和科学依据。总体而言，本书有以下四个主要发现。

首先，本书在理论上厘清了产业结构变动与 CO_2 排放之间的关系，回答了"产业结构能不能影响 CO_2 排放"的基础理论问题。

理论模型分析表明，不同的产业部门由于能源使用数量和结构不同而产生了碳排放水平的明显差异，即产业部门间具有不同的"碳生产力"。因而，不同产业部门之间相对比例的变化，也即是产业结构的变动会通过碳生产率的改变而影响总体的碳排放数量与排放规模，因此，在理论上确认了产业结构变动是温室气体排放变动的重要原因之一，这为减缓温室气体排放提供了现实可行的手段与方法，也为产业结构调整提供了理论上的佐证。

此外，从国内外相关实践经验和我国实际情况来看，在我国以煤为主的能源结构短期无法调整、可替代能源短期内无法大幅应用，以及能源效率继续改善的空间在缩小的背景下，应考虑通过调整高能耗高排放的产业结构来实现减缓温室气体排放，而且这一调整不仅仅局限于三次产业之间的调整，更多的还应体现在第二、三产业内部的调整与升级之中。但是需要注意的是，某些时期出现的低碳化产业结构调整也加大了经济无效率，因此，在进行产业结构调整应对气候变化问题时，应顺应产业发展的基本规律，充分考虑经济增长稳定性的根本要求。即使不同行业的碳生产率存在明显差异，也并不意味着碳生产率低的行业都需要成为产业结构调整的对象，而是需要综合考虑各产业的碳排放影响力与产业影响力。

其次，本书对我国 CO_2 的排放特征进行了系统性分析和归纳，识别出我国 CO_2 排放的主要影响因素、重点行业和地区，考察了产业结构在 CO_2 排放中所扮演的角色。

从地区来看，山东、河北、广东、江苏、四川、河南和辽宁七省的 CO_2 排放总量占全国比重为46%，从人均 CO_2 排放来看，呈现东部>中部>西部的非均衡特点，煤炭、石油和水泥生产是主要排放源；到2015年人均排放量可能超过7吨，2020年则将进一步达到9吨左右，但仍远低于2007年美国的人均排放量（19.4吨），和欧盟2007年水平基本持平（8.6吨）；从排放总量来看，2015年、2020年我国 CO_2 排放总量达到100亿吨和120亿吨。重工业比重与人均 CO_2 排放量显著正相关，此外，经济发展水平、能源消费结构、城市化水平以及技术进步也是影响我国 CO_2 排放的主要因素。

从行业和部门来看，我国农业、工业、建筑、交通、商业和能源六大生产性行业由于化石能源消费及转换所产生的 CO_2 从1996年的28.13亿吨增加到2011年的73.03亿吨，年均增速为6.5%。尤其是在2002年进入重化工业加速阶段以来，CO_2 排放也呈现加速趋势。从排放规模来看，2011年我国六个生产性产业排放的 CO_2 占当年全国化石能源相关的 CO_2 排放的91%，占全球化石能源相关的 CO_2 排放的23%。我国 CO_2 主要来源是能源、工业和交通业，2011年这三个部门占所有产业 CO_2 排放的97%；在工业部门中，金属制品业、非金属制品业和化工业是工业 CO_2 排放的主要来源，占整个工业 CO_2 排放的71%。我国不同产业、不同时期的 CO_2 排放具有相似模式，即：产出规模扩张是导致 CO_2 排放增加的主要原因，产业结构调整和部门能源效率的改善是抑制 CO_2 排放的主要途径，但其抑制效应尚不足以抵消产出规模带来的增长效应，能源结构和能源品碳排放效应也减缓了 CO_2 排放，但影响程度很小。

再次，本书对我国 CO_2 的减排潜力、边际减排成本进行了定量评价，并进一步考察了产业结构同 CO_2 减排之间的关系。

我国 CO_2 的平均减排潜力在 40% 左右，并且呈现出东部<中部<西部的地区差异，北京、上海和广东三个地区处于效率前沿，而贵州、宁夏、内蒙古、甘肃、新疆、青海、吉林、河北、辽宁、山西、安徽、黑龙江、陕西等省的减排潜力均超过 50%；对省际间减排潜力差异的分析表明：经济发展水平和第三产业比重越高，相对减排潜力越小，而能耗强度、煤炭消费占一次能源消费比重、技术进步以及资本深化等因素则同减排潜力正相关，其中产业结构、能耗强度和能源消费结构对省际间的减排潜力影响较大。

我国平均的省际 CO_2 边际减排成本为 94.4—139.5 元/吨，地区间呈现东部>中部>西部的特征，山西、贵州、内蒙古、宁夏、河北等地的 CO_2 边际减排成本最低，而北京、福建、广东、海南、浙江等地的 CO_2 边际减排成本最高。我国城市的平均边际减排成本为 967 元/吨。从地区来看，同样呈现东部>中部>西部的特征，在所有城市中，减排成本最高（上海）与最低城市（张家界）的边际减排成本比值高达 70：1，存在巨大的异质性，而且这种差异性呈现显著增加趋势。CO_2 边际减排成本可能同收入之间存在"U 型"关系，城市化水平同边际减排成本正相关，而第二产业比重、对外开放程度和人均交通基础设施同边际减排成本显著负相关。

最后，本书基于公平和效率原则，对地区排放配额分配方案进行了情景模拟，并提出了未来可以采用的两种市场手段。

设定地区减排目标分解时需要考虑减排的公平与效率两个维度，如果仅考虑公平原则，那么，拥有较高人均 CO_2 排放且有较高经济发展水平的地区，如上海、北京、天津、内蒙古、宁夏等省（市区）应承担更多减排义务；如果考虑减排效率以及对全国减排的影响的话，那么，拥有较大减排潜力、较低的边际减排成本，以及 CO_2 的排放与减排对全国影响较大的省份，如河北、山西、贵州、内蒙古、山东等省份应当承担更多减排任务；如果同时考虑公平和效率两个维度，在进行减排地区目标分解时需要重点予以考虑的地区包括内蒙古、山西、河北、山东、辽宁等省份。

考虑到未来中国高速推进城镇化进程，以及"到 2020 年城乡居民人均收入倍增"的背景，可以预期：我国省际/城市减缓或控制 CO_2 排放的成本越来越昂贵，如果强制要求经济发达的省份/城市减排，可能造成的经济成本和代价也会越来越大，因此，应充分考虑省际/城市间的减排潜力和成本差异因素，通过市场机制，在实现减排目标的同时来降低总体减排成本。可以考虑两个方案：一是排放权交易制度，通过边际减排成本较高的地区同边际减排成本较低的地区之间相互交易来降低减排成本；二是可以考虑单边支付的税收制度，即中央政府对边际减排成本较高地区实施碳排放的征税，并将部分税额转移支付给边际减排成本较低地区以弥补其减排损失，在信息完全情况下，这两种制度的社会福利是等同的。

第二节　产业结构调整的基本思路

一、当前控制温室气体排放面临的国内外形势

任何政策的制定与出台都需要充分考虑外部环境变化，当前我国控制温室气体、实施节能减排所面临的国际、国内形势主要有以下几点。

首先从国际形势来看，主要有三个深刻而重大的变化。

一是全球经济不确定，能源价格波动剧烈。自 2008 年金融危机以来，全球经济充满了不确定性。经济的不确定性因素也传导到国际能源品市场。2000—2008 年，世界主要三大能源价格持续上涨；2008 年金融危机后，能源总需求急剧减少，能源价格大幅下跌，但随着各国宏观政策调整以及新兴国家需求复苏，能源价格进入新一轮增长。2011 年以来，受美国页岩气革命、全球经济放缓以及主要产油国产能过剩等因素影响，能源

品价格再次进入下降通道，且波动幅度增加，加剧了能源投资、生产、消费的不确定性。

二是国际气候协议可期，温室气体减排压力加大。国际社会已充分意识到协同控制温室气体排放的重要性，并进行了多次国际谈判。2014 年在联合国《利马气候协议》中，各国首次取得了国际共识，承诺自行决定减排计划。总体来看，国际社会达成一项广泛可接受的气候协议指日可待。中国作为负责任大国以及温室气体最大排放国，无疑将承担更多的节能减排任务。

三是低碳方式蔚然成风，低碳经济、低碳生活和低碳能源成为发展趋势。这首先体现为经济发展低碳化。英国、日本等发达国家借助低碳节能技术领域的突破，同时通过制度创新、产业转型等多种手段，率先实现低碳经济转型；其次体现为生活方式低碳化。通过能源需求管理、低碳教育，越来越多的居民选择低碳生活方式，尽力减少生活用能和碳排放。最后体现为能源结构低碳化。各国都致力于发展可再生能源和清洁能源，以达到能源结构低碳化的目标。

审视国内形势，主要有三点变化与特征。

一是依法治国理念成为全社会共识。十八届四中全会明确提出要"依法治国、依宪执政"。依法治国理念的广泛认同和实施，这将进一步完善节能减排、应对气候变化管理的法律法规体系，并在制度建设同时强调狠抓落实；依法治国理念的实施将形成良好的制度环境，并进一步促进市场机制的运转来促进温室气体减排及其他节能减排工作；此外，依法治国的普及将形成全社会节能减排的良好氛围。

二是经济结构调整取得积极进展。我国经济结构调整取得积极进展，产业结构得到一定优化。2008 年之后，受累于工业比重的持续下滑，第二产业比重也出现了下降，第三产业比重逐渐上升；到 2013 年，我国第三产业占比达到了 46%，首次超过了第二产业比重（43%）。但是，我国第三产业比例仍低于美国（80%）和其他发展中国家（50%）。

三是能源安全、能源效率、能源结构以及环境污染问题依旧突出。譬如能源供需缺口持续威胁国家能源安全，2012 年，我国原油、天然气的进口依存度高达 58% 和 29%；同时，我国的能源进口方式较为单一，来源地较为集中，主要通过海路运输，能源安全极易受到威胁；能源利用效率仍然较低，1990—2011 年间，我国能耗强度下降了 52%。尽管能源利用效率得到大幅提高，但与世界发达国家相比仍然存在较大差异。2011年，我国单位 GDP 能耗强度是世界平均水平的 2.5 倍，是日本的 5.4 倍，美国的 3.4 倍；此外，以煤为主的能源结构和环境污染短期难以逆转，我国"富煤、缺油、少气"，煤炭占一次能源比重长期在 70% 左右，以煤为主的能源结构在短期内难以得到根本改变。以煤为主的能源结构也带来了大量环境问题，对大气、水体和土壤造成了严重的污染和生态破坏，并进而影响居民健康。

二、当前控制温室气体排放面临的主要挑战

我国当前节能减排、控制温室气体排放面临的主要挑战有以下几点。

一是经济新常态背景下，投入资金面临压力。目前，我国已进入由高速增长期过渡到中高速增长期的经济新常态。如图 12-1 所示，经济增速、财政收支增速逐步从高位运行转向中低位运行，相应的投入资金也面临较大的财力压力。如：2007 年全国地方财政用于节能保护支出总额为961 亿元，占同期 GDP 比重的 0.36%，到 2012 年比重仅为 0.56%。

可以预期，随着我国改革进入深水区、宏观经济进入减速换档期，控制温室气体排放、实施节能减排工作可能面临以下三方面挑战：首先，"调结构、促转型"的要求对节能减排工作提出了更高的标准和要求；其次，在新常态下，政府可用的财政资金也存在增幅下降甚至总量下降的可能，节能减排工作所需的财政支出可能面临较大压力；最后，在经济放缓甚至下滑阶段，地方政府为了稳增长，在原有地方财政收入来源减少的现实压力下，拉动投资的需求较大，难免会将节能减排工作放在次要位置上。因此，控制温室气体、实施节能减排工作的难度将大大提升。

二是未来节能减排潜力下降，成本增加。"十一五"和"十二五"期

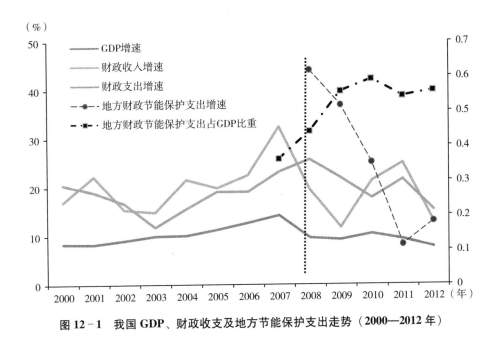

图 12-1　我国 GDP、财政收支及地方节能保护支出走势（2000—2012 年）

间我国节能减排已取得巨大的成就，大量设备和项目陆续投产上马，相当
一部分高耗能、高污染、低产出的落后产能已经被淘汰。从"十二五"
开始，节能减排工作已向产能置换、兼并重组、环保搬迁、升级改造等方
面开展。"十三五"期间再依靠新的项目、大规模淘汰落后产能的空间已
经较小，未来节能减排潜力下降。此外，节能减排的成本也在不断上升。
以火力发电为例，"十一五"时期已经关停众多小火电，并上马了大量的
超（超）临界机组，发电的热效率已经接近世界先进水平，在这样的条
件下进一步提高火电效率的经济代价将非常高昂。

　　三是控制温室气体排放目标与地方政绩考核和其他短期目标相冲突。
在我国，部分地方政府及官员仍把经济增长看作第一要务，对控制温室气
体排放、节能减排工作的紧迫性、艰巨性认识不足，对转变发展方式、调
整产业结构重视不够，忽视节能减排工作的推进，未能处理好两者之间的
关系。并且，中央与地方的利益不一致，也导致部分政策消极执行。另
外，短期政策目标与应对突发性事件的政策目标和长期政策目标往往存在
矛盾。例如，政府需要通过保证 GDP 增长目标来复苏经济，但复苏经济

往往增加了节能减排目标实现的难度。

四是能源价格非市场化扭曲严重不利于控制温室气体。我国现有能源价格的形成机制主要包括政府定价和由垄断形成的垄断性价格，由于存在定价主体单一、信息不对称等因素，市场在能源资源的配置中没有发挥应有的作用。能源的价格不能反映其资源的稀缺性以及消费过程中产生的外部性，总体价格水平偏低，这不仅造成了巨大的浪费，也对我国经济结构的调整、节能减排工作的开展和生态环境的改善形成了巨大的阻碍。

五是基础设施与保障能力相对薄弱。我国温室气体减排管理机构与管理体系处于发展的初期阶段，监管水平、覆盖范围、监管力度等都受到制约，基层队伍能力建设薄弱。此外，在能源及温室气体排放统计核算体系、监测预警、能源审计、技术研发与推广应用等方面存在诸多不足，相关的节能环保产业没有得到充分发展，不能满足当前温室气体减排工作的需求。

六是我国企业和公民节能意识薄弱，有待普及。企业普遍对温室气体减排工作重视程度不够。由于政策覆盖面不够广、能源价格偏低、市场机制缺位，加上政府监管力度不足，企业缺少自发节能减排的内在动力和激励，因此造成了企业对工作不重视，内部的管理制度不完善。此外，我国公民的节能环保意识与发达国家相比也存在差距。这主要是由于缺乏公众参与机制，公民参与程度较低，此外，我国温室气体减排相关的教育和宣传水平仍有待提高，这也阻碍了公民节能环保意识的普及。

三、中短期内产业结构调整的基本思路

综上所述，中短期来看，保持一定的经济增长速度仍将成为我国国民经济发展的主要目标之一，经济结构调整也需要一定时期来完成，因此，未来温室气体排放还将进一步增加，而作为遏制温室气体排放的主要动力因素——能源效率，也存在很大的改善阻力，因为"十一五"节能减排约束性目标要求能耗强度下降20%，为此，全国各地已经上马了大量节能经济的基础设施，各项节能政策也已经运用充足，那么，接下来在

"十二五""十三五"时期进一步通过设备更新、行政管制等手段来降低能源消耗强度的空间已经有限，因此，未来中短期内产业结构调整将成为控制温室气体排放的另一个主要途径。

产业结构的调整有其自身的演进规律，产业之间也存在着相互关联性，不能因为某一产业/行业温室气体排放水平较高而强行要求其转型，同时控制温室气体还需要同保持经济平稳快速增长、保障城市化和工业化进程、节能减排战略以及其他战略目标相互衔接，不能顾此失彼，因此，调整产业结构以控制温室气体排放需要兼顾其他战略，站在全局角度统筹规划。

我国未来中短期内产业结构调整的基本思路可以概括为：全面贯彻落实科学发展观，以加快转变经济发展方式为主线，坚持节约资源和保护环境的基本国策，以减缓、控制温室气体排放、增强产业可持续发展能力为目标，大力发展节约能源、清洁发展和可持续发展的低碳型产业，推动传统高碳型产业的优化升级，大力发展循环经济，优化能源结构，严格控制高耗能、高排放行业，加速淘汰落后产能；促进第一、二、三产业健康协调发展，逐步形成农业为基础、高新技术产业为先导、基础产业和制造业为支撑、服务业全面发展的产业格局，并进一步优化产业的空间布局，提高应对气候变化的能力，为保护全球气候做出新的贡献。

四、中短期内产业结构调整的基本原则

我国中短期内产业结构调整的基本原则包括以下五点。

一是要坚持将产业政策、气候变化政策与其他相关政策有机结合的原则。积极应对和适应气候变化是产业结构调整的方向和目标，产业结构调整是努力减缓和控制温室气体排放的主要途径和方式，要将产业结构调整战略同我国的气候变化政策，以及此前我国制定并成功实施的节能减排政策、生态保护和建设政策等有机结合，从而实现不同政策之间的统筹考虑与协调推进。

二是要坚持市场机制和政府引导相结合。要充分发挥企业主体的作

用，遵循产业自身的特点和规律，充分发挥市场配置资源的基础性作用，加强市场监管，促进公平竞争、高效发展；政府在切实履行好基本公共服务职责、保障基本需求的同时，把非基本服务的运行更多地交给市场调节，综合运用财税、价格、金融等政策措施，对产业发展进行宏观引导，实现资源优化配置。

三是要坚持依靠科技进步、科技创新来带动产业升级的原则。科技进步和科技创新是减缓温室气体排放、提高气候变化适应能力的有效途径，也是提升产业技术水平、实现产业转型升级的有利支撑，要大力发展新能源、可再生能源技术和节能新技术，促进碳吸收技术和各种适应性技术的发展，并推动其在产业中的应用，提升产业整体技术水平。

四是要坚持产业结构调整与提高能源效率、优化能源结构举措相结合的原则。产业结构调整只是影响气候变化的因素之一，为全面而有效地控制温室气体排放量，需要采取多种途径并举，在积极调整产业结构的同时，大力推动企业内部能源效率的提高，并发展和促进可再生清洁能源的利用，优化能源结构。

五是要坚持产业结构科学布局的原则。产业结构调整不仅是不同产业之间相对比例的变化，也是在不同地理分布上的调整，要遵循主体功能区的划分要求，优化城乡、区域间的产业结构和布局，同时优化国内市场和国际市场产业结构布局。

第三节　产业结构调整的战略构想

为了控制温室气体排放速度和规模，我国产业结构的调整可以遵循"加""减""提""转"四个战略思路进行。

一、加法战略：大力发展低碳型、固碳型产业

加法战略包含两个层面，第一个层面是发展低碳型产业，通过促进那些低能耗、低排放、高产出的低碳型部门的发展，从而带动和实现整体产

业结构的优化，同时提高整个产业的碳排放生产率；第二个层面则是发展固碳型产业，即促进那些具有固碳性质的产业的发展，将现有大气中的 CO_2 进行封存，从而形成碳汇，直接降低碳排放量。其具体战略内容包括以下几个方面。

一是促进低能耗、低排放的服务业发展规模和比重。把现代服务业放到优先发展的位置，扩大服务业的总量规模，提高服务业在三次产业结构中的比重。坚持生产服务业与生活服务业并重、现代服务业与传统服务业并举，大力发展各种支持生产、便民利民、增加就业的服务业态，重点培育现代物流、设计咨询、电子商务、健康服务等新的服务业态，促进服务业发展提速、比重提高、水平提升，确保到"十二五"末实现服务业增加值占国内生产总值比重达到47%的目标。

二是培育和壮大战略性新兴产业。做强做大对经济社会发展具有重大带动作用的高新技术产业，加快培育和发展符合节能减排要求的信息、生物、新材料、新能源、航空航天等新兴产业，积极发展新材料产业，确保到2015年战略性新兴产业增加值占国内生产总值比重提高到8%左右。

三是发展生态高效农业。大幅减少化肥和农药使用量，推广有机肥料使用，提高土壤固碳能力，充分利用农副业剩余物作为生物质能源和有机肥料原料，推广太阳能和沼气技术，改善农民卫生状况和生活环境，保障食品安全。

四是推动林业及相关生物固碳产业发展。继续实施植树造林、退耕还林还草、天然林资源保护、防护林体系等林业重点生态建设工程，遏制草地荒漠化加重趋势，恢复草原植被和草原覆盖度，在现有森林、草地固碳基础上，增加林业碳汇。同时培育其他生物固碳产业，如发展经济藻以及产油的能源藻养殖业。到2020年，力争森林覆盖率达到23%。

五是探索发展海洋固碳产业。地球上每年使用化石燃料所产生的 CO_2 约13%为陆地植被吸收，35%为海洋所吸收，目前各国在这一领域均处于起跑阶段，我国在实施海洋经济发展规划的同时，应结合各地临港工业特征，积极探索和发展海洋低碳技术，挖掘海洋固碳潜力，形成相关海洋固碳技术研发、固碳设备生产制造、固碳技术应用等相关产业链，尽早形成这一空白领域的国际优势。

六是加大碳捕获与封存技术的研究。CO_2的捕获和封存技术（CCS）作为前沿技术已被列入我国中长期科技发展规划，鉴于该技术目前仍处于前期研究阶段，我国应密切关注 CCS 技术进展，与发达国家开展相关技术与项目合作，并适时在火电、煤化工、水泥和钢铁行业中开展碳捕集实验项目，建设 CO_2 捕集、驱油、封存一体化示范工程，以供未来大规模实际应用。

二、减法战略：遏制重化工业，关停落后产业

减法战略同样包含两个层面，一是在相对水平上，遏制那些高能耗、高排放、低产出的高碳型部门的扩张规模和速度，使这些部门所占比重有所下降，或者保持相对稳定状态，从而相对降低整个产业的温室气体排放规模与速度，达到相对减排的目的；二是在绝对水平上，淘汰落后产能，从而直接减少这部分生产活动带来的温室气体排放。具体包括以下内容。

一是遏制高耗能、高排放的重化工业规模和增速。严格控制高耗能、高排放和产能过剩的新增重化工业项目，进一步提高高耗能、高排放和产能过剩行业准入标准，提高节能环保准入门槛，强化节能、环保、土地、安全等指标约束，建立健全项目审批、核准、备案责任制，严格控制新建项目。

二是加快淘汰落后产能。按照"控制总量、淘汰落后、兼并重组、自主创新"的原则，协调产业、环保、土地和金融政策，完善落后产能退出机制，严格执行"两高"产业淘汰标准，落实国家抑制部分行业产能过剩和重复建设的政策措施，严格控制水泥、钢铁、电解铝、焦炭等高能耗产业的新增产能。

三、提升战略：升级传统产业，提高资源效率

加法战略主要是增加低碳型产业，减法战略主要是减少高碳型产业，

提升战略则主要针对存量，即在保持现有产业部门的规模基础上，通过产业转型升级、资源循环利用、能源效率改善等途径，实现投入不变增加产出，或者产出不变减少能源及其他要素投入，从而提升温室气体排放的经济效益，降低单位产出的温室气体排放强度，实现间接减排。具体包括以下战略内容。

一是推动传统制造业转型升级。对于我国传统装备制造业部门，重点是通过自主创新、引进技术、合作开发、联合制造等方式，提高技术装备国产化水平，提高研发涉及、加工制造和系统集成的整体水平；对我国传统制造业部门，要以信息化带动工业化，运用高新技术和先进实用技术进行改造，促进信息化和工业化深度融合，提高自主知识产权、自主品牌和高端产品比重。根据能源、资源条件和环境容量，着力调整原材料工业的产品结构、企业组织结构和产业布局，提高产品质量和技术含量。

二是积极探索和发展循环经济。按照走新型工业化道路的要求，积极推进工业领域的清洁生产和资源利用减量化、再利用、资源化，形成较为成熟的企业内、企业间和园区范围的循环经济发展模式，尽可能减少水泥、石灰、钢铁、电石等产品的使用量，从源头和生产过程减少温室气体排放。同时研究推广先进的垃圾焚烧、垃圾填埋气体回收利用技术，推动垃圾处理产业化发展，减少垃圾处置过程中甲烷等温室气体的排放。到2015 年，工业固体废物综合利用率达到72%以上。

三是努力提高重点行业的能源利用效率。提高钢铁、水泥、有色金属、机械、汽车等重点行业的集中度，降低重点行业耗能产品单位能耗水平，提高能源利用效率。实施节能重点工程，强化节能管理。实施锅炉窑炉改造、电机系统节能、能量系统优化等节能改造工程，以及节能技术产业化示范工程、合同能源管理推广工程等，推进工业、建筑、交通等领域和行业节能。

四、转移战略：转移高碳产品生产，替代高碳能源

转移战略主要有三层含义，一是通过产业结构在空间布局上的转移来

减少生产性碳源的产生。发达国家已将大量高碳产品产业的生产转移到发展中国家，同时还通过国际谈判对发展中国家加以约束，在暂时无法改变国际气候谈判基本框架的前提下，可以适时考虑我国发达地区部分高碳性产业向其他相邻国家的地理转移；二是通过碳产品贸易战略来相对减碳，即通过国际贸易方式来形成高碳产品的贸易逆差，从而间接地削减本国能源消费及碳排放；三是在能源生产转换部门中进行不同碳含量能源间的转移，即清洁能源同传统化石能源之间的替代。具体战略内容包括以下三个方面。

一是针对国内国际市场优化产业布局，推动产能转移和海外投资。在产业转型升级过程中，中西部地区将大量承接东部的产业转移，中西部地区要按照主体功能区划要求，根据资源环境承载能力和发展潜力，坚持高标准，严禁高能耗、高污染产业和落后生产能力的转入。支持有条件的企业走出国门进行海外投资，将一些在我国不具备劳动力优势、资源能源消耗较大、碳排放和其他污染较为严重的产业转移到其他国家。

二是严格控制高碳产品出口，增加能源密集型产品进口以替代国内生产。采取调整出口退税、关税等措施，严格控制高耗能、高排放、资源型产品出口，增加对相应资源型原料、能源密集型、碳密集型加工品的进口规模。此外，运用财税手段，鼓励进口用于清洁生产的设备、仪器和技术资料，禁止国家明令淘汰的生产工艺技术、装备和产品。

三是发展可再生能源，替代传统化石能源。在做好环境保护和移民安置工作的前提下，有序开发水电，努力建设大规模风电产业和风力发电基地，推进生物质能源的开发和利用，积极扶持太阳能发电、太阳能热、地热能、海洋能等的开发和利用，积极稳妥推进核电建设，以清洁可再生能源替代传统化石能源。到2015年，非化石能源占一次能源消费总量比重达到11.4%，其中商品化可再生能源占全部能源消费总量的比重要达到9.5%以上。规划到2020年，非化石能源占一次能源消费比重达到15%。

第四节　产业结构调整的重点领域和环节

根据此前的实证研究表明，从各行业对温室气体排放的影响规模和程度来看，最应该关注的重点部门分别是能源部门、工业部门和交通部门，上述三个部门温室气体排放占全国经济部门化石能源消费所致温室气体排放的97%以上。

从温室气体排放各影响因素的作用方向及大小来看，生产规模扩张是导致温室气体排放增加的主要动因，而产业结构的调整和能源效率的改善都对减缓温室气体产生了积极作用，在部分行业，能源消费结构的优化和碳排放系数效应也在一定程度上抑制了温室气体增速。

一、能源部门

能源部门，尤其是电力、热力生产行业是温室气体排放的主要来源之一，其产出规模的扩张使得温室气体排放增加，而其所占经济比重的逐年下降则减缓了 CO_2 排放，此外，能源部门内部的能耗强度效应和能源结构效应影响也较大。因此，对能源部门的结构调整主要集中于三个方面。

一是要着力控制电力生产扩张规模和速度。减缓由能源生产和转换过程产生的温室气体排放。在保障经济生产、生活用能的前提下，合理安排新增投资，避免出现重复建设，新增能源项目要符合节能环保的相关准入标准，同时对不符合国家产业政策的小电厂、小煤矿等进行关停并转，淘汰落后产能。

二是要大力优化能源结构。在保护生态基础上有序开发水电，在保障安全的基础上积极推进核电建设，适当发展以天然气、煤层气为燃料的小型分散电源，以生物质发电、沼气、生物质固体成型燃料和液体燃料为重点，大力推进生物质能源的开发和利用，因地制宜发展风能、太阳能、生物质能、地热能等可再生能源。

三是要继续提高能源效率。大力发展单机 60 万千瓦及以上超（超）

临界机组、大型联合循环机组等高效、洁净发电技术，发展热电联产、热电冷联产和热电煤气多联供技术，提高发电效率，同时加强电网建设，采用先进的输、变、配电技术和设备，降低能源损耗。

二、工业

工业部门也是主要的温室气体排放源，其影响较大的部门包括金属制品业、非金属制品业和石油加工业，而装备制造业则具有低排放、高产出的特点；生产规模的扩张是导致工业 CO_2 排放增加的主要因素，而工业部门内部能源效率的改善，以及部门结构的调整是减缓温室气体排放的两个主要途径。能源结构的改善、燃料碳排放系数低碳化对工业 CO_2 排放的相对贡献较小。因此，对于工业部门的结构调整主要集中于三个领域。

一是要大力遏制高耗能、高排放的重化工业过快增长。尤其是对于钢铁、有色金属、石油化工、建材等高耗能、高排放部门，要强化现有产业政策，严格高耗能行业市场准入标准，提高节能环保准入门槛，采取调整出口退税、关税等措施，抑制"两高一资"（高耗能、高排放、资源型）产品出口，调整高耗能、高污染产业规模，降低高耗能、高污染产业比重；同时严格淘汰不符合产业政策、污染严重的炼铁、炼钢、水泥和化工产能。

二是要加快发展装备制造业和其他高技术产业。尤其是以振兴装备制造业为重点发展先进制造业，鼓励运用高技术和先进适用技术改造提升制造业，加快发展高新技术产业和信息产业，提高工业发展中"低碳型"工业比重。

三是还要在工业领域推广清洁生产和循环经济模式，提高资源利用率。按照减量化、再利用、资源化原则，大力推进资源的综合回收与再利用体系建设，重点推进钢铁、有色、电力、石化、建筑、煤炭、建材、造纸等行业节能降耗技术改造，尤其针对冶金、建材、化工等行业，加强氧化亚氮排放治理等措施，控制工业生产过程的温室气体排放。

三、交通业

交通业规模的扩张是温室气体增加的主要动因，而减缓温室气体排放的主要因素是能耗强度效应和能源结构效应。如果仅着眼于交通业部门本身，其内部的结构调整主要集中于三方面：一是要控制交通业基建规模，优化铁路、公路、水运、民航、管道等运输结构，重点发展城市和城际间快速交通网络，优先发展城市公共交通建设，提高轨道交通在城市交通中的比例，适当控制私人交通工具增长速度。二是要提高交通工具燃油效率。加速淘汰高耗能的老旧汽车，推动《乘用车燃料消耗量限值》国家标准的实施，从源头控制高耗油汽车的发展，采用节油机型，提高载运率、客座率和运输周转能力，提高燃油效率，降低油耗。三是要加快发展电气化铁路，开发高效电力机车，鼓励企业开发和生产混合动力汽车、纯电动汽车以及其他利用可再生替代能源为动力的交通工具。

此外，交通业温室气体激增的另一个因素是中国不断加速的城市化进程，因此，控制交通部门温室气体排放，不仅仅需要从交通部门内部结构调整入手，还需要结合城市规划等措施多渠道予以解决。譬如控制特大城市的发展规模，科学制定城市空间规划，坚持群组式城市格局，一方面通过城际交通运输将大中型城市连接起来，另一方面在城市内部，要打通建筑群之间的循环通道，使城市的微循环系统畅通。

四、农业

农业温室气体主要是甲烷和氧化亚氮，我国农业源温室气体排放占全国温室气体排放总量的17%左右，农业生产过程中不仅释放出温室气体，而且农业同时具有碳汇功能，能够有效地抵消掉生产过程和能源消费所致的温室气体排放；此外，农业领域不仅要减缓温室气体，更重要的是需要通过结构调整来增强农业部门适应气候变化的能力。因此，推动农业产业结构调整，需要从温室气体排放和温室气体吸收两个层面，综合考虑农业部门的减缓和适应气候变化能力，重点可以通过以下途径。

首先，要加强农业基础设施建设，提高农业适应气候变化能力。加快实施以节水改造为中心的大型灌区续建配套，着力搞好田间工程建设，更新改造老化机电设备，完善灌排体系；淘汰落后农业机械，推广少耕免耕法、联合作业等先进的机械化农艺技术，在固定作业场地更多地使用电动机，开发水能、风能、太阳能等可再生能源在农业机械上的应用。大力发展农村沼气，推广太阳能、省柴节煤炉灶等农村可再生能源技术的应用。

其次，要强化生态农业建设，优化农产品结构，减缓农业温室气体排放。实施农业面源污染防治工程，继续推广低排放的高产水稻品种和半旱式栽培技术，采用科学灌溉和测土配方施肥技术，科学施用化肥，引导增施有机肥，减少农田氧化亚氮排放；推广以秸秆覆盖、免耕等为主要内容的保护性耕作，发展秸秆养畜、增加土壤有机碳含量；同时扩大经济作物和饲料作物的种植，培育产量潜力高、品质优良、综合抗性突出和适应性广的优良动植物新品种，有计划地培育和选用抗旱、抗涝、抗高温、抗病虫害等抗逆品种，研究开发优良反刍动物品种技术和规模化饲养管理技术等措施。

最后，要积极发展林业，增加碳汇，减少温室气体排放。严格控制在生态环境脆弱的地区开垦土地，推动植树造林工作的进一步发展，继续推进天然林资源保护、退耕还林还草、防护林体系、野生动植物保护及自然保护区建设等林业重点生态建设工程，抓好生物质能源林业基地建设，在保护现有森林碳贮存的基础上，进一步增加陆地碳贮存和碳汇能力，减少温室气体排放。

五、建筑业

广义的城市建筑能源消耗包括房屋建造、给排水、供暖、通风、照明、空调、家用电器、烹饪等领域。建筑业自身温室气体排放规模不大，但是与建筑相关的供热保暖以及其他使用过程中所产生的能源消耗及温室气体排放则相当可观。据统计，全球的建筑物建造和使用过程所消耗的能源占能源消费总量的50%左右，中国大概是47%，但是我国建筑物的寿命普遍较短，加上建筑外墙的平均保温水平是同纬度欧洲国家的三分之一，因此，造成了单位建筑面积的全寿命综合能耗是发达国家的2—3倍。

总体来看，我国的建筑业的前期规划、设计和建造中，节能理念和标准较为缺乏，而且监管不力，对建筑过程效率较为重视，但却较少考虑使用过程的长期性和节能效率，因此，建筑业的结构调整需要从三方面开展。一是要发展绿色建筑，推进绿色施工，加强工程建设全过程的节能减排，实现低耗、环保、高效生产。二是对新增建筑，严格执行建筑节能标准，采用先进的节能减排技术，大力推广应用高强钢和高性能混凝土；推广应用高性能、低材耗、可再生循环利用的建筑材料，积极开展建筑垃圾与废品的回收和利用；充分利用秸秆等产品制作植物纤维板；推广住宅全装修和装配式施工，推进可再生能源，如太阳能热水器在建筑中的应用。三是对现有存量建筑，一方面要推进北方地区城镇供热计量改革，一方面加大对大型公共建筑和普通住宅的节能改造。

六、服务业

服务业温室气体排放规模远低于工业部门，但仍存在较大的减排潜力和空间，主要应致力于提升服务业所占经济比重，同时优化服务业内部结构，并为其他生产性部门提供节能减排的咨询服务，其结构调整主要关注于以下三个方面。

一是要促进服务业加快发展，提高服务业比重。大力发展金融、保险、物流、信息和法律服务、会计、知识产权、技术、设计、咨询服务等现代服务业，积极发展文化、旅游、社区服务等需求潜力大的产业，加快教育培训、养老服务、医疗保健等领域的改革和发展。规范和提升商贸、餐饮、住宿等传统服务业，推进连锁经营、特许经营、代理制、多式联运、电子商务等组织形式和服务方式。

二是要大力优化和提高服务业内部能源利用效率。在宾馆、饭店、写字楼、学校、医院等公共机构推广实施能源标准和标识，推广高效节能电器、电灯的使用比例，实施照明、空调、水泵等系统性节能工程的改造。

加强商品过度包装的管理，减少使用一次性用品，严格执行限塑规定，合理规划和构建高效便捷的现代物流网络，大力发展第三方物流，实行城市共同配送和集中配送，提高物流配送效率。

三是要大力发展节能服务产业和节能咨询服务业。大力发展运用合同能源管理、电力需求侧管理机制的节能服务产业，建立充满活力、特色鲜明、规范有序的节能服务市场，建立比较完善的节能服务体系。

第五节　产业结构调整战略实施的保障措施

为了确保未来一段时期内，能够通过有效的产业结构调整来实现温室气体排放约束性目标，需要综合利用各种政府手段和市场化手段。为此，建议通过以下措施对产业结构调整予以保障。

一、强化目标责任考核制度

中央政府已经将单位 GDP 的 CO_2 排放目标进行了地区性分解，并建立了统计监测考核体系。为实现这一战略目标，到 2015 年服务业增加值比重提高到47%、战略性新兴产业增加值比例提高到8%是两个重要的实现途径，为此，从中央到省级层面，需要对这两个产业结构指标，以及其他指标（如第一、二、三产业比重、重化工业比重等）进行定期监测、评价和考核；对省级层面而言，并不存在严格意义上的产业结构调整目标，但是也要根据各省自身的产业结构特征和相关产业结构发展规划，制定相应的产业结构调整目标和措施，促进各地区温室气体减排目标以及全国产业结构调整目标的实现。

二、严格落实现有的各项产业结构调整政策

严格落实和执行国家发布的《产业结构调整指导目录》《外商投资产业指导目录》以及区域性产业指导目录等；不断提高高耗能、高排放和产能过剩行业准入门槛，健全项目审批、核准和备案制度，严格控制新增

落后产能；坚决淘汰和拆除落后产能，根据《淘汰落后产能企业名单》，对涉及炼铁、炼钢、焦炭、铁合金、电石、铜（含再生铜）冶炼、铅（含再生铅）冶炼、锌（含再生锌）冶炼、水泥（熟料及磨机）、平板玻璃、造纸、酒精、制革、印染、化纤、铅蓄电池等高能耗、高污染行业的落后产能坚决予以淘汰。

三、加快市场化改革步伐，提高产业集中度

要进一步加大市场化改革步伐，打破地区行政垄断和市场分割的局面，以资产为纽带，通过收购、兼并、重组等方式实现资源要素的重新整合，避免地区间重复建设和形成落后产能，把企业做强做大，不断提高产业集中度，形成规模经济。

四、形成能够反映资源、环境成本的价格机制

要理顺要素价格关系，在关键资源性产品上（如煤炭、石油、天然气等），形成能够反映资源成本和环境成本的价格机制，从而通过价格调节杠杆，引导高碳产业低碳化、新增产能低碳化发展。

五、综合运用财政、税收手段，支持传统产业转型升级

传统产业实现转型升级的根本动力还在于通过创新来提高产品质量，可以通过财政贴息、税收减免、提供设备贷款、发放转产补贴、加速设备折旧、高碳产品出口增税、低碳产品出口退税等措施，支持传统企业进行技术改造、设备升级，从而提高传统产业的竞争力，提高产品的技术含量和附加值，同时形成新的产业增长点。

六、对淘汰性产业提供技术、经营和培训等公益性支持

对衰退产业，关、停、并、转产业和其他落后淘汰产业，要提供相应的技术和经营上的指导、咨询以及职工技能培训等公共服务，将其纳入政府公益性社会服务体系中，从而减少由于淘汰产能而引起的社会经济震荡。

参考文献

一、中文参考文献

鲍健强、苗阳、陈锋：《低碳经济：人类经济发展方式的新变革》，《中国工业经济》2008 年第 4 期。

蔡博峰：《中国城市二氧化碳排放研究》，《中国能源》2011 年第 6 期。

蔡博峰：《基于 0.1°网格的中国城市 CO_2 排放特征分析》，《中国人口·资源与环境》2012a 年第 22 期。

蔡博峰：《中国城市温室气体清单研究》，《中国人口·资源与环境》2012b 年第 1 期。

陈诗一：《能源消耗，二氧化碳排放与中国工业的可持续发展》，《经济研究》2009 年第 4 期。

陈诗一：《工业二氧化碳的影子价格：参数化和非参数化方法》，《世界经济》2010a 年第 8 期。

陈诗一：《节能减排与中国工业的双赢发展：2009—2049》，《经济研究》2010b 年第 3 期。

陈诗一：《中国的绿色工业革命：基于环境全要素生产率视角的解释（1980—2008）》，《经济研究》2010c 年第 11 期。

陈诗一：《边际减排成本与中国环境税改革》，《中国社会科学》2011 年第 3 期。

陈卫洪、漆雁斌：《农业产业结构调整对发展低碳农业的影响分析——以畜牧业与种植业为例》，《农村经济》2010 年第 8 期。

陈迎、潘家华、谢来辉：《中国外贸进出口商品中的内涵能源及其政策含义》，《经济研究》2008年第7期。

陈兆荣：《我国产业结构高级化与碳排放量关系的实证研究》，《湖北经济学院学报》2011年第9期。

丁仲礼、段晓男、葛全胜、张志强：《2050年大气CO_2浓度控制：各国排放权计算》，《中国科学D辑：地球科学》2009年第39期。

杜立民：《我国二氧化碳排放的影响因素：基于省级面板数据的研究》，《南方经济》2010年第11期。

杜婷婷、毛锋、罗锐：《中国经济增长与CO_2排放演化探析》，《中国人口·资源与环境》2007年第17期。

段莹：《产业结构高度化对碳排放的影响——基于湖北省的实证》，《统计与决策》2010年第23期。

冯飞：《培育竞争新优势，推动产业结构调整升级——"十二五"及2020年我国产业结构变动研究》，国务院发展研究中心产业经济研究部，2011年。

付加锋、高庆先、师华定：《基于生产与消费视角的CO_2环境库茨涅兹曲线的实证研究》，《气候变化研究进展》2008年第6期。

付加锋、庄贵阳、高庆先：《低碳经济的概念辨识及评价指标体系构建》，《中国人口·资源与环境》2010年第8期。

高广生：《气候变化与碳排放权分配》，《气候变化研究进展》2006年第2期。

高鹏飞、陈文颖、何建坤：《中国的二氧化碳边际减排成本》，《清华大学学报（自然科学版）》2004年第44期。

国家发展和改革委员会：《中华人民共和国气候变化初始国家信息通报》，2004年。

国家发展和改革委员会：《中国应对气候变化国家方案》，2007年。

国务院发展研究中心课题组：《全球温室气体减排：理论框架和解决方案》，《经济研究》2009年第3期。

国务院发展研究中心应对气候变化课题组：《当前发展低碳经济的重点和政策建议》，《中国发展观察》2009年第8期。

韩玉军、陆旸：《门槛效应、经济增长与环境质量》，《统计研究》2008年第

9 期。

韩玉军、陆旸：《经济增长与环境的关系——基于对 CO_2 环境库兹涅茨曲线的实证研究》，《经济理论与经济管理》2009 年第 3 期。

何建坤、张希良、李政、常世彦：《CO_2 减排情景下中国能源发展若干问题》，《科技导报》2008 年第 26 期。

胡鞍钢、郑京海、高宇宁、张宁、许海萍：《考虑环境因素的省级技术效率排名（1999—2005）》，《经济学（季刊）》2008 年第 3 期。

江小涓：《产业结构优化升级：新阶段和新任务》，《财贸经济》2005 年第 4 期。

姜克隽、胡秀莲、庄幸、刘强：《中国 2050 年低碳情景和低碳发展之路》，《中外能源》2009 年第 14 期。

金乐琴、刘瑞：《低碳经济与中国经济发展模式转型》，《经济问题探索》2009 年第 1 期。

赖明勇、张新、彭水军、包群：《经济增长的源泉：人力资本、研究开发与技术外溢》，《中国社会科学》2005 年第 2 期。

李卫兵、陈思：《我国东中西部二氧化碳排放的驱动因素研究》，《华中科技大学学报（社会科学版）》2011 年第 3 期。

李艳梅、付加锋：《中国出口贸易中隐含碳排放增长的结构分解分析》，《中国人口·资源与环境》2010 年第 8 期。

李玉文、徐中民、王勇、焦文献：《环境库兹涅茨曲线研究进展》，《中国人口·资源与环境》2005 年第 5 期。

林伯强、蒋竺均：《中国二氧化碳的环境库兹涅茨曲线预测及影响因素分析》，《管理世界》2009 年第 4 期。

林伯强、孙传旺：《如何在保障中国经济增长前提下完成碳减排目标》，《中国社会科学》2011 年第 1 期。

刘明磊、朱磊、范英：《我国省级碳排放绩效评价及边际减排成本估计：基于非参数距离函数方法》，《中国软科学》2011 年第 3 期。

刘树成：《渐进式，一条符合中国国情的改革之路》，《光明日报》2008 年 12 月 17 日。

刘伟、张辉：《中国经济增长中的产业结构变迁和技术进步》，《经济研究》2008 年第 11 期。

刘小敏、付加锋：《基于 CGE 模型的 2020 年中国碳排放强度目标分析》，《资源科学》2011 年第 4 期。

刘燕华、葛全胜、何凡能、程邦波：《应对国际 CO_2 减排压力的途径及我国减排潜力分析》，《地理学报》2008 年第 63 期。

刘再起、陈春：《低碳经济与产业结构调整研究》，《国外社会科学》2010 年第 3 期。

龙志和、陈青青：《中国 CO_2 排放与经济增长联动性实证分析》，《经济经纬》2011 年第 4 期。

陆旸：《从开放宏观的视角看环境污染问题：一个综述》，《经济研究》2012 年第 2 期。

马晓河、赵淑芳：《中国改革开放 30 年来产业结构转换、政策演进及其评价》，《改革》2008 年第 6 期。

彭水军：《自然资源耗竭与经济可持续增长：基于四部门内生增长模型分析》，《管理工程学报》2007 年第 4 期。

彭水军、包群：《环境污染、内生增长与经济可持续发展》，《数量经济技术经济研究》2006a 年第 9 期。

彭水军、包群：《经济增长与环境污染——环境库兹涅茨曲线假说的中国检验》，《财经问题研究》2006b 年第 8 期。

彭水军、刘安平：《中国对外贸易的环境影响效应：基于环境投入—产出模型的经验研究》，《世界经济》2010 年第 5 期。

彭水军、张文城：《国际碳减排合作公平性问题研究》，《厦门大学学报（哲学社会科学版）》2012 年第 1 期。

漆雁斌、陈卫洪：《低碳农业发展影响因素的回归分析》，《农村经济》2010 年第 2 期。

祁悦、谢高地：《碳排放空间分配及其对中国区域功能的影响》，《资源科学》2009 年第 31 期。

秦大河：《气候变化科学的最新进展》，《科技导报》2008 年第 26 期。

秦少俊、张文奎、尹海涛：《上海市火电企业二氧化碳减排成本估算——基于产出距离函数方法》，《工程管理学报》2011 年第 25 期。

佘群芝：《环境库兹涅茨曲线的理论批评综论》，《中南财经政法大学学报》2008 年第 1 期。

史丹：《我国经济增长过程中能源利用效率的改进》，《经济研究》2002 年第 9 期。

史亚东、钟茂初：《简析中国参与国际碳排放权交易的经济最优性与公平性》，《天津社会科学》2010 年第 4 期。

世界银行：《中国可持续性低碳城市发展》，世界银行，2012 年。

谭丹、黄贤金、胡初枝：《我国工业行业的产业升级与碳排放关系分析》，《四川环境》2008 年第 27 期。

陶长琪、宋兴达：《我国 CO_2 排放、能源消耗、经济增长和外贸依存度之间的关系》，《南方经济》2010 年第 10 期。

涂正革：《环境、资源与工业增长的协调性》，《经济研究》2008 年第 2 期。

涂正革：《工业二氧化硫排放的影子价格：一个新的分析框架》，《经济学（季刊）》2009 年第 9 期。

涂正革：《中国的碳减排路径与战略选择——基于八大行业部门碳排放量的指数分解分析》，《中国社会科学》2012 年第 3 期。

涂正革、刘磊珂：《考虑能源、环境因素的中国工业效率评价——基于 SBM 模型的省级数据分析》，《经济评论》2011 年第 2 期。

汪斌、余冬筠：《中国信息化的经济结构效应分析——基于计量模型的实证研究》，《中国工业经济》2004 年第 7 期。

王兵、吴延瑞、颜鹏飞：《中国区域环境效率与环境全要素生产率增长》，《经济研究》2010 年第 5 期。

王兵、张技辉、张华：《环境约束下中国省际全要素能源效率实证研究》，《经济评论》2011 年第 4 期。

王锋、吴丽华、杨超：《中国经济发展中碳排放增长的驱动因素研究》，《经济研究》2010 年第 2 期。

王群伟、周德群、葛世龙、周鹏：《基于环境生产技术的二氧化碳规制成本研究—以我国 28 个省区的面板数据为例》，《科研管理》2011 年第 2 期。

王毅荣：《甘肃省粮油产量对气候变暖的敏感性研究》，《干旱地区农业研究》2006 年第 24 期。

王岳平：《"十二五"时期我国产业结构调整战略与政策研究》，《宏观经济研究》2009 年第 11 期。

魏楚、杜立民、沈满洪：《中国能否实现节能减排目标：基于 DEA 方法的评价与模拟》，《世界经济》2010 年第 33 期。

魏楚、黄文若、沈满洪：《环境敏感性生产率研究综述》，《世界经济》2011 年第 5 期。

魏楚、沈满洪：《结构调整能否改善能源效率：基于中国省级数据的研究》，《世界经济》2008 年第 31 期。

魏楚、夏栋：《中国人均 CO_2 排放分解：一个跨国比较》，《管理评论》2010 年第 22 期。

谢士晨、陈长虹、李莉、黄成、程真、戴璞、鲁君：《上海市能源消费 CO_2 排放清单与碳流通图》，《中国环境科学》2009 年第 11 期。

新华网：《节能减排取得显著成效——"十一五"节能减排回顾之一》，2011 年 9 月 28 日，见 http：//news. xinhuanet. com/energy/2011 - 09/28/c_122099841. htm。

徐大丰：《低碳经济导向下的产业结构调整策略研究——基于上海产业关联的实证研究》，《华东经济管理》2010 年第 24 期。

徐大丰：《碳生产率，产业关联与低碳经济结构调整——基于我国投入产出表的实证分析》，《软科学》2011 年第 25 期。

许聪、韦保仁、田原聖隆、小林謙介、匂坂正幸：《城市 CO_2 排放量审核方法初探》，《环境科学导刊》2011 年第 30 期。

许广月、宋德勇：《中国碳排放环境库兹涅茨曲线的实证研究——基于省域面板数据》，《中国工业经济》2010 年第 5 期。

虞义华、郑新业、张莉：《经济发展水平，产业结构与碳排放强度》，《经济理论与经济管理》2011 年第 3 期。

袁鹏、程施：《我国能源效率的影响因素：文献综述》，《科学经济社会》

2010 年第 4 期。

　　袁鹏、程施：《我国工业污染物的影子价格估计》，《统计研究》2011a 年第9 期。

　　袁鹏、程施：《中国工业环境效率的库兹涅茨曲线检验》，《中国工业经济》2011b 年第 2 期。

　　张金萍、秦耀辰、张艳、张丽君：《城市 CO_2 排放结构与低碳水平测度——以京津沪渝为例》，《地理科学》2010 年第 6 期。

　　张军、吴桂英、张吉鹏：《中国省际物质资本存量估算：1952—2000》，《经济研究》2004 年第 10 期。

　　中国科学院可持续发展战略研究组：《2009 中国可持续发展战略报告——探索中国特色的低碳道路》，科学出版社 2009 年版。

　　钟茂初：《环境库兹涅茨曲线的虚幻性及其对可持续发展的现实影响》，《中国人口·资源与环境》2005 年第 5 期。

　　钟茂初、孔元、宋树仁：《发展追赶过程中收入差距与环境破坏的动态关系——对 KC 和 EKC 关系的模型与实证分析》，《软科学》2011 年第 2 期。

　　钟茂初、史亚东、宋树仁：《国际气候合作中的公平性问题研究评述》，《江西社会科学》2010 年第 3 期。

　　钟茂初、闫文娟：《发展差距引致地区间环境负担不公平的实证分析》，《经济科学》2012 年第 1 期。

　　钟茂初、张学刚：《环境库兹涅茨曲线理论及研究的批评综论》，《中国人口·资源与环境》2010 年第 2 期。

　　周黎安：《晋升博弈中政府官员的激励与合作》，《经济研究》2004 年第6 期。

　　周叔莲：《我国产业结构调整和升级的几个问题》，《中国工业经济》1998 年第 7 期。

　　周业安：《地方政府竞争与经济增长》，《中国人民大学学报》2003 年第1 期。

二、英文参考文献

Adrien, V.-S., and Stéphane, H., *When Starting with the Most Expensive Option*

Makes Sense:Use and Misuse of Marginal Abatement Cost Curves,WorldBank,2011.

Aigner,D. J.,and Chu,S. F.,"On estimating the industry production function." *The American Economic Review* Vol.58,No.4(1968),pp. 826−839.

Alcantara,V.,and Roca,J.,"Energy and CO_2 emissions in Spain:Methodology of analysis and some results for 1980−1990." *Energy Economics* Vol.17,No.3(1995),pp. 221−230.

Anderson,T. W.,and Hsiao,C.,"Estimation of dynamic models with error components." *Journal of the American statistical Association*,(1981),pp. 598−606.

Ang,B.,Zhang,F.,and Choi,K. H.,"Factorizing changes in energy and environmental indicators through decomposition." *Energy* Vol.23,No.6(1998),pp. 489−495.

Ang,B. W.,"Decomposition analysis for policymaking in energy:which is the preferred method?" *Energy Policy* Vol.32,No.9(2004),pp. 1131−1139.

Ang,B. W.,and Pandiyan,G.,"Decomposition of energy-induced CO_2 emissions in manufacturing." *Energy Economics* Vol.19,No.3(1997),pp. 363−374.

Ankarhem,M.,"*Shadow prices for undesirables in Swedish industry:Indication of environmental Kuznets curves?*" Umeå Economic Studies. No.659. 2005.

Arellano,M.,and Bond,S.,"Some tests of specification for panel data:Monte Carlo evidence and an application to employment equations." *The Review of Economic Studies* Vol.58,No.2(1991),pp. 277−297.

Auffhammer,M.,and Carson,R. T.,"Forecasting the path of China's CO_2 emissions using province-level information." *Journal of Environmental Economics and Management* Vol.55,No.3(2008),pp. 229−247.

Baumol,W. J.,and Oates,W.E.,*The theory of environmental policy*,Cambridge University Press,1988.

Boden,T. A.,Marland,G.,and Andres,R. J.,*Global,Regional,and National Fossil-Fuel CO_2 Emissions*. Carbon Dioxide Information Analysis Center,Oak Ridge National Laboratory,U. S. Department of Energy, Oak Ridge, Tenn., U. S. A, doi 10. 3334/CDIAC/00001_V2011,2011.

Bohm,P., and Larsen, B., " Fairness in a tradeable-permit treaty for carbon emissions reductions in Europe and the former Soviet Union." *Environmental and Resource Economics Vol.*4, No.3(1994), pp. 219–239.

Brännlund, R., and Ghalwash, T., "The income-pollution relationship and the role of income distribution: An analysis of Swedish household data." *Resource and Energy Economics* Vol.30, No.3(2008), pp. 369–387.

Chambers, R., Chung, Y., and Färe, R., "Profit, directional distance functions, and Nerlovian efficiency." *Journal of Optimization Theory and Applications* Vol. 98, No. 2 (1998), pp. 351–364.

Charnes, A., and Cooper, W. W., "Programming with linear fractional functionals." *Naval Research logistics quarterly* Vol.9, No.3 - 4(1962), pp. 181–186.

Chen, W., "The costs of mitigating carbon emissions in China: findings from China MARKAL-MACRO modeling." *Energy Policy* Vol.33, No.7(2005), pp. 885–896.

Choi, Y., Zhang, N., and Zhou, P., "Efficiency and abatement costs of energy-related CO_2 emissions in China: A slacks-based efficiency measure." *Applied Energy* Vol.98, No. 10(2012), pp. 198–208.

Chung, Y. H., Färe, R., and Grosskopf, S., "Productivity and Undesirable Outputs: A Directional Distance Function Approach." *Journal of Environmental Management* Vol. 51, No.3(1997), pp. 229–240.

Coggins, J. S., and Swinton, J. R., "The price of pollution: a dual approach to valuing SO allowances." *Journal of Environmental Economics and Management* Vol.30, No.1(1996), pp. 58–72.

Cooper, W. W., Seiford, L. M., and Tone, K., *Data envelopment analysis: a comprehensive text with models, applications, references and DEA-solver software*, Springer Verlag, 2007.

Criqui, P., Mima, S., and Viguier, L., "Marginal abatement costs of CO_2 emission reductions, geographical flexibility and concrete ceilings: an assessment using the POLES model." *Energy Policy* Vol.27, No.10(1999), pp. 585–601.

Dasgupta, S., Huq, M., Wheeler, D., and Zhang, C., "Water pollution abatement by Chinese industry: cost estimates and policy implications." *Applied Economics* Vol.33, No.

4(2001),pp. 547-557.

De Cara, S., and Jayet, P.-A., "Marginal abatement costs of greenhouse gas emissions from European agriculture, cost effectiveness, and the EU non-ETS burden sharing agreement." *Ecological Economics* Vol.70, No.9(2011), pp. 1680-1690.

Denison, E. F., Poullier, J. P., and Institution, B., *Why growth rates differ: postwar experience in nine western countries*, Brookings Institution Washington, DC, 1967.

Dhakal, S., "Urban energy use and carbon emissions from cities in China and policy implications." *Energy Policy* Vol.37, No.11(2009), pp. 4208-4219.

Dinda, S., "Environmental Kuznets Curve Hypothesis: A Survey." *Ecological Economics* Vol.49, No.4(2004), pp. 431-455.

Du, L.-M., Wei, C., and Cai, S.-H., "Economic development and carbon dioxide emissions in China: Provincial panel data analysis." *China Economic Review* Vol.23, No.2 (2012), pp. 371-384.

Easterly, W., Kremer, M., Pritchett, L., and Summers, L. H., "Good policy or good luck?" *Journal of Monetary Economics* Vol.32, No.3(1993), pp. 459-483.

EIA, *International Energy Statistics*. U. S. Energy Information Administration, http://www.eia.gov/countries/data.cfm, 2011.

Ellerman, A. D., and Decaux, A., *Analysis of post-Kyoto CO_2 emissions trading using marginal abatement curves*, MIT Joint Program on the Science and Policy of Global Change, 1998.

Färe, R., and Grosskopf, S., "Shadow Pricing of Good and Bad Commodities." *American Journal of Agricultural Economics* Vol.80, No.3(1998), pp. 584-590.

Färe, R., Grosskopf, S., Lovell, C. A. K., and Pasurka, C. A., "Multilateral productivity comparisons when some outputs are undesirable: a nonparametric approach." *The Review of Economics and Statistics* Vol.71, No.1(1989), pp. 90-98.

Färe, R., Grosskopf, S., Lovell, C. A. K., and Yaisawarng, S., "Derivation of shadow prices for undesirable outputs: a distance function approach." *The Review of Economics and Statistics* Vol.75, No.2(1993), pp. 374-380.

Färe, R., Grosskopf, S., Noh, D.-W., and Weber, W., "Characteristics of a polluting technology:theory and practice." *Journal of Econometrics* Vol. 126, No. 2 (2005), pp. 469-492.

Färe, R., Grosskopf, S., and Weber, W. L., "Shadow Prices of Missouri Public Conservation Land." *Public Finance Review* Vol.29, No.6(2001), pp. 444-460.

Färe, R., Martins-Filho, C., and Vardanyan, M., "On functional form representation of multi-output production technologies." *Journal of Productivity Analysis* Vol.33, No.2 (2010), pp. 81-96.

Färe, R., and Zelenyuk, V., "On aggregate Farrell efficiencies." *European Journal of Operational Research* Vol.146, No.3(2003), pp. 615-620.

Fan, Y., Liu, L.-C., Wu, G., Tsai, H.-T., and Wei, Y.-M., "Changes in carbon intensity in China:Empirical findings from 1980-2003." *Ecological Economics* Vol.62, No. 3-4(2007), pp. 683-691.

Fischer, C., and Morgenstern, R. D., "Carbon abatement costs:Why the wide range of estimates?" *The Energy Journal* Vol.27, No.2(2006), pp. 73-86.

Fisher-Vanden, K., Jefferson, G. H., Liu, H., and Tao, Q., "What is driving China's decline in energy intensity?" *Resource and Energy Economics* Vol.26, No.1(2004), pp. 77-97.

Friedl, B., and Getzner, M., "Determinants of CO_2 emissions in a small open economy." *Ecological Economics* Vol.45, No.1(2003), pp. 133-148.

Fukuyama, H., and Weber, W. L., "A directional slacks-based measure of technical inefficiency." *Socio-Economic Planning Sciences* Vol.43, No.4(2009), pp. 274-287.

Galeotti, M., and Lanza, A., "Richer and cleaner? A study on carbon dioxide emissions in developing countries." *Energy Policy* Vol.27, No.10(1999), pp. 565-573.

Garbaccio, R. F., Ho, M. S., and Jorgenson, D. W., "Controlling carbon emissions in China." *Environment and Development Economics* Vol.4, No.04(1999), pp. 493-518.

Glaeser, E. L., and Kahn, M. E., "The greenness of cities:carbon dioxide emissions and urban development." *Journal of Urban Economics* Vol. 67, No. 3 (2010), pp. 404-418.

Grossman, G. M., and Krueger, A. B.(1991). Environmental impacts of a North American free trade agreement: National Bureau of Economic Research Cambridge, Mass., USA.

Guo, X.-D., Zhu, L., Fan, Y., and Xie, B.-C., "Evaluation of potential reductions in carbon emissions in Chinese provinces based on environmental DEA." *Energy Policy* Vol. 39, No.5(2011), pp. 2352−2360.

Hailu, A., and Veeman, T. S., "Environmentally Sensitive Productivity Analysis of the Canadian Pulp and Paper Industry, 1959 − 1994: An Input Distance Function Approach." *Journal of Environmental Economics and Management* Vol.40, No.3(2000), pp. 251−274.

Hallegatte, S., Henriet, F., and Corfee-Morlot, J., "The economics of climate change impacts and policy benefits at city scale: a conceptual framework." *Climatic Change* Vol. 104, No.1(2011), pp. 51−87.

Hatzigeorgiou, E., Polatidis, H., and Haralambopoulos, D., "CO_2 emissions in Greece for 1990−2002: A decomposition analysis and comparison of results using the Arithmetic Mean Divisia Index and Logarithmic Mean Divisia Index techniques." *Energy* Vol.33, No. 3(2008), pp. 492−499.

Hettige, H., Huq, M., Pargal, S., and Wheeler, D., "Determinants of pollution abatement in developing countries: Evidence from South and Southeast Asia." *World Development* Vol.24, No.12(1996), pp. 1891−1904.

Hoeller, P., and Coppel, J., *Energy taxation and price distortions in fossil fuel markets: some implications for climate change policy*, Organisation for Economic Co-operation and Development, 1992.

Holtz-Eakin, D., and Selden, T., "Stoking the Fires? CO_2 Emissions and Economic Growth." *Journal of Public Economics* Vol.57, No.1(1995), pp. 85−101.

IEA. (2007). World energy outlook 2007—China and India insights. Paris: OECD/IEA.

IEA. (2009). CO_2 Emissions From Fuel Combustion, 2009 Edition: International Energy Agency.

IEA, *Key world energy statistics* 2010, OECD Press, 2010.

IPCC, *2006 IPCC Guidelines for National Greenhouse Gas Inventories*, Intergovernmental Panel on Climate Change, 2006.

Ipek Tunc, G., Türüt-Asık, S., and Akbostancı, E., "A decomposition analysis of CO_2 emissions from energy use: Turkish case." *Energy Policy* Vol.37, No.11 (2009), pp. 4689-4699.

Kaya, Y., "*Impact of carbon dioxide emission control on GNP growth: interpretation of proposed scenarios.*" Paper Presented to the Energy and Industry Subgroup, Response Strategies Working Group. Intergovernmental Panel on Climate Change. Paris, France. 1989.

Kesicki, F., and Strachan, N., "Marginal abatement cost (MAC) curves: confronting theory and practice." *Environmental Science & Policy* Vol. 14, No. 8 (2011), pp. 1195-1204.

King, R. G., and Levine, R., "Capital fundamentalism, economic development, and economic growth." *Carnegie-Rochester Conference Series on Public Policy* Vol. 40, (1994), pp. 259-292.

Klepper, G., and Peterson, S., "Marginal abatement cost curves in general equilibrium: The influence of world energy prices." *Resource and Energy Economics* Vol.28, No.1 (2006), pp. 1-23.

Kousky, C., and H.Schneider, S., "Globle climate policy: will cities lead the way?" *Climate Policy* Vol.3, No.4 (2003), pp. 359-372.

Lantz, V., and Feng, Q., "Assessing income, population, and technology impacts on CO_2 emissions in Canada: Where's the EKC?" *Ecological Economics* Vol. 57, No. 2 (2006), pp. 229-238.

Lee, J.-D., Park, J.-B., and Kim, T.-Y., "Estimation of the shadow prices of pollutants with production/environment inefficiency taken into account: a nonparametric directional distance function approach." *Journal of Environmental Management* Vol.64, No.4 (2002), pp. 365-375.

Lee, K., and Oh, W., "Analysis of CO_2 emissions in APEC countries: A time-series and a cross-sectional decomposition using the log mean Divisia method." *Energy Policy*

Vol.34,No.17(2006),pp. 2779-2787.

Liao,H.,Fan,Y.,and Wei,Y.-M.,"What induced China's energy intensity to fluctuate:1997-2006?" *Energy Policy* Vol.35,No.9(2007),pp. 4640-4649.

Liu,L.-C.,Fan,Y.,Wu,G.,and Wei,Y.-M.,"Using LMDI method to analyze the change of China's industrial CO_2 emissions from final fuel use:An empirical analysis." *Energy Policy* Vol.35,No.11(2007),pp. 5892-5900.

Lu,I. J.,Lin,S. J.,and Lewis,C.,"Decomposition and decoupling effects of carbon dioxide emission from highway transportation in Taiwan,Germany,Japan and South Korea." *Energy Policy* Vol.35,No.6(2007),pp. 3226-3235.

Ma,C.,and Stern,D. I.,"Biomass and China's carbon emissions:A missing piece of carbon decomposition." *Energy Policy* Vol.36,No.7(2008),pp. 2517-2526.

Maddison,A.,"Growth and slowdown in advanced capitalist economies:techniques of quantitative assessment." *Journal of Economic Literature* Vol.25, No.2 (1987), pp. 649-698.

Magnus,L.,"An EKC-pattern in historical perspective:carbon dioxide emissions, technology,fuel prices and growth in Sweden 1870-1997." *Ecological Economics* Vol.42, No.1-2(2002),pp. 333-347.

Maradan,D.,and Vassiliev,A.,"Marginal Costs of Carbon Dioxide Abatement:Empirical Evidence from Cross-Country Analysis." *REVUE SUISSE D ECONOMIE ET DE STATISTIQUE* Vol.141,No.3(2005),pp. 377-410.

Marklund,P.-O.,and Samakovlis,E.,"What is driving the EU burden-sharing agreement:Efficiency or equity?" *Journal of Environmental Management* Vol.85, No.2 (2007),pp. 317-329.

McKinsey & Company,*Pathways to a Low-Carbon Economy:version* 2 *of the Global Greenhouse Gas Abatement Cost Curve*,McKinsey Company,2009.

Metz,B.,Davidson,O. R.,Bosch,P. R.,Dave,R.,and Meyer,L. A.,*Contribution of Working Group III to the Fourth Assessment Report of the Intergovernmental Panel on Climate Change*,Cambridge University Press,2007.

Muradian, R., and Martinez-Alier, J., " Trade and the environment: from a

'Southern' perspective." *Ecological Economics* Vol.36, No.2(2001), pp. 281−297.

Murty, M., Kumar, S., and Dhavala, K., "Measuring environmental efficiency of industry: a case study of thermal power generation in India." *Environmental and Resource Economics* Vol.38, No.1(2007), pp. 31−50.

Newell, R. G., and Stavins, R. N., "Cost Heterogeneity and the Potential Savings from Market-Based Policies." *Journal of Regulatory Economics* Vol.23, No.1(2003), pp. 43−59.

Park, H., and Lim, J., "Valuation of marginal CO_2 abatement options for electric power plants in Korea." *Energy Policy* Vol.37, No.5(2009), pp. 1834−1841.

Peng, Y., and Shi, C., "Determinants of Carbon Emissions Growth in China: A Structural Decomposition Analysis." *Energy Procedia* Vol.5, No.0(2011), pp. 169−175.

Price, L., Levine, M. D., Zhou, N., Fridley, D., Aden, N., Lu, H., . . . Yowargana, P., "Assessment of China's energy-saving and emission-reduction accomplishments and opportunities during the 11th Five Year Plan." *Energy Policy* Vol.39, No.4(2011), pp. 2165−2178.

Rezek, J. P., and Campbell, R. C., "Cost estimates for multiple pollutants: A maximum entropy approach." *Energy Economics* Vol.29, No.3(2007), pp. 503−519.

Richmond, A. K., and Kaufmann, R. K., "Is there a turning point in the relationship between income and energy use and/or carbon emissions?" *Ecological Economics* Vol. 56, No.2(2006), pp. 176−189.

Salnykov, M., and Zelenyuk, V., "*Estimation of environmental efficiencies of economies and shadow prices of pollutants in countries in transition.*" EERC Research Network, Russia and CIS. 2005.

Scheel, H., "Undesirable outputs in efficiency valuations." *European Journal of Operational Research* Vol.132, No.2(2001), pp. 400−410.

Springer, U., "The market for tradable GHG permits under the Kyoto Protocol: a survey of model studies." *Energy Economics* Vol.25, No.5(2003), pp. 527−551.

Steckel, J. C., Jakob, M., Marschinski, R., and Luderer, G., "From carbonization to decarbonization? —Past trends and future scenarios for China's CO_2 emissions." *Energy*

Policy Vol.39, No.6(2011), pp. 3443-3455.

Stern, D. I., "The Rise and Fall of the Environmental Kuznets Curve." *World Development* Vol.32, No.8(2004), pp. 1419-1439.

Stern, D. I., and Common, M. S., "Is There an Environmental Kuznets Curve for Sulfur?" *Journal of Environmental Economics and Management* Vol.41, No.2(2001), pp. 162-178.

Sunil, M., "CO_2 emissions from electricity generation in seven Asia-Pacific and North American countries: A decomposition analysis." *Energy Policy* Vol. 37, No. 1 (2009), pp. 1-9.

Time, *Lessons from the Copenhagen Climate Talks.* http://www.time.com/time/specials/packages/article/0,28804,1929071_1929070_1949054,00.html, 2009.

Torvanger, A., "Manufacturing sector carbon dioxide emissions in nine OECD countries, 1973-87: A Divisia index decomposition to changes in fuel mix, emission coefficients, industry structure, energy intensities and international structure." *Energy Economics* Vol.13, No.3(1991), pp. 168-186.

Tucker, M., "Carbon dioxide emissions and global GDP." *Ecological Economics* Vol. 15, No.3(1995), pp. 215-223.

Unruh, G. C., and Moomaw, W. R., "An alternative analysis of apparent EKC-type transitions." *Ecological Economics* Vol.25, No.2(1998), pp. 221-229.

Vardanyan, M., and Noh, D. W., "Approximating pollution abatement costs via alternative specifications of a multi-output production technology: A case of the US electric utility industry." *Journal of Environmental Management* Vol. 80, No. 2 (2006), pp. 177-190.

Wagner, M., "The carbon Kuznets curve: A cloudy picture emitted by bad econometrics?" *Resource and Energy Economics* Vol.30, No.3(2008), pp. 388-408.

Wang, C., Chen, J., and Zou, J., "Decomposition of energy-related CO_2 emission in China: 1957-2000." *Energy* Vol.30, No.1(2005), pp. 73-83.

Wei, C., Andreas, L., and Liu, B., "An empirical analysis of the CO_2 shadow price in Chinese thermal power enterprises." *Energy Economics* Vol.40, (2013), pp. 22-31.

WorldBank, *Mid-term evaluation of China's 11th five year plan*, World Bank, 2009.

WorldBank, *Development and Climate Change*, The World Bank, 2010.

WRI, *Climate Analysis Indicators Tool*. World Resource Institue, http://cait. wri. org/, 2011.

Wu, L., Kaneko, S., and Matsuoka, S., " Driving forces behind the stagnancy of China's energy-related CO_2 emissions from 1996 to 1999: the relative importance of structural change, intensity change and scale change." *Energy Policy* Vol.33, No.3 (2005), pp. 319-335.

Zha, D., Zhou, D., and Ding, N., "The contribution degree of sub-sectors to structure effect and intensity effects on industry energy intensity in China from 1993 to 2003." *Renewable and Sustainable Energy Reviews* Vol.13, No.4 (2009), pp. 895-902.

Zha, D., Zhou, D., and Zhou, P., " Driving forces of residential CO_2 emissions in urban and rural China: An index decomposition analysis." *Energy Policy* Vol.38, No.7 (2010), pp. 3377-3383.

Zhang, M., Mu, H., Ning, Y., and Song, Y., "Decomposition of energy-related CO_2 emission over 1991-2006 in China." *Ecological Economics* Vol.68, No.7 (2009), pp. 2122-2128.

Zhang, Y., Zhang, J., Yang, Z., and Li, S., "Regional differences in the factors that influence China's energy-related carbon emissions, and potential mitigation strategies." *Energy Policy* Vol.39, No.12 (2011), pp. 7712-7718.

后　记

　　气候变化已成为全球需要共同应对的巨大挑战。未来较长时期内，我国仍将处于城镇化、工业化的快速发展阶段，能源消费，以及由此带来的温室气体排放也将呈现持续增长态势。为了应对全球气候变化，我国政府做出了巨大努力，分别承诺了能源消费强度目标、二氧化碳强度目标以及二氧化碳排放峰值时点。从研究角度来看，对温室气体，尤其是二氧化碳排放的控制，主要取决于经济增速、产业结构、能源消费强度、能源消费结构等因素，其中，产业结构扮演了十分重要的角色。

　　产业结构的低碳化转型，不仅是应对气候变化的必然选择，也是实现经济发展方式转型的重要体现。本书即是从产业结构这一视角出发，对我国二氧化碳排放的主要特征进行定量刻画，并基于分析结果提出了相应的减排战略与对策。

　　本书的相关研究来源于我主持的国家社会科学基金项目"气候变化与'十二五'时期中国产业结构调整战略研究"（10CJY002）、国家自然科学基金项目"兼顾公平与效率的区域碳排放权分配方案设计与比较"（41201582）的研究成果，同时研究还得到了北京市自然科学基金"北京市家庭居民能源消费模式及节能途径研究"（9152011）、中国人民大学明德青年学者计划"二氧化碳边际减排成本曲线研究"（13XNJ016）的支持。部分篇章内容已经在期刊上发表，对此，均在每章开头给予了注释。在研究过程中，宁波大学沈满洪校长、美国内布拉斯加大学倪金兰副教授、浙江大学杜立民副教授、中国科学院蔡圣华副研究员、余冬筠博士、黄文若同学、苏小龙同学或参与了部分合作研究，或参与了部分篇章的写作与修改，或提供了大量助研工作，在此对他们的贡献表示衷心感谢。

由于研究精力有限，加之作者经验不足，本书存在的错误或缺陷诚恳欢迎专家和读者批评指正。

魏　楚

2014 年 12 月于北京

责任编辑:宰艳红
封面设计:林芝玉
责任校对:白　玥

图书在版编目(CIP)数据

中国二氧化碳排放特征与减排战略研究:基于产业结构视角/魏楚 著.
　-北京:人民出版社,2015.10
ISBN 978－7－01－015143－4

Ⅰ.①中… Ⅱ.①魏… Ⅲ.①二氧化碳-排气-研究-中国 Ⅳ.①X511

中国版本图书馆 CIP 数据核字(2015)第 188964 号

中国二氧化碳排放特征与减排战略研究
ZHONGGUO ERYANGHUATAN PAIFANG TEZHENG YU JIANPAI ZHANLÜE YANJIU
——基于产业结构视角

魏　楚　著

人民出版社 出版发行
(100706　北京市东城区隆福寺街 99 号)

北京汇林印务有限公司印刷　新华书店经销

2015 年 10 月第 1 版　2015 年 10 月北京第 1 次印刷
开本:710 毫米×1000 毫米 1/16　印张:22.5
字数:310 千字

ISBN 978－7－01－015143－4　定价:55.00 元

邮购地址 100706　北京市东城区隆福寺街 99 号
人民东方图书销售中心　电话 (010)65250042　65289539